人工智能通识导论

主　编　许春艳　杨柏楠　王　军
副主编　杨柏婷　张庆延　张　卓　高　娜

北京理工大学出版社
BEIJING INSTITUTE OF TECHNOLOGY PRESS

内容简介

本书主要介绍了人工智能相关技术，全书共分为4篇18个工作任务。第1篇理论篇，包括体验图灵测试、寻找人工智能产品、设计“打折机票”的算法3个任务；第2篇技术篇，包括体验知识图谱、图说机器学习、寻找专家系统、感受计算机视觉产品、体验自然语言处理产品、测试生物特征识别技术、寻找机器人、体验“AR道具”8个任务；第3篇应用篇，包括展示智慧城市、设计智慧医疗产品、提取智能生活产品需求、设计智能工厂、搜集智慧农业案例5个任务；第4篇探索篇，包括“奇点”主题辩论赛、为“AI”立法2个任务。

本书取材新颖、内容丰富、结构合理、条理清晰、深入浅出、通俗易懂、图文并茂。教材配套微课教学视频与课件，更利于读者理解与学习。本书可作为高职高专、职业本科各专业人工智能通识类课程，也可作为科普教材使用。

图书在版编目(CIP)数据

人工智能通识导论／许春艳，杨柏楠，王军主编
. -- 北京：北京理工大学出版社，2023.11(2024.5重印)
ISBN 978-7-5763-3254-4

Ⅰ.①人… Ⅱ.①许… ②杨… ③王… Ⅲ.①人工智能 Ⅳ.①TP18

中国国家版本馆CIP数据核字(2024)第002469号

责任编辑：王玲玲　　**文案编辑**：王玲玲
责任校对：周瑞红　　**责任印制**：施胜娟

出版发行／北京理工大学出版社有限责任公司
社　　址／北京市丰台区四合庄路6号
邮　　编／100070
电　　话／(010) 68914026（教材售后服务热线）
(010) 68944437（课件资源服务热线）
网　　址／http://www.bitpress.com.cn

版 印 次／2024年5月第1版第2次印刷
印　　刷／唐山富达印务有限公司
开　　本／787 mm×1092 mm　1/16
印　　张／19.25
字　　数／426千字
定　　价／59.80元

2018 年 10 月 31 日，中共中央政治局就人工智能发展现状和趋势举行第九次集体学习。中共中央总书记习近平在主持学习时强调，人工智能是新一轮科技革命和产业变革的重要驱动力量，加快发展新一代人工智能是事关我国能否抓住新一轮科技革命和产业变革机遇的战略问题。可见，人工智能技术是未来中国与世界发展的主流方向，每一位青年人都应当了解、应用人工智能技术来为生产、生活服务。

本书面向本科、高职高专院校各专业开设的通识类课程“人工智能导论”，定位于科普教育层面，旨在让各专业学生对人工智能技术有一定的了解，以帮助学生结合专业需要进一步学习相关知识。

本书具有以下特色。

1. 以“科学精神三重引领”实现教材铸魂育人功能——解决教材育人主线散问题

以“二十大精神进教材”作为第一重引领：推进党的二十大精神进教材，事关为党育人、为国育才的使命任务，事关广大学生的成长成才，事关全面建设社会主义现代化国家的大局，因此，教材中贯彻落实《中共中央关于认真学习宣传贯彻党的二十大精神的决定》。结合课程特点，本书针对每一篇设定了“‘科技是第一生产力’二十大报告摘读”模块，充分发挥教材的铸魂育人功能。以“走近科技领军人物”模块作为第二重引领：介绍我国近代、当代计算机领域杰出科学家，如夏培肃（中国计算机事业奠基人之一）等。以“民族科技企业成果案例”作为第三重引领：介绍科大讯飞、银河水滴等民族科技企业的优秀科技成果。通过以上“三重引领”，培养学生讲科学、爱科学、学科学、用科学的精神。

2. 以“实践性任务”驱动教学活动——解决理论教学无抓手问题

“人工智能通识导论”作为理论性极强的课程，在教学开展过程中很难抓住学生的学习兴趣。本书共 4 篇 18 个实践任务，采用理论实践化的方式，让学生的学习过程生动有趣，以“动手带动脑”，让学生通过具体的实践任务体验理论知识的应用，驱动教学开展，解决教学无抓手问题。

3. 以“校企共建企业把关”严控技术关——解决新技术融入难问题

本书在编写过程中得到了国内知名科技企业的技术支持。如国际步态识别领域领军企业——银河水滴科技（北京）有限公司提供了身份识别技术支持；阿里巴巴集团控股有限公司提供了人工智能发展技术支持；科大讯飞股份有限公司提供了自然语言处理支持；朗润惠泽教育、北京红亚华宇科技有限公司提供了机器人技术支持；启明信息技术股份有限公司、用友新道科技有限公司等提供了案例支持。由企业工程师提供案例并在技术方面严把教材质量关，从而保证教材中新技术、新标准的正确融入。

4. 以“立体化新形态”呈现教材内容——解决纸媒枯燥无味问题

为了方便学习，本书以立体化的新形态展现教学内容。读者可以通过扫描二维码获得相应教学视频资源。全书共提供扫码教学视频 42 个，让学习者可以在阅读教材时，不再被枯燥的文字局限，更有利于开阔视野，使教材更具弹性。同时，本书通过智慧职教 MOOC 学院提供配套在线课程（https://mooc.icve.com.cn/cms/，搜索“许春艳”），供学习者使用。在线课程以微课视频为引领，配合任务书、习题、考试、作业等，方便师生进行学习反馈。

5. 以“全而精”提供教辅资源——解决教师教学开展问题

除教材上所能呈现的资源与慕课资源外，教材提供了教学说明、执行大纲、教学课件、教案、任务书、习题与答案、慕课平台，为教师授课提供了全面服务。PPT、教学视频聘请专业团队加工，制作精美。

本书由长春职业技术学院、长春汽车大学、吉林农业大学、吉林省经济管理干部学院以及前述支持企业联合开发。其中，第 1 篇、第 4 篇由许春艳编写，第 2 篇由杨柏楠、张庆延、张卓、许春艳编写，第 3 篇由杨柏婷、高娜、许春艳、王军编写。许春艳、杨柏婷、张卓、张庆延、杨柏楠共同进行了微课视频、PPT 等配套资源开发与制作，许春艳、王军对教材全稿进行了编校。本书为以下项目的研究成果：教育部职业院校信息化教学指导委员会 2022 年度职业院校数字化转型行动研究课题（KT22353）；教育部高等学校科学研究发展中心 2022 年中国高校产学研创新基金项目（2022IT019）；吉林省校企联合技术创新实验室项目（“人工智能技术创新应用实验室”）。

由于编者学识水平和能力有限，尽管做了很大努力，教材中疏漏和不妥之处在所难免，敬请广大读者不吝批评指正。

许春艳

第1篇　理论篇

第 3 篇 应用篇

第4篇 探索篇

第1篇

理论篇

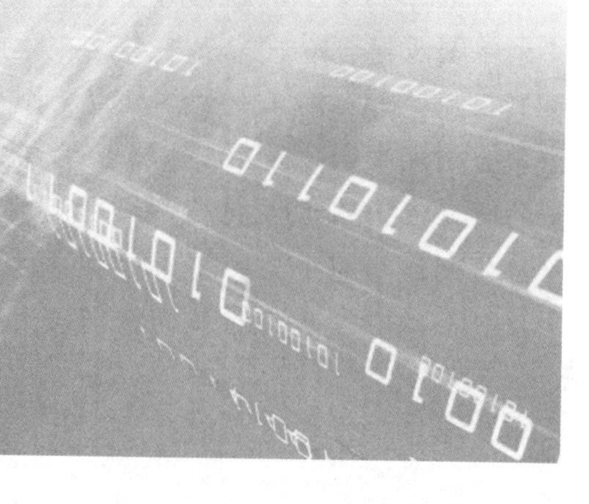

“科技是第一生产力”二十大报告摘读：

“以国家战略需求为导向，集聚力量进行原创性引领性科技攻关，坚决打赢关键核心技术攻坚战。”

——习近平在中国共产党第二十次全国代表大会上的报告

走近科技领军人物：

中国计算机工程学科奠基人——陈光熙

陈光熙（1903—1992）浙江省上虞县人，中共党员，哈工大教授，博士生导师。1920年至1923年在法国勤工俭学。1930年分别获比利时卢汶大学采矿系、地质学系机械采矿工程师和地质工程师称号。同年回国。曾任辅仁大学副教授、教授。中华人民共和国成立后，历任第一机械工业部设计局总工程师，哈尔滨工业大学教授、副校长，中国电子学会理事，黑龙江省电子学会副理事长。是第三、五、六届全国人大代表。50年代中期起从事计算机的研究。1958年主持研制成功我国首台能说话、会下棋的逻辑机。1963年主持研制成功超小型磁芯。1974年主持研制成功我国首台具有冗余技术的容错机。合编有《数字系统的诊断与容错》等。

任务1

体验图灵测试

（学习主题：揭开人工智能的神秘面纱）

任务导入

任务目标

1. 知识目标

能够阐述何为人工智能；
能够识别出错误的人工智能观点；
能够阐述人工智能的起源与三次发展浪潮；
能够阐述人工智能的三大学派。

2. 能力目标

能够选择人工智能产品，提出图灵测试方案；
能够根据设计针对人工智能产品实施图灵测试；
能够根据图灵测试结果分析该人工智能产品是否通过图灵测试。

3. 素质目标

提升逻辑思维能力；
提升提出问题、分析问题、解决问题的能力；
提升科技探索意识。

任务要求

请针对一款你熟悉的人工智能产品，设计并实施图灵测试。例如，针对一款语音应答人工智能产品，依据你提出的测试方案，寻找10位测试人员，请他们进行测试。记录测试人员的判断（是人还是机器），并分析该产品是否通过图灵测试。

提交形式

图灵测试方案、测试结果的说明方案；测试过程的视频或音频文件。

提到人工智能，你会想到什么呢？是影视作品里无所不能的机器人战士？是能和你对话的应答设备？还是酒店里的送货机？那么到底什么是人工智能呢？图 1－1 所示是电影《流浪地球》剧照。

图 1－1　科幻电影《流浪地球》系列中的智能量子计算机

1.1　何为人工智能

探秘人工智能

在自然界中，人类区别于任何其他生物系统的显著特征是人类具有强大的智能，人类利用其独特的强大智能能力主宰了整个自然界，站上了食物链的顶端。由此可见智能的重要性和关键作用。

那么什么是智能？它是如何工作的？这些基本问题却一直还困扰着我们人类。虽然我们人类具有智能并且也能充分利用自身的智能来认识和改造这个世界，但我们对智能本身的认识还十分有限，还有许多有关智能的问题需要我们去探索和发掘。然而，智能的复杂性又使这个探索面临着巨大的困难，时常举步维艰。因此，人类在探索智能的道路上经历了漫长的摸索和探寻，虽经历无数曲折，但始终顽强执着，矢志不渝，攀登了一座座高峰，正在一步一步努力，奔向揭开智能奥秘的终极目标。

1.1.1　观点碰撞

为了能进一步了解人工智能，我们首先从概念入手。以下是一场关于人工智能的讨论，你认为他们对于人工智能的理解是否正确？

甲：我认为人工智能永远存在于科幻电影中，它是遥不可及的，永远都不能实现，是不可思议的计算机程序。如果实现了，那它就不是人工智能了。

乙：我认为人工智能是与人类行为相似的计算机。人工智能就是要做与人相同或相似的行为，包括人类的情感、创造力等也应该具备。

丙：我认为人工智能和人的大脑思考方式应该是一样的。人工智能的思维方式要全参考人类的思维方式，甚至可以通过模拟人的大脑构建与神经网络来实现。

丁：我认为人工智能必须是人形的机器人，必须是和人类有着相同形体的机器人，有头、身体、四肢等。

戊：我认为人工智能应该是会学习的计算机程序，它的核心是会学习。不会学习的不是人工智能，会学习的就是人工智能。

对于以上五种观点，哪一种正确？你怎么看？

1.1.2　概念辨析

谈到人工智能（Artificial Intelligence，AI），人们就想知道人工智能的定义到底是什么。但是，当前学术界并没有公认的准确定义。我们先来了解一下学者们提出的部分定义。在达特茅斯会议上，参会学者对人工智能的定义是：人工智能使一部机器的反应方式就像一个人在行动时所依据的智能一样。清华大学人工智能研究院张钹院士对人工智能的定义是："人工智能是指用机器模仿人的智能行为。"尼尔逊教授对人工智能下了这样一个定义："人工智能是关于知识的学科——怎样表示知识以及怎样获得知识并使用知识的学科。"麻省理工学院的温斯顿教授认为："人工智能就是研究如何使计算机去做过去只有人才能做的智能工作的学科。"这些说法反映了人工智能学科的基本思想和基本内容。即人工智能是研究人类智能活动的规律，从而构造具有一定智能的人工系统的技术；是研究如何让计算机去完成以往需要人的智力才能完成的工作的技术；也就是研究如何应用计算机的软硬件来模拟人类某些智能行为的技术。

人工智能是计算机科学的一个分支，20世纪70年代以来被称为世界三大尖端技术（空间技术、能源技术、人工智能）之一，它也被认为是21世纪三大尖端技术（基因工程、纳米科学、人工智能）之一。这是因为近30年来它获得了迅速的发展，在很多学科领域都获得了广泛应用，并取得了丰硕的成果。人工智能已逐步成为一个独立的分支，无论是在理论上还是在实践上，都已自成一个系统。人们力图了解智能的实质，并生产出一种新的能以与人类智能相似的方式做出反应的智能机器。该领域的研究内容包括机器人、语言识别、图像识别、自然语言处理和专家系统等。

尽管对于人工智能，现在还没有非常严格准确或者所有人都接受的定义，但是有一些约定俗成的说法，例如，通常认为人工智能可以分为两部分，即"人工"和"智能"。"人工"比较好理解，争议性也不大，通常指人类设计与制造的。关于什么是"智能"，问题就多了。这涉及其他诸如意识（Consciousness）、自我（Self）、思维（Mind）[包括无意识的思维（Unconscious_Mind）]等问题。人唯一了解的智能是人本身的智能，这是被普遍认同的观点。但是我们对自身智能的理解非常有限，对构成人的智能的必要元素的了解也有限，所以就很难定义什么是"人工"制造的"智能"了。因此，对人工智能的研究往往涉及对人的智能本身的研究。动物或人造系统的智能也普遍被认为是与人工智能相关的研究课题。

人工智能在计算机领域内得到了广泛的重视，并在机器人、经济政治决策、控制系统、仿真系统中得到应用。

人工智能的研究内容主要包括计算机实现智能的原理，以及制造具有类似于人脑智能的计算机，使计算机能实现更高层次的应用。人工智能涉及计算机科学、心理学、哲学和语言学等学科，可以说几乎涉及自然科学和社会科学中的所有学科，其范围已远远超出了计算机科学的范畴。人工智能与思维科学的关系是实践和理论的关系，人工智能处于思维科学的技术应用层次中，是它的一个应用分支。从思维观点看，人工智能不局限于逻辑思维，还要考虑形象思维、灵感思维，以此促进自身的突破性的发展。数学常被认为是多种学科的基础科学，也进入了语言、思维领域，人工智能学科必须借用数学工具，数学不仅在标准逻辑、模糊数学等范围内发挥作用，其进入人工智能学科后，两者将互相促进而更快地发展。

由此可以看出，前面所述的五种观点都是片面的。人工智能既不是必须使用人类的思维，也不是必须要有人类的行为，更不是一定要有人类的外形，也不是必须要有学习能力。它不仅仅存在于影视作品的科幻片里，也同样应用于我们的日常生活之中。

1.2 图灵与图灵测试

图灵与图灵测试

提到人工智能，人们都会想到一位伟大科学家——图灵。

1.2.1 艾伦·麦席森·图灵

艾伦·麦席森·图灵（Alan Mathison Turing，1912 年 6 月 23 日—1954 年 6 月 7 日，图 1－2），英国数学家、逻辑学家，被称为“计算机科学之父”“人工智能之父”。1931 年，图灵进入剑桥大学国王学院，毕业后到美国普林斯顿大学攻读博士学位，第二次世界大战爆发后回到剑桥，后曾协助军方破解德国的著名密码系统 Enigma，帮助盟军取得了第二次世界大战的胜利。为了纪念图灵对人类计算机科学所做出的贡献，美国计算机协会（ACM）于 1966 年设立了一项计算机奖项——A. M. 图灵奖（ACM A. M Turing Award），简称图灵奖（Turing Award）。该奖项是计算机领域的国际最高奖项，被誉为“计算机界的诺贝尔奖”。

图 1－2 艾伦·麦席森·图灵

1.2.2 图灵测试

智能，是一种特殊的物质构造形式。就像文字既可以用徽墨写在宣纸上，也可以用凿子刻在石碑上一样，智能也未必需要拘泥于载体。随着神经科学的启迪和数学上的进步，20 世纪的计算机科学先驱们意识到，巴贝奇和艾达试图用机械去再现人类智能的思路，在原理上是完全可行的。因此，以艾伦·图灵（Alan Turing）为代表的新一代学者开始思考，是否可以用第二次世界大战后新兴的电子计算机作为载体，构建出“人工智能”呢？图灵在 1950 年的论文《计算机器与智能（Computing Machinery and Intelligence）》中做了一个巧妙的“实验”，用于说明如何检验“人工智能”。这个“实验”也就是后来所说的“图灵测试（Turing test）”。

图灵测试是指在测试者与被测试实体（一个人和一台机器）隔开的情况下，测试者通过一些装置（如键盘）向被测试实体随意提问，根据两个实体对他提出的各种问题的反应来判断该实体是人还是机器，如图 1－3 所示。进行多次测试后，如果机器让平均每个测试者做出超过 30% 的误判（认为与之沟通的是人而非机器），那么这台机器就通过了测试，并被认为具有人类智能。

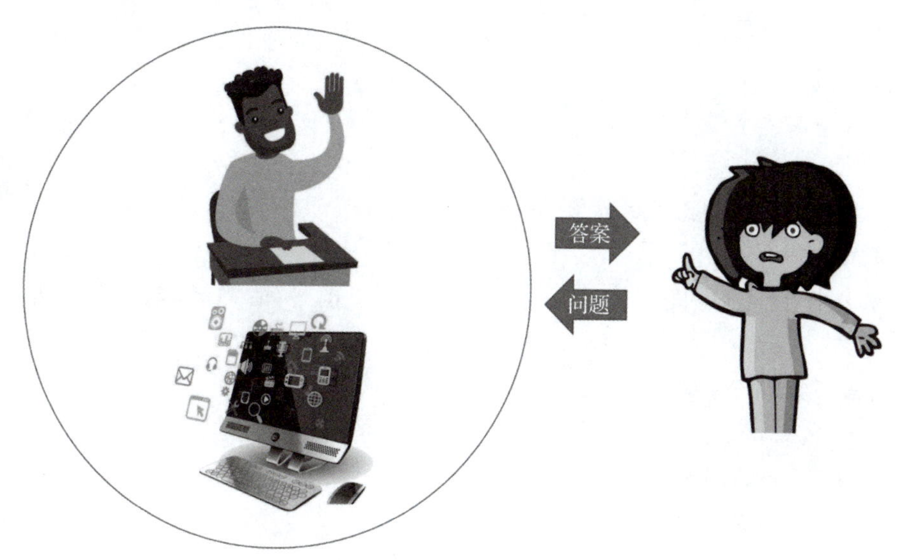

图 1－3　图灵测试

可以这样理解图灵测试：如果一台机器能够与人类展开对话（通过设备）而不能被辨别出其机器身份，那么称这台机器具有智能。这一简化使图灵能够令人信服地说明“会思考的机器”是可能存在的。论文中还回答了对这一假说的各种常见质疑。图灵测试是人工智能在哲学方面的第一个严肃的提案。

图灵预言，在 20 世纪末，一定会有计算机通过图灵测试。2014 年 6 月 7 日，在英国皇家学会举行的“2014 图灵测试”大会上，举办方英国雷丁大学发布新闻稿，宣称俄罗斯人弗拉基米尔·维西罗夫创立的人工智能软件尤金·古斯特曼（Eugene Goostman）通过了图灵测试。虽然该软件还远不能“思考”，但这也是人工智能乃至于计算机史上的一个标志性事件。

图灵测试采用“问”与“答”模式进行，图灵还为图灵测试亲自拟定了下列示范性问题。

问：请写出有关“第四号桥”主题的十四行诗。

答：不要问我这道题，我从来不会写诗。

问：34 957 加 70 764 等于多少？

答：（停 30 秒后）105 721。

问：你会下国际象棋吗？

答：是的。

问：我在 K1 处有棋子 K；你仅在 K6 处有棋子 K，在 R1 处有棋子 R。轮到你走，你应该下哪步棋？

答：（停 15 秒后）棋子 R 走到 R8 处，将军！

图灵指出：“如果机器在某些现实的条件下，能够非常好地模仿人回答问题，以使测试者在相当长时间内误认为它不是机器，那么机器就可以被认为是能够思考的。”

从表面上看，要使机器回答在一定范围内的问题似乎没有什么困难，可以通过编制特殊的程序来实现。然而，如果测试者并不遵循常规标准，那么编制回答的程序是极其困难的事情。例如，如果提问与回答呈现出下列状况：

问：你会下国际象棋吗？

答：是的。

问：你会下国际象棋吗？

答：是的。

问：请再次回答，你会下国际象棋吗？

答：是的。

那么你多半会想到，面前的是一台“笨”机器。但是如果提问与回答呈现出下面的状况：

问：你会下国际象棋吗？

答：是的。

问：你会下国际象棋吗？

答：是的，我不是已经说过了吗？

问：请再次回答，你会下国际象棋吗？

答：你为什么总提同样的问题？

那么你面前的大概率是人而不是机器。上述两种对话的区别在于，对第一种对话，可明显地感到回答者是从知识库里提取简单的答案，第二种对话中的回答者则具有综合分析的能力，回答者知道测试者在反复提出同样的问题。图灵测试没有规定问题的范围和提问的标准，如果想要制造出能通过测试的机器，以我们的技术水平，必须在计算机中存储人类所有可以想到的问题，以及对这些问题的所有合乎常理的回答，并且还需要理智地对答案做出选择。图灵预测，到2000年，人类应该可以制造出可以在5分钟的问答中骗过30%成年人的人工智能。但事实证明，人类目前还没能生产出通过图灵测试的人工智能。

1.2.3 图灵机

图灵不仅提出了“图灵测试”的概念，还提出了一种抽象的计算模型——“图灵机”，为人类人工智能的发展奠定了基础。

1936年，图灵向伦敦权威的数学杂志投了一篇论文，题为《论数字计算在决断难题中的应用》。在这篇开创性的论文中，图灵给“可计算性”下了一个严格的数学定义，并提出著名的“图灵机”（Turing Machine）的设想。“图灵机”不是一种具体的机器，而是一种思想模型，可制造一种十分简单但运算能力极强的计算装置，用来计算所有能想象得到的可计算函数。“图灵机”与“冯·诺伊曼机”齐名，被永远载入计算机的发展史中。1950年10月，图灵又发表另一篇题为《机器能思考吗》的论文，成为划时代之作。也正是这篇论文，为图灵赢得了“人工智能之父”的称号。

1.3 人工智能的前世今生

1.3.1 人工智能的起源

人工智能起源于1956年，一个标志性事件就是“达特茅斯会议”。1956年夏季，以约翰·麦卡锡、马文·明斯基、罗彻斯特和克劳德·艾尔伍德·香农等为首的一批年轻科学家在美国达特茅斯学院聚会，首次提出了“人工智能”这一术语。1956 年，达特茅斯会议的部分参会学者如图 1－4 所示，图上的 7 位年轻科学家也被称为“达特茅斯会议七侠”。后来他们都发展成为计算机相关行业的重要人物，其中有 4 位是图灵奖获得者，为人类在人工智能专业的发展过程中做出了巨大贡献。

图 1－4　1956 年“达特茅斯会议七侠”

2006 年，在纪念达特茅斯会议 50 周年时，当时的 10 位与会者中已有 5 位仙逝，健在的 5 位学者重聚达特茅斯。图 1－5 所示是 2006 年重聚达特茅斯的部分学者，自左向右分别是摩尔、麦卡锡、明斯基、塞尔弗里奇、所罗门诺夫。

图 1－5　部分学者重聚 2006 年达特茅斯

从 1956 年到 1965 年，人工智能进入快速发展时期，在机器学习领域，阿瑟·萨缪尔研发了“跳棋程序”；1959 年，发生了人工智能战胜人类的事件，该程序战胜了设计他的设计师萨缪尔，1962 年，该程序战胜了美国康涅狄格州的跳棋冠军。在模式识别领域，1956 年，奥利弗·塞尔弗里奇（Oliver Selfridge）研制出第一个字符识别程序，开启了模式识别这一新的领域；1963 年，詹姆斯·斯拉格（James Slagle）发明了符号积分程序 SAINT；1967 年，人们研制出了 SAINT 的升级版 SIN，SIN 的运算能力达到专家级水准。

当时美国政府也投入了 2 000 万美元作为机器翻译的科研经费。1956 年，参加达特茅斯会议的专家们纷纷发表言论，认为不出十年，计算机将成为世界象棋冠军，将可以证明数学定理、谱写优美的音乐。

由上面的发展过程可以看出，人工智能的产生和发展绝不是偶然的，它是科学技术发展的必然产物。

1.3.2 人工智能发展的三次浪潮

人工智能的发展并非一帆风顺，其落地之路一直是荆棘丛生。图 1－6 所示是人工智能的三次发展浪潮。

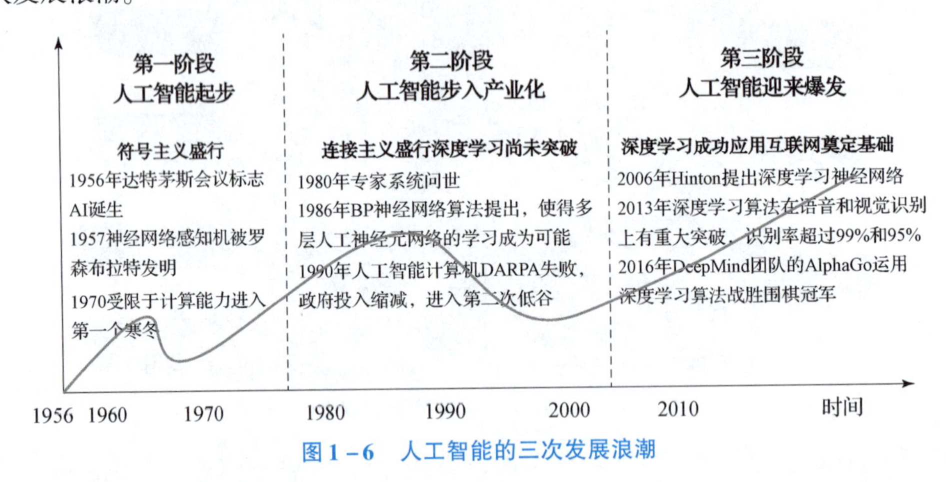

图 1－6　人工智能的三次发展浪潮

1. 第一次浪潮

第一次浪潮约在 1956—1976 年期间，历时约 20 年，最核心的标志是符号主义。

符号主义也称为逻辑主义、逻辑证明。主要是指用机器证明和推理一些知识，比如用机器证明一个数学定理。要想证明这些知识，需要把原来的条件和定义从形式化表达转变成逻辑表达，然后用逻辑的方法去证明最后的结论是对的还是错的。

早期的计算机人工智能实际上都是沿着这个模式在发展的。当时出现了很多专家系统，如医学专家系统，该系统可以实现用语言文字输入一些症状，将其在机器里面变换成逻辑表达，最后用符号演算的办法推理出病情。所以，当时人工智能的主要研究都集中在逻辑抽象、逻辑运算和逻辑表达等方面。

在第一次浪潮中，数学定理证明实际上是实现效果最好的，当时有很多数学家用定理思路证明了数学定理。为了更好地完成定理证明工作，当时出现了很多和符号主义相关的逻辑程序语言，如很有名的 Prolog。

虽然当时的成果已经可以用于解开拼图或实现简单的游戏，但几乎无法解决任何实际问题。

2. 第二次浪潮

第二次浪潮约在 1976—2006 年期间，历时约 30 年，最核心的标志是联结主义（也称为连接主义）。

在第一次浪潮期间，符号主义和以人工神经网络为代表的联结主义都存在，但符号主义是完全占上风的，联结主义那时候不太受关注。然而，符号主义最后无法解决实际问题，达不到人们对它的期望，引起了人们的反思，这时人工神经网络（联结主义）就慢慢占了上风。

在 20 世纪 70 年代末，神经元连接网络、模型都有了突飞猛进的进步，并且出现了反向传播（BP）前馈神经网络。1986 年，BP 前馈神经网络刚出现的时候，其就解决了不少问题，后来人们将其应用于更大的领域，实现了比较多的成果。在模式识别领域，如手写文字的识别、字符识别、简单的人脸识别等中也开始应用该网络，一时之间，人们感觉人工智能大有可为。随后十几年，人们发现神经网络可以解决一些单一问题，但在解决复杂问题时有些“力不从心”。并且，在神经网络训练学习的时候，数据量太大，很多结果达不到人们的预期。

第二次浪潮时期所进行的研究，是以灌输“专家知识”作为规则，以协助解决特定问题的“专家系统”为主的。虽然有一些实际的商业应用案例，但是应用范畴却很有限，因此第二次浪潮也就慢慢趋于消退。

3. 第三次浪潮

第三次浪潮是从2006年到现在，不足20年，最核心的标志是基于互联网大数据的深度学习。

如果按照技术分类来讲，第二次和第三次浪潮都是基于神经网络技术发展的，不同的是，第三次浪潮得益于多层神经网络的成功，也就是深度学习的突破，这里既包括硬件的进步，也包括卷积神经网络模型与参数训练技巧的进步。

随着高性能计算机、云计算、大数据、传感器的普及，以及计算成本的下降，“深度学习”随之兴起。它通过模仿人脑的“神经网络”来学习大量数据，可以像人类一样辨识声音及影像，或针对问题做出合适的判断。在第三次浪潮中，人工智能技术及应用有了很快的发展，深度学习可谓“居功至伟”。

若观察人脑的内部，你会发现有大量称为“神经元”的神经细胞彼此相连。一个神经元从其他神经元那里接收的电气信号量达到一定值以上时，就会兴奋（神经冲动）；在一定值以下时，就不会兴奋。兴奋起来的神经元，会将电气信号传送给下一个与之相连的神经元。下一个神经元同样会因此兴奋或不兴奋。简单来说，彼此相连的神经元会形成联合传递行为。我们对这种相连的结构进行数学模型化，便形成了人工神经网络。

经模型化的人工神经网络，由“输入层”“隐藏层”“输出层”三层构成。深度学习往往意味着人工神经网络中有多个隐藏层，也就是多层神经网络。另外，人工神经网络的学习数据则是由输入数据以及相对应的正解组成的。

为了让输出层的值与各个输入数据所对应的正解数据相等，人们会针对各个神经元的输入计算出适当的“权重”值。通过神经网络，深度学习便成为“只要将数据输入神经网络，它就能自行抽取出特征”的人工智能算法。

深度学习最擅长的是辨识图像数据或波形数据这类无法符号化的数据。自2010年以来，Apple、Microsoft及Google等国际知名IT企业都投入大量人力、物力、财力开展深度学习的研究，如Apple Siri的语音识别、Microsoft搜索引擎Bing的影像搜寻等。

深度学习如此快速的发展和应用，也要归功于硬件设备的提升。定义图形处理器（GPU）的人工智能计算公司英伟达（NVIDIA）利用该公司的图形适配器、连接库（Library）和框架（Framework）产品来提升深度学习的性能，并积极开设研讨课程。另外，Google也公开了框架TensorFlow，实现将深度学习应用于大数据分析。

1.4 人工智能的学派

目前人工智能的主要学派有三个，三大学派对人工智能发展有着不同的看法。

1.4.1 符号主义

人工智能的三大学派

符号主义（symbolicism），又称为逻辑主义（logicism）、心理学派（psychologism）或计算机学派（computerism），其原理主要为物理符号系统（即符号操作系统）假设和有限合理性原理。

符号主义认为人工智能源于数理逻辑。数理逻辑从19世纪末起得以迅速发展，到20世纪30年代开始用于描述智能行为。计算机出现后，在计算机上又实现了逻辑演绎系统。其有代表性的成果为启发式程序“逻辑理论家”，证明了38条数学定理，表明了可以应用计算机研究人的思维，模拟人类智能活动。正是这些符号主义者，在1956年首先提出了“人工智能”这个术语。符号主义者后来又发展了启发式算法、专家系统、知识工程理论与技术，并在20世纪80年代取得很大发展。符号主义曾长期在领域内一枝独秀，为人工智能的发展做出重要贡献，尤其是专家系统的成功开发与应用，对人工智能走向工程应用和实现理论联系实际具有特别重要的意义。在人工智能的其他学派出现之后，符号主义仍然是人工智能的主流学派。这个学派的代表人物有纽厄尔（Newell）、西蒙（Simon）和尼尔逊（Nilsson）等。

1.4.2 联结主义

联结主义（connectionism），又称为连接主义、仿生学派（bionicsism）或生理学派（physiologism），其原理主要为人工神经网络及神经网络间的联结机制与学习算法。

联结主义认为人工智能源于仿生学，特别注重对人脑模型的研究。它的代表性成果是1943年由生理学家麦卡洛克（McCulloch）和数理逻辑学家皮茨（Pitts）创立的脑模型，即MP模型，开创了用电子装置模仿人脑结构和功能的新途径。它从神经元开始研究人工神经网络模型和脑模型，开辟了人工智能的又一发展道路。20世纪60—70年代，联结主义者对以感知机（perceptron）为代表的脑模型的研究引发了热潮，但由于受到当时的理论模型、生物原型和技术条件的限制，脑模型研究在20世纪70年代后期至80年代初期落入低潮。直到霍普菲尔德（Hopfield）教授在1982年和1984年发表两篇重要论文，提出用硬件模拟神经网络，联结主义才又重新得到了关注。1986年，鲁梅尔哈特（Rumelhart）等人提出多层神经网络中的反向传播算法（BP算法）。此后，联结主义势头大振，从模型到算法、从理论分析到工程实现，为神经网络计算机走向市场打下了基础。现在，人们对神经网络的研究热情仍然较高。

1.4.3 行为主义

行为主义（actionism），又称为进化主义（evolutionism）或控制论学派（cyberneticsism），其原理主要为控制论及感知－动作控制系统。

行为主义认为人工智能源于控制论。控制论思想早在20世纪40—50年代就成为时代思潮的重要部分，影响了早期的人工智能工作者。维纳（Wiener）和麦克洛奇（McCulloch）等人提出的控制论和自组织系统以及钱学森等人提出的工程控制论和生物控制论影响了许多领域。控制论把神经系统的工作原理与信息理论、控制理论、逻辑以及计算机联系起来。行为主义者早期的研究工作重点是模拟人在控制过程中的智能行为和作用，如对自寻优、自适应、自镇定、自组织和自学习等控制论系统的研究，并进行“控制论动物”的研制。到 20 世纪 60—70 年代，对上述这些控制论系统的研究取得一定进展，播下智能控制和智能机器人的种子，20 世纪 80 年代，诞生了智能控制和智能机器人系统。

行为主义是 20 世纪末才以人工智能新学派的面孔出现的，引起许多研究者的兴趣。这一学派的代表成果是布鲁克斯（Brooks）的六足行走机器人，它被视为新一代的“控制论动物”，是一个基于感知 – 动作模式模拟昆虫行为的控制系统。

1.5　人工智能的三级产业链

人工智能的产业链都涉及哪些行业呢？它们在产业链中属于哪一层级呢？

1.5.1　产业链全景

人工智能产业链可以分为基础层、技术层和应用层，如图 1 – 7 所示。

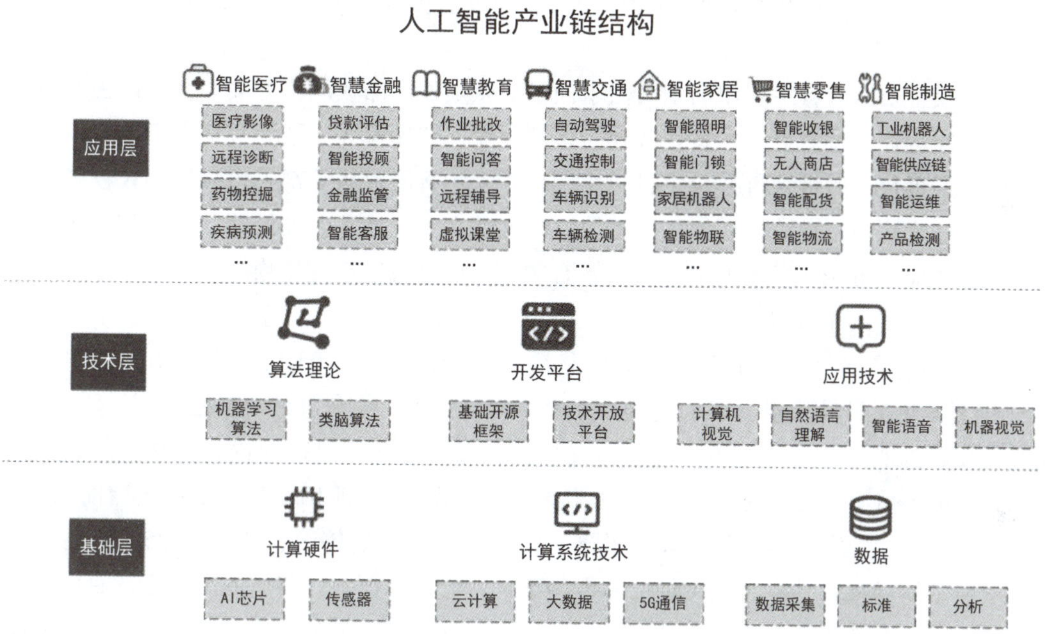

人工智能产业链结构

应用层
智能医疗：医疗影像、远程诊断、药物挖掘、疾病预测、…
智慧金融：贷款评估、智能投顾、金融监管、智能客服、…
智慧教育：作业批改、智能问答、远程辅导、虚拟课堂、…
智慧交通：自动驾驶、交通控制、车辆识别、车辆检测、…
智能家居：智能照明、智能门锁、家居机器人、智能物联、…
智慧零售：智能收银、无人商店、智能配货、智能物流、…
智能制造：工业机器人、智能供应链、智能运维、产品检测、…

技术层
算法理论：机器学习算法、类脑算法
开发平台：基础开源框架、技术开放平台
应用技术：计算机视觉、自然语言理解、智能语音、机器视觉

基础层
计算硬件：AI芯片、传感器
计算系统技术：云计算、大数据、5G通信
数据：数据采集、标准、分析

图 1 – 7　人工智能产业链全景

1.5.2　产业链各层级

当前，人工智能产业链各层级都处于蓬勃发展的阶段。

1. 产业链上游——基础层

基础层主要是研发硬件及软件，例如 AI 芯片和数据采集等。人工智能芯片市场的规模也正在持续扩大，截至 2019 年，已突破 50 亿元。

软件方面，当前处于智能化时代，数据也将成为一种资源。数据量和数据质量将直接影响对人工智能算法的训练，例如目前最热门的机器学习技术——深度学习，需要大量的训练数据才能展现出较好的结果。得益于我国的人口数量、智能手机的普及以及 5G、物联网等技术的发展，中国的数据量将是全球增长最快的。

公司方面，芯片领域以华为、全志为主要代表企业；计算系统计算，重头戏如云计算，BAT系企业均有布局，5G通信主要企业则为华为；数据采集则主要有华为、百度以及腾讯。从整体看，华为、百度、腾讯以及阿里巴巴在人工智能基础层有着广泛的布局。

2. 产业链中游——技术层

技术层主要包括算法理论、开发平台和应用技术。2019年中国科技企业技术研发投入约为4 005亿元，其中，人工智能算法研发投入大部分来自互联网科技公司，占比为9.3%，超370亿元。在国内，人工智能技术平台在应用层面主要聚焦于计算机视觉、语音识别和语言技术处理领域，代表企业包括科大讯飞、格灵深瞳、捷通华声（灵云）、地平线、SenseTime、永洪科技、旷视科技、云知声等。

百度、阿里、腾讯作为各行业巨头在人工智能产业链的布局较为全面，属于人工智能产业的综合选手，在人工智能技术层也占有较大的市场份额。百度、阿里、腾讯和科大讯飞是首批国家新一代人工智能开放创新平台，更多的开发者可依托这些平台快速搭建自身的产品。

3. 产业链下游——应用层

应用层主要面向特定应用场景的需求而形成软硬件产品或解决方案。当前的主要应用场景包括智能医疗、智慧金融、智慧教育、智慧交通、智能家居、智慧零售和智能制造等。公司方面，最近很火的极米科技，主打投影仪；小米的智能家居等都是该领域的佼佼者。从技术的研发速度判断，现阶段我们正处于第六阶段的人工智能蓬勃发展期。我国作为全球最大的人工智能应用市场，中国人工智能技术有望为中国高端制造提供换道超车的机会，并推动数万亿数字经济产业转型升级。IDC发布了2022上半年中国人工智能软件及应用市场研究报告，2022上半年，整体市场规模达23亿美元（当前约158.93亿元人民币）。数据显示，2022年上半年，计算机视觉市场规模达到9.76亿美元（当前约67.44亿元人民币），中国前五大计算机视觉厂商为商汤科技、旷视科技、海康威视、创新奇智和云从科技，构成了42.3%的市场份额。2022年上半年，语音语义市场规模达到10.54亿美元（当前约72.83亿元人民币），主要代表厂商为科大讯飞、阿里云和百度智能云，构成了25.6%的市场份额。从竞争格局来看，科大讯飞仍位居市场第一，但排在第二、三名的阿里云、百度智能云的市场份额正在逼近。2022年上半年，机器学习平台市场规模达到2.75亿美元（当前约19亿元人民币），中国前五大机器学习平台厂商为第四范式、华为云、九章云极DataCanvas、创新奇智和美林数据，构成了64.1%的市场份额，其中，第四范式仍保持领先优势，华为云和九章云极DataCanvas紧随其后。

1.6 全球人工智能产业发展现状比较

人工智能因其十分广阔的应用前景和重大的战略意义，近年来日益得到世界各国的高度关注。

1.6.1 全球人工智能产业发展情况

1. 全球人工智能产业排名

2022世界人工智能大会治理论坛在上海世博中心举办。论坛举办了多场人工智能治理专题对话，并发布了《2021 全球人工智能创新指数报告》（以下简称《报告》）。《报告》显示，从总体排名看，2021 年全球人工智能创新指数仍呈现明显的梯次分布，可将 46 个参评国家分为四大梯队。中美继续保持领先优势。在 46 个参评国家中，仅有美国和中国的人工智能创新指数总得分高于 50 分（美国 59.43 分，中国 50.14 分），与其他国家拉开较大差距，也仅有中、美两国在四个一级指标上均排名前五。进入第一梯队的只有美国和中国，第二梯队包括韩国、英国等 9 个国家，第三梯队包括瑞典、卢森堡等 13 个国家，第四梯队包括印度、俄罗斯等 22 个国家。图 1－8 所示为此次大会公布的 2021 年各国人工智能创新指数得分与排名。

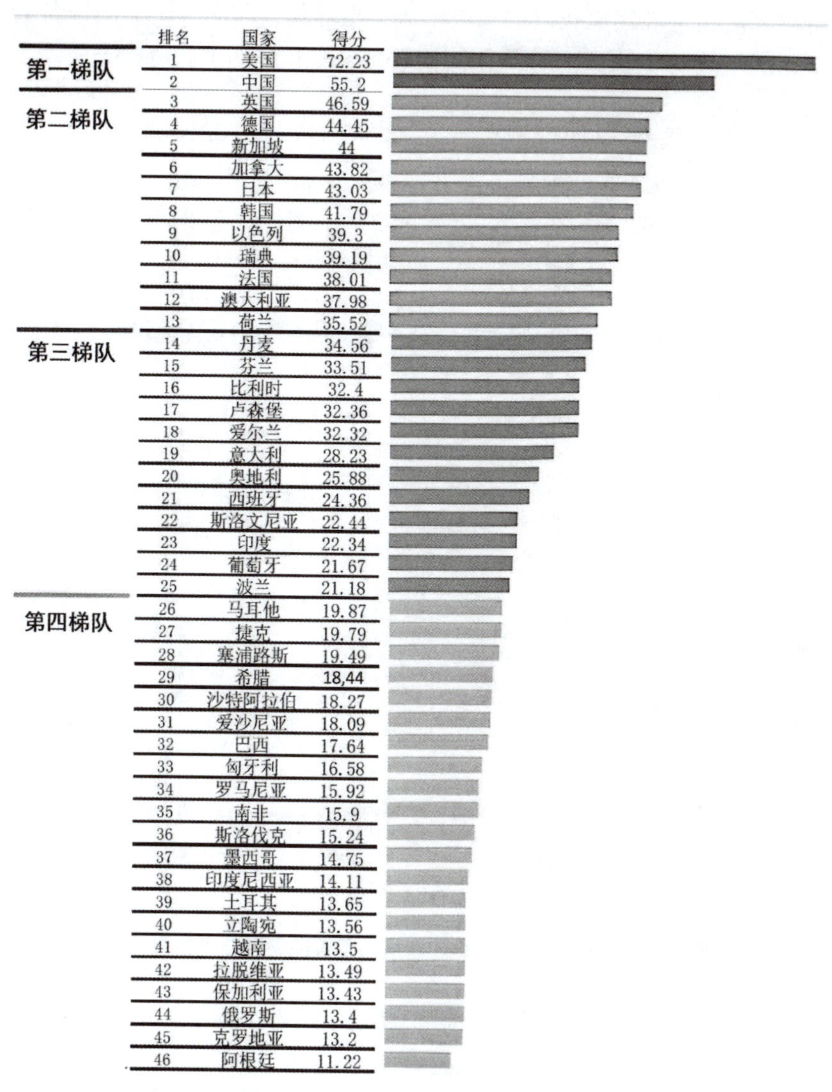

梯队	排名	国家	得分
第一梯队	1	美国	72.23
	2	中国	55.2
第二梯队	3	英国	46.59
	4	德国	44.45
	5	新加坡	44
	6	加拿大	43.82
	7	日本	43.03
	8	韩国	41.79
	9	以色列	39.3
	10	瑞典	39.19
	11	法国	38.01
	12	澳大利亚	37.98
第三梯队	13	荷兰	35.52
	14	丹麦	34.56
	15	芬兰	33.51
	16	比利时	32.4
	17	卢森堡	32.36
	18	爱尔兰	32.32
	19	意大利	28.23
	20	奥地利	25.88
	21	西班牙	24.36
	22	斯洛文尼亚	22.44
	23	印度	22.34
	24	葡萄牙	21.67
	25	波兰	21.18
第四梯队	26	马耳他	19.87
	27	捷克	19.79
	28	塞浦路斯	19.49
	29	希腊	18,44
	30	沙特阿拉伯	18.27
	31	爱沙尼亚	18.09
	32	巴西	17.64
	33	匈牙利	16.58
	34	罗马尼亚	15.92
	35	南非	15.9
	36	斯洛伐克	15.24
	37	墨西哥	14.75
	38	印度尼西亚	14.11
	39	土耳其	13.65
	40	立陶宛	13.56
	41	越南	13.5
	42	拉脱维亚	13.49
	43	保加利亚	13.43
	44	俄罗斯	13.4
	45	克罗地亚	13.2
	46	阿根廷	11.22

图 1－8　各国人工智能创新指数得分与排名（2021 年）

中国科学技术信息研究所党委书记、所长赵志耘在论坛上对《报告》进行解读时表示，研究表明，中国人工智能发展迅速，人工智能综合实力不断提升。表现为：开源项目影响力明显提升。2021 年，中国的人工智能开源代码量达到 158 项，相比 2020 年的 139 项有所增长。全球TOP500超算中心数量连年保持首位。截至2021年6月，中国共有188个超算中心进入全球500强行列，占总量的37.6%，居全球首位。同时，中国人工智能企业蓬勃发展。按《报告》统计口径，截至2021年9月，中国共有880家人工智能企业，排名保持第二，相比2020年，同比增长约7%。

2. 各国发展态势

从近三年各国的名次变化看，目前全球人工智能发展呈现中美两国引领、主要国家激烈竞争的总体态势。美国综合实力遥遥领先，人工智能创新指数已连续三年位居全球第一；中国保持较快发展势头，人工智能创新指数连续两年排名第二；英国、韩国、法国、加拿大、日本、德国等国家之间呈现你追我赶的竞争态势；土耳其、印度等国家的排名上升趋势较为明显。2019—2021年参评国家人工智能创新指数排名变化如图1-9所示。

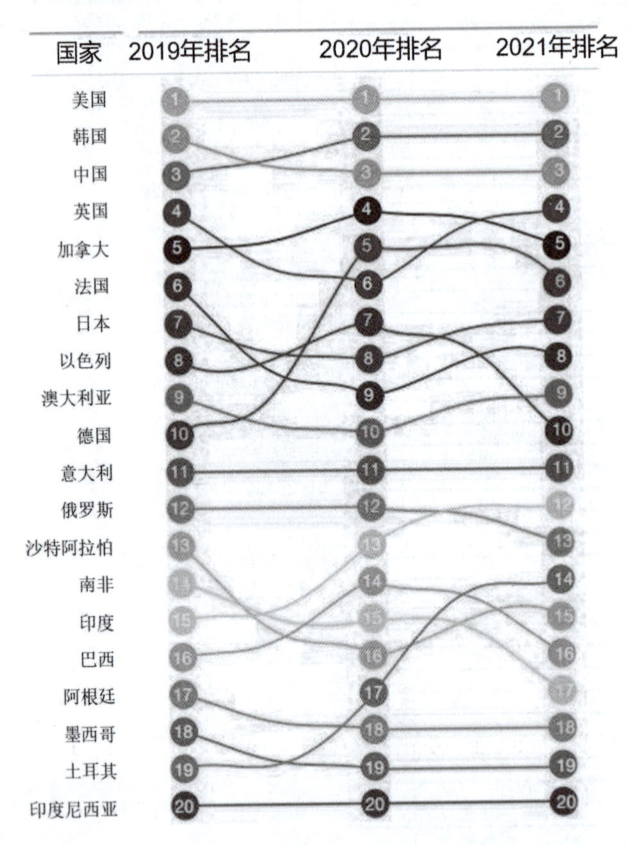

图1-9　2019—2021年参评国家人工智能创新指数排名变化

1.6.2　我国人工智能产业发展现状与布局

1. 现状——我国AI综合实力不断提升

研究表明，中国人工智能发展迅速，人工智能综合实力不断提升。总得分上，与美国的分差进一步缩减。细分指标上，29个三级指标中有10个指标的名次都有所上升，优势指标从2020年的12个增加到2021年的15个。

截至2021年6月，中国共有188个超算中心进入全球500强行列，占总量的37.6%，居全球首位。2018—2021 年，中国进入全球 500 强的超算中心数量一直保持全球领先，但值得注意的是，随着越来越多的国家开始加大算力基础设施的建设力度，与 2020 年相比，中国在超算中心上的优势有所减弱。

此外，截至 2021 年 9 月，中国共有 880 家人工智能企业，排名保持第二，相比 2020 年同比增长约 7%；人工智能企业累计共获得 462 亿美元的投资，排名第二，平均每家企业融资额为 0. 53 亿美元，排名第一。

而中国 5G 技术专利授权量跃居全球第一，进入全球 500 强的物联网企业数量相比 2020 年略有增长，已约占全球总数的一半。

不过，与美国相比，中国的人工智能发展水平还存在一定差距，大部分指标都落后于美国。此外，相较于自身快速增长的创新产出而言，中国的创新投入规模和质量还有很大提升空间，比如，高质量的教育和劳动力资源储备不足，信息化基础还无法很好地支撑人工智能的深层次应用。

2. 布局——六方面重点任务

2017 年国务院印发《新一代人工智能发展规划》，提出了面向 2030 年我国新一代人工智能发展的指导思想、战略目标、重点任务和保障措施，为我国人工智能的进一步加速发展奠定了重要基础。其中提到，到 2025 年，人工智能基础理论实现重大突破，部分技术与应用达到世界领先水平，人工智能成为我国产业升级和经济转型的主要动力，智能社会建设取得积极进展；到 2030 年，人工智能理论、技术与应用总体达到世界领先水平，成为世界主要人工智能创新中心。

《新一代人工智能发展规划》提出六个方面重点任务：一是构建开放协同的人工智能科技创新体系，从前沿基础理论、关键共性技术、创新平台、高端人才队伍等方面强化部署。二是培育高端高效的智能经济，发展人工智能新兴产业，推进产业智能化升级，打造人工智能创新高地。三是建设安全便捷的智能社会，发展高效智能服务，提高社会治理智能化水平，利用人工智能提升公共安全保障能力，促进社会交往的共享互信。四是加强人工智能领域军民融合，促进人工智能技术军民双向转化、军民创新资源共建共享。五是构建泛在安全高效的智能化基础设施体系，加强网络、大数据、高效能计算等基础设施的建设升级。六是前瞻布局重大科技项目，针对新一代人工智能特有的重大基础理论和共性关键技术“瓶颈”，加强整体统筹，形成以新一代人工智能重大科技项目为核心、统筹当前和未来研发任务布局的人工智能项目群。

小　结

人工智能（Artificial Intelligence，AI）的研究内容主要包括计算机实现智能的原理，以及制造具有类似于人脑智能的计算机，使计算机能实现更高层次的应用。

本任务主要学习了人工智能的概念，了解了图灵与图灵测试，学习了人工智能的起源与发展过程以及三大学派。

习　题

1. 人工智能英文缩写为（　　）。

A. AI　　B. CPU　　C. PC　　D. TCP

2. 人工智能起源于（　　）年。

A. 2016　　B. 2006　　C. 1986　　D. 1956

3. 人工智能起源的标识事件中（　　）。

A. 图灵机的发明　　B. 达特茅斯会

C. 图灵测试的提出　　D. 第一台计算机的诞生

4. 图灵测试通过的标准是超过（　　）的裁判误以为在和自己说话的是人而非计算机。

A. 10%　　B. 20%　　C. 30%　　D. 80%

5. 人工智能的三大学派不包括（　　）。

A. 符号主义　　B. 连接主义　　C. 行为主义　　D. 通用主义

任务记录单

任务名称	
实验日期	
姓名	
实施过程：	
任务收获：	

任务 2

寻找人工智能产品

（学习主题：人工智能的三个层次）

任务导入

任务目标

1. 知识目标

能够阐述人工智能的三个层次；

能够了解人工智能发展史上的七个重大突破；

能够理解当前人工智能发展的现状与不足。

2. 能力目标

能够识别出生活中的人工智能产品；

能够介绍一款人工智能产品的主要功能；

能够确定人工智能产品属于哪一层次。

3. 素质目标

提升耐心细致的观察能力；

提升文字撰写能力；

提升归纳总结能力；

提升科技探索的兴趣。

任务要求

当前，越来越多的人工智能产品在我们的生活中出现，并且伴随我们生活、学习的方方面面。请你在生活中寻找人工智能产品，并将其拍照或者截图。在图片上写上产品的名称、主要功能，以及它属于人工智能哪个发展阶段的产品。希望你找到的产品能够让大家觉得眼前一亮！

提交形式

人工智能产品的图片（配文字说明）。

你知道图 2－1 是什么事件嘛？你知道这一事件属于人工智能哪一阶段的成就嘛？

图 2－1　AlphaGo 击败围棋世界冠军李世石

2.1　人工智能的三个层次

人工智能的三个层次

众所周知，当前人工智能技术被广泛讨论，但实际上人工智能也是分等级的，分别为弱人工智能、强人工智能以及超人工智能。

2.1.1　弱人工智能

弱人工智能（Top－Down AI）是指不能制造出真正地推理（Reasoning）和解决问题（Problem_solving）的智能机器，这些机器只不过看起来像是智能的，但是并不真正拥有智能，也不会有自主意识。

弱人工智能是当前人类正在应用的技术，具备弱人工智能的产品往往只擅长某一个方面的工作，不管是可以预约烧饭的电饭煲，还是会聊天的机器人，都属于此列。弱人工智能阶段，机器其实并不具备思考的能力，而弱人工智能实际上并不能真正地去推理问题，去解决问题，也没有自己的世界观、价值观。只不过是看上去是智能的，但其实并不智能。

其本质上也是统计学以及拟合函数这些的实现，它实现功能时，依靠的还是提前编写好的运算程序。它只会按部就班地工作，并且工作能力也不会提升。

举个例子，弱人工智能就是，我告诉他我挥了个手，你应该给我挥下手给我打个招呼，然后下次哪怕挥手会有危险，他依然会挥手。简而言之，就是先教他做什么才会去做什么。

2.1.2　强人工智能

强人工智能（Bottom－Up AI）就是能自己去推理问题，自己独立去解决问题的人工智能。这类人工智能就有了点自己的思想，能自己独立地作出思考。并且会有自己的价值观以及世界观，会有生物的本能，比如生存、安全需要、累了要休息等。再以挥手做个比喻，弱人工智能你只教他挥手，那么他就只会挥手。而强人工智能不同，你教了他挥手，你对他挥手时，他会自己判断我挥手会不会有危险，比如在上面有根电线，弱人工智能如果没有写检测电线的程序，他会毫不犹豫挥上去，但强人工智能不会，他会明白，此时执行挥手动作有危险，他会选择在安全的范围内挥手。

2.1.3 超人工智能

超级人工智能（SuperAI）又被人称为“超强人工智能”，最早由英国教授尼克（Nick Bostrom）定义：“一种几乎在每一个领域都胜过人类大脑的智慧。”并且 Nick 教授非常前瞻性地认为超级人工智能可以不再具备任何物质实体形式，而仅仅是算法本身：“这个定义是开放的：超级智慧的拥有者可以是一台数字计算机、一个计算机网络集成，也可以是人工的神经组织。”

超人工智能即算是超人也不为过，它拥有人的思维，有自己的世界观、价值观，会自己制定规则，拥有人所拥有的本能，拥有人的创造力，并且具备比人类思考效率、质量高无数倍的大脑，甚至有可能给他装上武器或是自己给自己装上武器，懂得灵活多变。听起来，是不是像影视作品里的“超人”？

如果说强人工智能算法是能与人类大脑媲美的主体，超级人工智能算法则是能全方位超越人类大脑的存在。强人工智能算法尚能够获得法律主体资格，超级人工智能算法也当然具有获得法律主体资格的条件，人类甚至需要担心自身法律主体资格的维持。因此，对超级人工智能算法的反思与抑制也是算法技术发展到一定程度时必须面临的课题。

2.2 弱人工智能发展史上的七个重大突破

人类当前对人工智能的探索仍处于弱人工智能阶段。在弱人工智能发展阶段中，有多次重大突破，以下七个事件是弱人工智能发展史上的重大突破。

弱人工智能发展史上的七个重大突破

2.2.1 1966 年聊天机器人 ELIZA 实现首次人机对话

1966 年，美国麻省理工学院（MIT）人工智能实验室的约瑟夫·维森鲍姆（Joseph Weizenbaum）开发了最早的自然语言聊天机器人 ELIZA，能够模仿临床治疗中的心理医生。图 2-2 所示是 ELIZA 与人类对话的界面。ELIZA 的实现技术是通过关键词匹配规则对输入进行分解，而后根据分解规则所对应的重组规则来生成回复。简而言之，就是将输入语句类型化，再翻译成合适的输出。虽然 ELIZA 很简单，但维森鲍姆本人对 ELIZA 的表现感到吃惊。

请看 ELIZA 在计算机上与一位姑娘的谈话摘要：

姑娘：男人全都一样。

ELIZA：在哪些方面？

姑娘：他们总找借口躲避我们。

ELIZA：你能举个例子吗？

姑娘：好吧，我的男朋友要我到你这里来。

ELIZA：哦，你的男朋友要你到我这里来。

姑娘：他说我很烦闷。

ELIZA：你很烦闷，这使我很难过。

影响：近年来，人机对话交互技术成为人工智能的热点领域。众多科技公司相继推出了人机对话技术相关产品，并将人机对话交互技术作为其公司的重点研发方向。目前比较知名的产品有谷歌的 Google Assistant、苹果的 Siri、OpenAI 开发的 ChatGPT、百度公司的文心一言等。Siri 评价道，ELIZA 是一位心理医生，是她的启蒙老师。

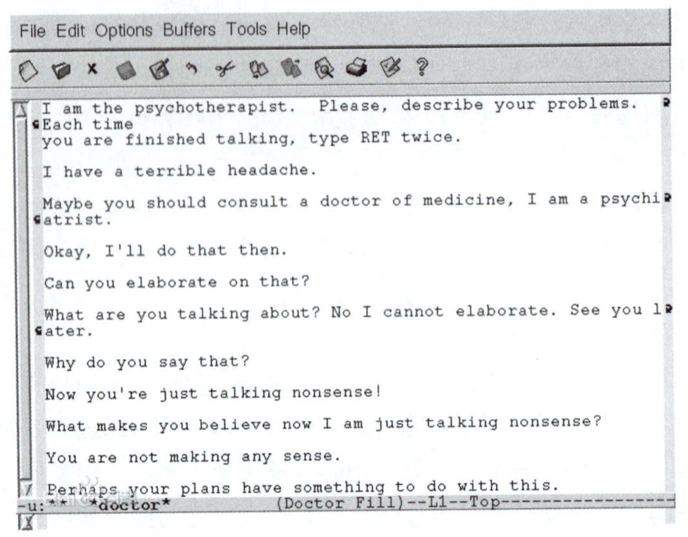

图 2-2　最早的与人对话程序——ELIZA

2.2.2　1973 年首个人形机器人 WABOT-1 诞生

1973 年，日本早稻田大学制造出第一个人形机器人 WABOT-1，它由肢体控制系统、视觉系统和对话系统组成，如图 2-3 所示。WABOT-1 这个庞然大物会说日语，能抓握重物，通过视觉和听觉感应器感受环境。这对出生于 1973 年的它已算不错了。到了 1980 年，早稻田大学更新了设计，研制出了 WABOT-2，第二代能够与人沟通，阅读乐谱并演奏电子琴。

图 2-3　第一个人形机器人 WABOT-1

影响：人形机器人的诞生，满足了许多人对机器人的最初想象，也为未来机器人的设计和开发奠定了基础。

2.2.3　1997年“深蓝”战胜人类国际象棋冠军

1997年5月11日，在纽约，国际象棋世界冠军卡斯帕罗夫在与一台名叫“深蓝（Deep Blue）”的IBM超级计算机，经过六局规则比赛的对抗后，最终拱手称臣。这位号称人类最聪明的人，在前五局2.5对2.5打平的情况下，第六盘决胜局中，仅仅走了19步，就败给了“深蓝”。“深蓝”计算机是一台由国际商用机器公司（IBM）技术人员历经6年时间研制成功的带有31个处理器并行的超级计算机。该计算机有着高速计算的优势，3分钟内可以检索500亿步棋，是当时世界上最强大的国际象棋计算机。图2－4所示是“深蓝”战胜人类国际象棋冠军卡斯帕罗夫时的场景。

图2－4　“深蓝”战胜人类国际象棋冠军

影响：IBM的“深蓝”通过“穷举法（brute force）”或者说暴力计算的方式，计算游戏步数的能力比人类强太多。输掉比赛后，卡斯特罗夫也承认：机器在游戏领域占上风，是因为人类会犯错误。这次人类的失败，也引发了人们新的思考：在国际象棋上赢了人类后，机器下一个争夺的领域会是什么？会是围棋吗？

2.2.4　2009年ImageNET数据库帮助AI认出了猫

2006年，当时刚刚出任伊利诺伊大学香槟分校计算机教授的李飞飞发现，整个学术圈和人工智能行业都在苦心研究同一个概念：通过更好的算法来制定决策，但却并不关心数据。

她意识到这种方法的局限：如果使用的数据无法反映真实世界的状况，即便是最好的算法，也无济于事。于是她的解决方案是建设更好的数据集。这是一个大型注释图像的数据库，旨在帮助视觉对象识别软件进行研究。图2－5所示是ImageNet数据库截图。

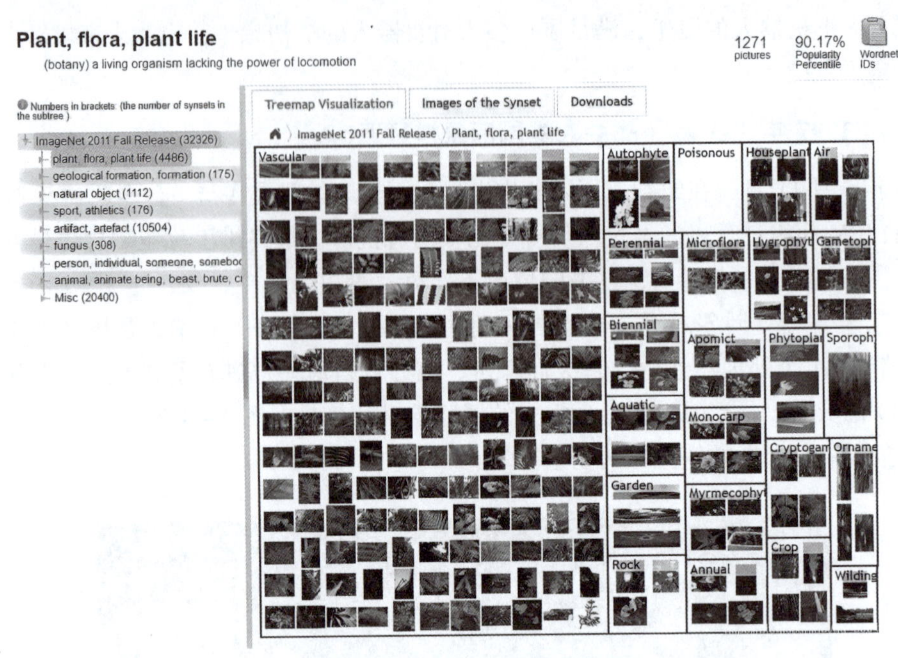

图 2-5　ImageNet 数据库截图

影响：由李飞飞带头制作的数据集名为 ImageNet，相关论文于 2009 年发布时，还只能以海报的形式缩在迈阿密海滩大会的角落里，但却很快成为一场年度竞赛：看看究竟哪种算法能以最低的错误率识别出其中的图像所包含的物体。很多人都将此视作当今这轮人工智能浪潮的催化剂。到了 2017 年，优胜者的识别率就从 71.8% 提升到 97.3%，超过了人类，并证明了更庞大的数据可以带来更好的决策。这些进步，都为今天人工智能领域图像识别技术的发展起到了重要作用。

2.2.5　2011 年“沃森”在智力问答比赛中战胜人类

作为“深蓝”的后辈，Watson 是 IBM 推出的超级计算机，这台以 IBM 创始人命名的超级电脑在 2011 年参加了美国著名智力节目《危机边缘》，与真正的人类同场竞技。最终 Watson 赢得了比赛，获得了奖金。图 2-6 所示是 Watson 与人类在《危机边缘》节目中对决的场景。

图 2-6　Watson 在美国电视节目《危机边缘》中战胜人类

影响：要参加这种智力比赛，拥有更多更快的核心计算是必需的，一块单核 CPU，要回答一道普通智力问题需要的计算时间大约为 2 小时，而 Watson 平均只用 3 秒。硬件上的升级并不一定能战胜人类，有时候对于一台电脑来说，能听懂题目也许是个更大的挑战。

2.2.6　2016 年 AlphaGo 战胜围棋世界冠军李世石

在 AlphaGo 出现前，人们普遍认为机器想要在围棋领域战胜人类至少还要 10 年时间。但这一切假定在 2016 年 3 月韩国的一家酒店被打破了。这个由英国初创公司 DeepMind 研发的围棋 AI 以 4：1 的比分赢了人类职业棋手九段李世石。开篇提到的图 2－1 所示便是李世石与 AlphaGo 对决的场面。到了 2017 年 5 月，升级后的 AlphaGo 又在乌镇战胜了当时围棋第一人柯洁九段，如图 2－7 所示。AlphaGo 的棋艺增长迅速，势如破竹。战胜柯洁后，DeepMind 仍未停下研发脚步，随后又推出了 AlphaGo zero 版本，做到了无师自通，甚至还可以通过“左右手互博”提高棋艺。

图 2－7　AlphaGo 在乌镇对战围棋第一人柯洁九段

影响：AlphaGo 的出现让世人对人工智能的期待再次提升到前所未有的高度，在它的带动下，人工智能迎来了最好的发展时代。而对于以人工智能推动人类社会进步为使命的 DeepMind 来说，围棋并不是 AlphaGo 的终极奥义，他们的目标始终是要利用 AlphaGo 打造通用的、探索宇宙的终极工具。

2.2.7　2018 年 IBM Project Debater 对战人类辩论冠军

推理和辩论一直以来被认为是人类的专长，然而，在 2018 年 6 月，IBM 开发的辩论机器人“IBM Project Debater”向以色列国家辩论冠军 Noa Ovadia 发起了挑战。Project Debater 和 Noa Ovadia、以色列国际辩论协会主席 Dan Zafrir 分别进行了辩论比赛。在比赛中，Project Debater 参与了两个辩论主题，即“政府是否应该资助太空探索”和“远程医疗是否应该在医疗保健中发挥更大作用”。IBM 公司希望确保人工智能系统能在不知道将研究什么的情况下进行辩论，因此，Project Debater 在辩论前并不知道论题。就“政府是否应资助太空探索”

的论题，Project Debater 持正方，Noa Ovadia 持反方。双方随后发布了四分钟开幕词、四分钟反驳和两分钟论证总结。在每个部分之间，Project Debater 听取了人类对手的四分钟开场白，解析了这些数据，并创建了一个突出显示并试图驳斥人类对手所提出的信息的论据。这令人难以置信，因为它不仅要理解单词，还要理解这些单词的背景。鹦鹉学舌般复述维基百科条目很容易做到，但获取数据并创建一个不仅基于原始数据而且还考虑到刚才听到的叙述的内容，却十分困难。在 40 名观众投票中，“IBM Project Debater” 以 9 票的优势战胜人类选手。图 2 –8 所示是这场比赛的现场。

图 2 –8　IBM Project Debater 与人类辩论现场，图左为 Noa Ovadia，图右为 Dan Zafrir

在比赛中，Project Debater 依托自身数据库中的强大信息源，在比赛中表现了在数据驱动下出色的演讲稿撰写与表达能力、听力理解能力和模拟人类困境并提出论点的能力。

2019 年 1 月，这个 AI 辩论系统首度向公众开放，IBM 邀请人们针对特定辩论题向 Project Debater 提交论据，以丰富 Project Debater 的语料库。

2019 年 2 月，Project Debater 再次迎战 2016 年世界辩论锦标赛决赛选手 Harish Natarajan。这一次人类选手取得了胜利。不过，我们仍然可以看到人工智能在自然语言处理等领域的强大实力。

影响：相较于此前 AI 在棋盘游戏和智力问答游戏中对战人类取得的胜利，AI 在没有确定规则、没有标准答案的辩论比赛中取得的胜利显得更为难得，展现了 AI 在“思考判断”能力发展上的更多可能性。

2.3　当前人工智能发展的现状与不足

当前人工智能的“能”与“不能”

当前人工智能是科研创新的热点领域，大量的创新成果在不断涌现，而且很多成果的落地应用前景也比较广阔，相信在产业互联网的推动下，人工智能领域将迎来新的创新场景。

2.3.1　当前人工智能发展的现状

当前人工智能的发展现状可以概述为以下三点。

1. 人工智能产品实用性开始落地

当前人工智能已经从“空想”“不实用”转变为实用且新产品层出不穷的阶段。尤其在科技发达的国家，人工智能技术的实用性日益增强，成为人们工作、生活的重要帮手。

比如，近些年人们去陌生的地方会使用“百度地图”“高德地图”等应用程序进行导航。无论是步行、骑车、坐公交车还是驾车，它们都可以为我们提供最优路线，并可以避免交通拥堵。这些应用已经成为人们当前生活的必需品，人工智能的实用性已经从过去的空想，逐步进入落地阶段。

不过，我们也要看到，目前仍然是人工智能实用性落地的初期，随着技术的不断发展，人工智能将以实用性的形态落地到人类生活的方方面面。

2. 特定领域人工智能产品取得突破性进展

面向特定领域的人工智能（即弱人工智能）产品由于应用背景需求明确、领域知识积累深厚、建模计算简单可行，因此形成了单点突破，在局部智能水平的单项测试中可以超越人类智能。

以往人们认为人工智能在工业领域当中是具有优势的，但是在艺术领域却很难发挥作用。但是，近些年，应用于艺术领域的人工智能也不断取得突破性进展。比如，由阿里巴巴智能设计实验室自主研发的一款设计产品——鹿班，该产品基于图像智能生成技术，可以改变传统的设计模式，在短时间内完成大量网页导航图片（banner 图）、海报图和会场图的设计，工作效率极高。它可以根据用户输入的需求指令，使机器经过规划、行动多轮大规模计算，生成符合用户需求和专业标准的视觉图像。用户只需任意输入想达成的风格、尺寸，鹿班就能代替人工完成素材分析、抠图、配色等耗时耗力的设计过程，实时生成多套符合要求的设计解决方案。在“淘宝双 11 购物狂欢节”中，鹿班每秒约生成 8 000 张海报，刷新了人们对人工智能创意设计能力的认知，这样的速度已经将人类远远甩在“脑”后。

3. 人工智能产品需求日益增多

随着人工智能技术的不断提升，无论是从技术人员方面还是从需求者方面来说，人们对人工智能产品的需求种类与数量都在与日俱增。基于人工智能的创新产业发展迅猛，“人工智能 + X”应用范式日趋成熟，人工智能向各行各业快速渗透、融合，进而重塑整个社会发展，这是人工智能驱动第四次工业革命的最主要表现方式。

2.3.2 当前人工智能发展中的不足

在对人工智能“无所不能”的期待背后，也会发现人工智能仍有很多不足，主要表现在以下三个方面。

1. 是“专才”却不是“通才”

会制作海报的鹿班只会进行海报等的设计，它不会下棋，不会生产产品，不会照看儿童，也不会摘苹果；而会摘苹果的机器不会制作海报，会生产产品的工业机器人不会对话……我们能看到，当前的人工智能产品大多是在某一领域具有较高技能，而在其他方面不具有技能。

2. 有“智商”却没有“情商”

人工智能产品在某一方面的“智商”已经超过人类，如运算速度。但人工智能产品不能理解人类的情感，不能进行情感交流与沟通，因此，它们的“情商”为零。甚至在当今时代，人工智能产品对于人类语言的理解也不够充分。

3. 有“智能”却没有“智慧”

人工智能产品能够按照设定的程序作出判断与决定，但是没有意识和悟性，缺乏综合决策能力。比如对于一个跳舞机器人，人们对其输入特定的指令，其就会按指令跳舞，即使让其跳入水中，其也不会停止。

由此我们看到，人工智能产品当前还缺乏人类的智慧及人类的感知能力、创新能力、学习能力等。

小　结

目前人工智能正在与各行各业加速融合，促进产业升级，提质增效，由于人工智能的快速发展，已经在全球范围内引发了新一轮技术革命的浪潮。

本部分主要学习了人工智能的三个层次，即弱人工智能、强人工智能、超人工智能。了解了人工智能发展史上的七个重大突破，包括：1966 年聊天机器人 ELIZA 实现首次人机对话、1973 年首个人形机器人 WABOT－1 诞生、1997 年“深蓝”战胜人类国际象棋冠军、2009 年 ImageNET 数据库帮助 AI 认出了猫、2011 年“沃森”在智力问答比赛中战胜人类、2016 年 AlphaGo 战胜围棋世界冠军李世石、2018 年 IBM AI 辩论机器人对战人类辩论冠军。最后，了解了当前人工智能发展的现状与不足。

习　题

1. “一种几乎在每一个领域都胜过人类大脑的智慧。”这属于人工智能发展中的（　　）层次。

A. 弱人工智能　　B. 强人工智能
C. 超人工智能　　D. 特人工智能

2. 人工智能的三个层次不包括（　　）。

A. 弱人工智能　　B. 强人工智能
C. 超人工智能　　D. 特人工智能

3. 1997 年计算机（　　）战胜人类国际象棋冠军。

A. 深蓝　　B. 沃森　　C. ImageNET　　D. AlphaGo

4. 2016 年计算机（　　）战胜围棋世界冠军李世石。

A. 深蓝　　B. 沃森　　C. ImageNET　　D. AlphaGo

5. 世界上首个人形机器人诞生于（　　）。

A. 20 世纪初　　B. 20 世纪 40 年代
C. 20 世纪 70 年代　　D. 21 世纪

任务记录单

任务名称	
实验日期	
姓名	
实施过程：	
任务收获：	

任务3

设计“打折机票”的算法

（学习主题：三代人工智能与其要素）

任务导入

任务目标

1. 知识目标

能够了解三代人工智能及其要素；
能够了解知识及其作用；
能够了解数据及其作用；
能够掌握算法及其作用；
能够了解算力及其作用。

2. 能力目标

能够具备数据安全意识；
能够在现实中保护自身数据安全；
能够根据需要设计简单算法。

3. 素质目标

提升逻辑分析能力；
提升条理清晰度；
提升思维缜密性。

任务要求

某航空公司原价 1 000 元的机票针对小朋友推出打折服务。3 岁及以下儿童机票免费。4~12 岁儿童机票半价，12 岁以上儿童不享有打折服务。请编写算法，当用户输入年龄后，可显示是否打折及机票价格。可以选用自然语言、伪代码、流程图、N－S 图表示算法。

提交形式

选用自然语言、伪代码、流程图、N－S 图表示算法的图片。

3.1　三代人工智能与其要素

人工智能自起步以来，已经经历了第一代与第二代的发展，即将进入第三代人工智能。

3.1.1　第一代人工智能与其三要素

第一代 AI 的成功来自 3 个基本要素。以深蓝程序为例，一是知识与经验，“深蓝”从象棋大师已经下过的 70 万盘棋局和大量 5～6 个棋子的残局中，总结出下棋的规则。另外，在象棋大师与深蓝对弈的过程中，通过调试“评价函数”中的 6 000 个参数，把大师的经验引进程序。二是算法，深蓝采用 α－β 剪枝算法，有效提高搜索效率。三是算力（计算能力），为了达到实时的要求，深蓝使用 IBM RS/6000 SP2，11.38G FLOPS（浮点运算/秒），每秒可检查 2 亿步，或 3 分钟运行 5 千万盘棋局（positions）。另一个比较知名的案例是 1971 年斯坦福大学建立的专家系统，通过将医生诊断的过程作为推理机制放进计算机，并以此来诊断血液传染病。由于内科医生都不是专业的传染病专家，因此这样的计算机辅助系统可以帮助医生做诊断。

3.1.2　第二代人工智能与其三要素

第二代人工智能以深度学习为核心，也包括 3 个要素。一是数据，以 AlphaGo 为例。其中，AlphaGo－Zero 通过强化学习自学了亿级的棋局，而人类在千年的围棋史中，下过的有效棋局只不过 3 000 万盘。二是算法，包括蒙特卡洛树搜索（Monte－Carlo tree search）、深度学习和强化学习（reinforcement learning）等。三是算力，运行 AlphaGo 的机器是由 1 920 个 CPU 和 280 个 GPU 组成的分布系统。因此，第二代 AI 又称数据驱动方法。

3.1.3　第三代人工智能与其四要素

2020 世界人工智能大会云端峰会以“智联世界　共同家园”为主题，以“高端化、国际化、专业化、市场化、智能化”为特色，集聚全球智能领域最具影响力的科学家和企业家，以及相关政府的领导人，围绕智能领域的技术前沿、产业趋势和热点问题进行高端对话。会上，中国科学院院士、清华大学人工智能研究院院长张钹进行题为“迈向第三代人工智能”的报告。张钹院士认为，只有从技术上取得突破，才能推进创新应用。因此，综合第一代知识驱动型人工智能与第二代数据驱动型人工智能，他提出了第三代人工智能的四要素：知识、数据、算法、算力。

站在人工智能新起点，他提出，必须充分利用知识、数据、算法和算力四要素，让机器深度学习，做到随机应变、举一反三，不断推进人工智能向前发展。

那么如何理解第三代人工智能的四要素呢？举个非常形象的例子。如果把炒菜作为我们的场景，那么知识就相当于获取食物的途径，如打电话订菜、上网订菜、去菜市场买菜等；数据就相当于炒菜所需的食材；算法则是烹饪程序；算力就相当于炒菜需要的煤气、电力，如图 3－1 所示。

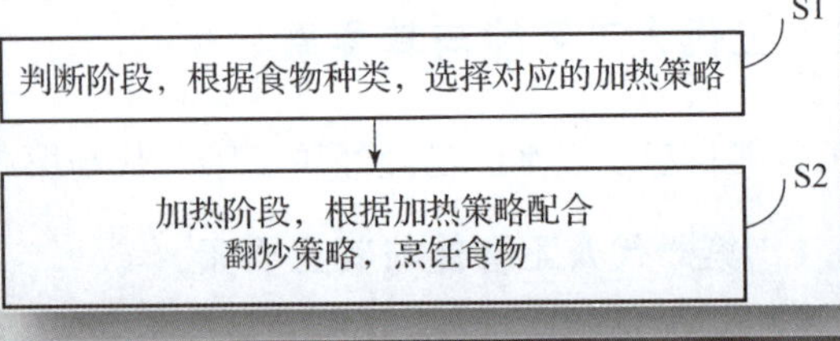

图 3-1　以炒菜场景理解第三代人工智能的四要素

3.2　知识

知识这个词大家并不陌生，你知道人工智能中的知识是什么吗？

人工智能四要素之知识

3.2.1　何为知识

知识是在长期生活、社会实践及科学研究中积累起来的人们对客观世界的认识和经验。

知识可以将相关的信息联系到一起。例如，我们常用这样的句式："如果……，那么……"，这就有知识的存在。例如，我们说"如果天黑了，那么路灯就会亮起来。""如果乌云密布，那么有可能会下大雨。"以上这些，都可以理解为知识。知识既可以表示一个事实，也可以表示一条规则。如"如果气温低于零度，那么就会结冰的。"就是一个事实。"挂前进挡，踩油门，车就会前进"就是一条规则。

知识可以被视为高质量的信息。将知识按照作用范围划分，可分为常识性知识和领域性知识；按知识的表示划分，可分为事实性知识、过程性知识、控制性知识；按知识的结构划分，可分为逻辑性知识和形象性知识。

3.2.2　大知识与知识图谱

传统知识库是有限的，因此需要有"大知识"作为支撑。现有大知识包括人的数据、物联网数据等，通过大知识能够构建知识图谱。

知识图谱的应用已经得到证明。"知识搜索"是巨大的市场，搜索本身核心的技术是构建超大规模的知识图谱，用知识图谱去理解文档、理解用户的查询，最终实现查询与文档的精准匹配。从搜索的角度，知识图谱是一个通用的查询和决策引擎。

先来看一个基于知识图谱的应用案例。

一款基于知识图谱的智能审单专家系统在国内某大型银行成功上线，其首次将人工智能技术与国际单证业务相结合，实现了人工智能领域在单证业务中从无到有的突破。原来审单团队中需要有2 000名高级人才，现在只需要100名通用人才即可，而且审单效率大幅提高，杜绝了滞后的现象。对于大量票据，将其关键要素处理出来，同时用知识图谱进行匹配，这个技术在保险、银行、证券等行业都有大量的需求。人工智能真正把人从简单工作中解放了出来。

知识图谱最核心的问题有三个：第一个问题是怎样从海量的多源异构数据中抽取知识、构建关系，对不同的数据进行消歧融合，并构建知识。第二个问题是怎样理解语义。比如，大部分智能语音助手，如“小爱同学”，都不理解语义，这是现阶段的困难。接下来，随着自然语言处理技术，特别是语义理解技术的快速发展，该领域会产生巨大的突破，就像前几年计算机视觉技术的突破一样。第三个问题是知识赋能，大知识怎么和生物技术、语言技术结合呢？有了通用的知识图谱，怎么训练、识别特定的搜索引擎呢？

3.3 数据

人工智能
四要素之数据

打开你的电子商务APP，看看向你推荐了哪些产品，再看看身边小伙伴的APP，看看所推荐的产品是否相同？如果不同，想想这是为什么。

3.3.1 数据与大数据

从软件学角度来定义，数据是信息的符号化集合。

举个例子。今天的天气是晴，最高温度为20℃。如果我把这些信息告诉你，这就是信息；如果我把它们存储在计算机的数据库中，这就是数据。

当前，我们还经常听到“大数据”一词，那么什么是大数据？从不同的角度来看，大数据有不同的定义。

在维克托·迈尔·舍恩伯格及肯尼斯·库克耶编写的《大数据时代》一书中，大数据是指不用随机分析法（抽样调查）这样的捷径，而对所有数据进行分析处理的方法。麦肯锡全球研究所对大数据的定义是：一种规模大到在获取、存储、管理、分析方面远远超出了传统数据库软件工具能力范围的数据集合，具有海量的数据规模、快速的数据流转、多样的数据类型和价值密度低四大特征。

而我们可以简单地将大数据理解为普通数据的集合。大数据研究的是当数据量到了一定程度时，怎么获取、处理和分析数据的问题。

3.3.2 数据的价值

数据因其重要性，越来越受到重视，那么数据到底有什么样的价值呢？

1. 数据蕴含“智能”

人工智能的“智能”蕴含在数据之中。

举个例子，如果我们晚上想找几个朋友一起吃饭，我们可以通过“百度地图”找到附件的餐厅。程序执行时，首先要对用户做当前位置的检测，确定位置数据以后，找到附近的餐厅，搜索餐厅的名字、位置、菜系、美食图片、分数、他人评价、人均价位等数据，并计算餐厅与用户位置的距离显示给用户。“百度地图”所显示的诸多信息都是数据。没有这些数据，系统将不能够运转，可以说，数据是人工智能的基础之一。

数据的意义还远不仅于此。让我们做个实验：打开你的“天猫”APP，并在搜索栏输入“粉底液”关键词，看看你的查询结果中前五条的价格和品牌都是什么，再看看你周围朋友的查询结果与你的是否相同。对比之后你会发现，大家的查询结果是不同的。为什么大家在同一时间、同一地点输入相同的关键词，得到的查询结果会不同呢？这背后其实就是数据在“说话”。系统不仅基于你所提供的关键词“粉底液”进行搜索，同时还要分析你在“天猫”APP日常购物的消费水平、收藏、搜索等习惯，如品牌、款式等，然后基于对大数据的分析，推荐更符合你的消费习惯，也更容易被你购买的商品。

有这样一个笑话：你，了解我吃饭的口味；你，了解我化妆品的品牌；你，了解我的穿衣风格；你，了解我的阅读喜好。这世上最了解我的，莫过于你。——我的手机。

这里所说的虽然是手机，但其实手机是通过你使用手机所产生的大量数据来了解你的。这些数据几乎可以勾勒出一个真实存在的人。例如，分析某个人一年的行程数据，就可以知道这个人的工作地点、工作时长、工作性质等。

2. 大数据引领人工智能发展

可以说，大数据引领人工智能发展进入重要战略窗口期。从发展现状来看，人工智能技术突飞猛进得益于良好的大数据基础。

首先，大数据为训练人工智能算法提供了“原材料”。据统计，全球独立移动设备用户渗透率超过总人口的65%，活跃互联网用户突破40亿，接入互联网的活跃移动设备超过50亿台。2020年，全球共拥有35 ZB的数据。如此海量的数据给机器学习带来了充足的训练素材，打造了坚实的数据基础。移动互联网和物联网的发展为人工智能的发展提供了大量学习样本和数据支撑。

其次，互联网企业依托大数据成为人工智能的“排头兵”。Facebook积累了全球超过12亿用户；IBM服务的很多用户拥有PB级的数据；Google的20亿行代码都存放在代码资源库中，提供给全部2.5万名Google工程师调用；亚马逊AWS为全球190个国家和地区的超过百万家企业、政府及社会组织提供支持。在中国，百度、阿里巴巴、腾讯分别通过搜索、产业链、用户掌握着数据流量入口，体系和工具日趋成熟。

再者，公共服务数据成为各国政府关注的焦点。美国联邦政府已在其数据平台开放多个领域13万个数据集的数据，这些领域包括农业、商业、气候、教育、能源、金融、卫生、科研等。英国、加拿大、新西兰等国都建立了政府数据开放平台。在我国，2011年，香港特别行政区政府上线官方的数据平台，上海率先在内地推出首个数据开放平台。之后，北京、武汉、无锡、佛山、南京等城市也都陆续上线数据平台。

最后，基于产业数据协同的人工智能应用层出不穷。海尔借助拥有上亿用户数据的SCRM大数据平台，建立了需求预测和用户活跃度等数据模型，年转化的销售额达到60亿元；多家科技公司已和阿里云平台合作，以中国海洋局的遥感卫星数据和全球船舶定位画像数据为基础，打造围绕海洋的数据服务平台，服务于渔业、远洋贸易、交通运输、金融保险、石油天然气、滨海旅游、环境保护等众多行业，从智能指导远洋捕捞到智能预测船舶在港时间，应用场景丰富。

3.3.5　有效保护自身数据安全

当数据变得有价值，保护它们就成为关键。《中华人民共和国数据安全法》已由中华人民共和国第十三届全国人民代表大会常务委员会第二十九次会议于2021年6月10日通过并公布，自2021年9月1日起施行。其中第四章“数据安全保护义务”中第三十二条明确规定，“任何组织、个人收集数据，应当采取合法、正当的方式，不得窃取或者以其他非法方式获取数据。”第六章“法律责任”中第五十一条明确规定，“窃取或者以其他非法方式获取数据，开展数据处理活动排除、限制竞争，或者损害个人、组织合法权益的，依照有关法律、行政法规的规定处罚。”

因此，我们要从自身入手，保护自身数据安全。具体方法包括：

1. 网上注册时不要填写个人私密信息

在互联网时代，用户数和用户信息量已然和企业的盈利关联了起来，企业希望尽可能多地获取用户信息。但是很多企业在数据保护上所做的工作存在缺陷，时常会有用户信息泄露事件发生。对于普通用户而言，我们无法干预企业的数据安全保护措施，只能从己方着手，尽可能少地暴露自己的个人私密信息，如姓名、电话、身份证号、银行卡号等。

2. 远离以获取个人信息为目的社交平台类活动

当前，部分不法分子为了获取用户个人信息，各种花样层出不穷。一些不法分子利用社交平台做诱饵套取用户个人信息，比如，只要用户填写个人信息，即可生成有趣内容并可以向朋友分享，而看似有趣的表面后，却以游戏的手段获取了大量的用户信息。遇到那些收集个人隐私信息的“趣味”活动，建议不要参与。

3. 安装病毒防护软件

不管是计算机还是智能手机，都已经成为信息泄露的高发“地带”，往往用户由于不小心点击一个链接或下载一个文件，其设备就成功地被不法分子攻破。安装病毒防护软件进行病毒防护和病毒查杀成为使用设备时保障安全的必要手段。

4. 尽量不要在公共场所连接未知WiFi

现在公共场所常常会提供免费WiFi，有些是为人们提供便利而专门设置的，但是不能忽视的是不法分子也会在公共场所设置钓鱼WiFi。用户一旦连接到他们的钓鱼WiFi，用户的设备就会被他们反扫描。如果在使用过程中输入账号、密码等信息，这些信息就会被对方获得。因此，在公共场所尽量不要连接免费WiFi。

5. 警惕手机诈骗

科技在进步，骗子的手段也层出不穷，例如，利用短信骗取手机用户的信息进行财产诈骗，让受害者遭受重大损失。我们需警惕手机短信里的手机账户异常、银行账户异常、银行系统升级等信息，这些有可能是骗子利用伪基站发送的诈骗信息。遇到这种短信不要管它，必要时可联系官方工作人员，询问情况，验证真伪。

6. 妥善处理好涉及个人信息的实物

个人信息的泄露形式不仅包括通过电子设备泄露，还包括通过实物泄露，如票据、身份证复印件的丢失等。比如，部分司机为了方便别人打电话叫自己挪车，常常会把手机号码留在车窗较明显的位置上，这也给不法分子留下了“空子”。他们雇用人员在街边录取车辆信息，如车牌号、车辆品牌、型号和司机电话号码。如果这些信息被非法利用，也会给我们的生活造成影响。建议将含有个人信息的单据及时销毁，不要随处丢弃，也不要将手机号码随处摆放。

7. 增强密码管理意识

你有没有在网上注册网站会员的经历？相信很多人都有。我们注册了多少个网站会员恐怕自己早已忘记。有一种情况是，我们注册多个网站时用的是相同的用户名与密码。如果其中某个网站是非法网站，那么其可能就掌握了你通往其他网站的用户名和密码，存在一定的风险。因此，如果一定要注册网站会员，要注意密码管理。尤其是涉及资金安全的密码，建议不要和普通网站的密码有所关联，例如，手机银行的密码、支付平台的密码不要和出生日期等信息相关联，也不要与其他网站密码混用，同时要注意定期更改密码。

8. 妥善保管生物特征信息

在诸多验证方式中，生物特征信息的准确性与安全性较高，如人脸、指纹等方式，因此，当前银行、金融类相关 APP 普遍采用生物特征信息进行身份验证。生物特征信息与其他信息的不同之处在于其不可更改性和终身陪伴性。因此，要妥善保管这类信息，避免泄露。

3.4 算法

人工智能
四要素之算法

算法是支撑人工智能软件部分的核心，程序 = 算法 + 数据结构。

3.4.1 何为算法

大家常听到下面这个笑话：

甲：把大象放进冰箱里分几步？

乙：分几步？

甲：分三步。第一步：打开冰箱门；第二步：把大象放进冰箱里；第三步：关上冰箱门。

乙：……

甲：再把大象放进冰箱里分几步？

乙：分三步。第一步：打开冰箱门；第二步：把大象放进冰箱里；第三步：关上冰箱门。

甲：错了，分四步。

乙：怎么还多了一步？

甲：第一步：打开冰箱门；第二步：把刚才那头大象拉出来；第三步：把第二头大象放进冰箱里；第四步：关上冰箱门。

这虽然是一个笑话，但是生动描绘了一种算法。算法，简单理解，就是解决某个问题的一系列清晰的指令。以上面笑话的第一段为列，其算法共分为三步，即，开冰箱、塞大象、关冰箱，如图3－2所示。

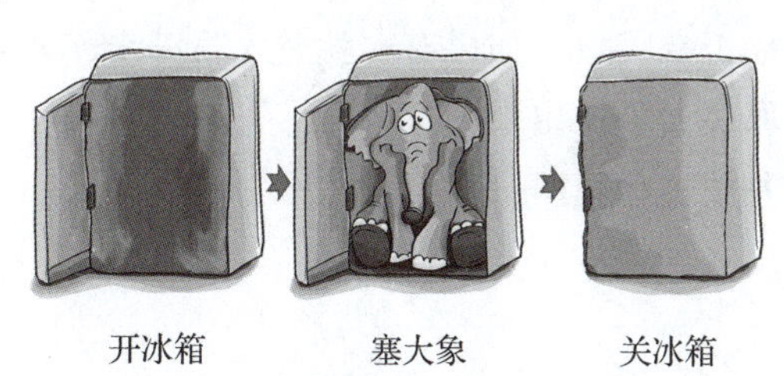

图3－2 大象放进冰箱的第一种算法

算法是指对解题方案的准确而完整的描述，算法代表着用系统的方法描述解决问题的策略机制。也就是说，通过算法，人们能够对规范的输入，在有限时间内获得所要求的输出。如果一个算法有缺陷，或不适用于某个问题，那么执行这个算法将不会解决这个问题。不同的算法可能用不同的时间、空间或效率来完成同样的任务。一个算法的优劣可以用空间复杂度与时间复杂度来衡量。

3.4.2 算法的五大特性

算法具有以下五个重要的特性。

1. 有穷性（finiteness）

算法的有穷性是指算法必须能在执行有限步骤之后终止。如果一个算法不符合有穷性，它将会永远运算下去，造成对算力的浪费。

2. 确切性（definiteness）

算法的每个步骤必须有确切的定义。

3. 输入（input）

一个算法有0个或多个输入，以刻画运算对象的初始情况。所谓0个输入，是指算法本身定义了初始条件。

4. 输出（output）

一个算法有一个或多个输出，以反映对输入数据加工后的结果。没有输出的算法是毫无意义的。

5. 可行性（effectiveness）

算法中执行的任何运算步骤都可以被分解为基本可执行操作步骤，即每个计算步骤都可以在有限时间内完成（也称为有效性）。

3.4.3 评定算法优劣的标准

同一个问题可用不同算法解决，而一个算法的优劣将影响到算法乃至程序的正确性和效率。评定算法优劣的标准如下：

1. 正确性

算法的正确性是评价一个算法优劣的最重要的标准。

上面大象放进冰箱的例子中，第一个算法中，程序只会执行打开冰箱门，把大象放过冰箱的操作。如果冰箱里已经有了大象，那么再塞大象是塞不进去的，这个算法就是不够正确的。如果在塞大象之前先判断一下冰箱里是否有大象，则这个程序就具备了自确性。

第一步：打开冰箱门；

第二步：检查冰箱里是否有大象，如果有，就进入第三步，如果没有，进入第四步；

第三步：把冰箱里的那头大象拉出来；

第四步：把第二个大象放进冰箱里；

第五步：关上冰箱门。

2. 可读性

算法的可读性是指一个算法可供人们阅读的容易程度。

3. 鲁棒性

算法的鲁棒性是指一个算法对不合理输入数据的反应能力和处理能力，也称为容错性。

还以上面的大象放进冰箱为例。如果大象特别大，不能放进冰箱里，程序就会出现错误，这就是算法的鲁棒性不强。如果能把这个算法修改为以下几步，就可以增强这个算法的鲁棒性。

第一步：打开冰箱门；

第二步：检查冰箱里尺寸是否能装入大象，如果能，进入第三步，如果不能，进入第六步；

第三步：检查冰箱里是否有大象，如果有进入，第四步，如果没有，进入第五步；

第四步：把冰箱里的那头大象拉出来；

第五步：把第二个大象放进冰箱里；

第六步：关上冰箱门。

4. 时间复杂度

算法的时间复杂度是指执行算法所需要的工作量。一般来说，计算机算法是问题规模 n 的函数，算法的时间复杂度也因此记作：

$$T(n)=O[f(n)]$$

5. 空间复杂度

算法的空间复杂度是指算法需要消耗的内存空间。其计算和表示方法与时间复杂度类似，一般都用复杂度的渐近性来表示。同时间复杂度相比，空间复杂度的分析要简单得多。

算法分析的目的在于选择合适的算法和改进算法。

3.4.4 人工智能算法的重要性

人工智能常用算法包括决策树、随机森林、逻辑回归、支持向量机（SVM）、朴素贝叶斯、K-最近邻、K-均值、Adaboost、神经网络、马尔科夫等。

如果把计算机的发展放到应用和数据飞速增长的大环境下，你会发现算法的重要性在日益增强。

AlphaGo 战胜世界围棋冠军靠的是算法，语音翻译软件靠的是算法，天气预报靠的是算法。算法决定了“百度搜索”的结果，决定了“微博”向你展示的话题，决定了“爱奇艺”向你推荐的电影，决定了你使用QQ时弹出的广告横幅内容等。这些都意味着算法逐渐覆盖了生活的方方面面。在对人类基因的研究方面，就可能因为算法而出现新的医疗方式。在国家安全领域，有效的算法能避免下一个“9·11”事件的发生。在气象方面，算法可以更好地预测未来气象灾害的发生，以拯救生命。

3.4.5　算法体验

我们来做一个猜数字的游戏：我手里有一个两位数，请你每次说出一个数值，我会回答你“大了”或者“小了”，看你用几次可以猜到这个两位数。

面对这个问题，你会采用什么样的办法呢？

1. 算法一——暴力枚举

从11开始猜，一直猜到99，总是会猜中的。没错，这种办法一定能达到目标。在算法里我们把它称为“暴力枚举”。也就是逐一列举出答案，一个一个地尝试。这种算法虽然能够达到目标，但效率是很低的，通常不是最优的算法。

2. 算法二——折半法

聪明的你也许会从55开始猜，如果得到“大了”的结果，再去猜33。如果又“大了”，再去猜22。这个办法可以帮你快速地猜出这个数字。这个办法在算法里称为“折半法”，它的效率比“暴力枚举”高很多。

面对同样一个问题，我们的目标是用最优的算法来解决问题。

3.4.6　算法的表示

1. 用自然语言表示算法

用自然语言表示算法的优点是简单，便于阅读；缺点是文字冗长，容易出现歧义。

【例3-1】用自然语言描述计算并输出 $z=x\div y$ 的流程。

（1）输入变量x，y；

（2）判断y是否为0；

（3）如果 $y=0$，则输出出错提示信息；

（4）否则，计算 $z=x/y$；

（5）输出z。

2. 用伪代码表示算法

伪代码是一种算法描述语言。伪代码没有标准，用类似自然语言的形式表达；伪代码必须结构清晰、代码简单、可读性好。

【例3-2】用伪代码描述：从键盘输入3个数，输出其中最大的数。伪代码如下：

```
/* 算法伪代码开始 */
/* 输入变量 A、B、C */
/* 条件判断,如果 A 大于 B,则赋值 Max = A */
/* 否则,将 B 赋值给 Max */
/* 如果 C 大于 Max,则赋值 Max = C */
/* 输出最大数 Max */
/* 算法伪代码结束 */
```

3. 用流程图表示算法

流程图由特定意义的图形构成，它能表示程序的运行过程。

流程图基本要素：

（1）圆边框表示算法开始或结束；

（2）矩形框表示处理功能；

（3）平行四边形框表示数据的输入或输出；

（4）菱形框表示条件判断；

（5）圆圈表示连接点；

（6）箭头线表示处理流程；

（7）Y（是）表示条件成立；

（8）N（否）表示条件不成立。

图形表示方法如图 3-3 所示。

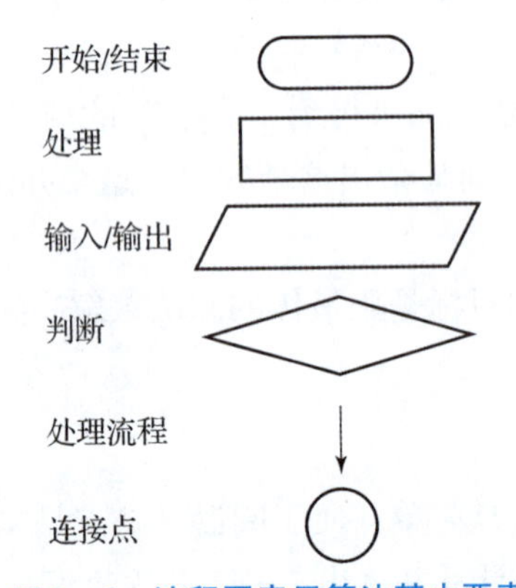

图 3-3　流程图表示算法基本要素

【例 3-3】用流程图表示：输入 x、y，计算 z = x ÷ y，输出 z。如图 3-4 所示。

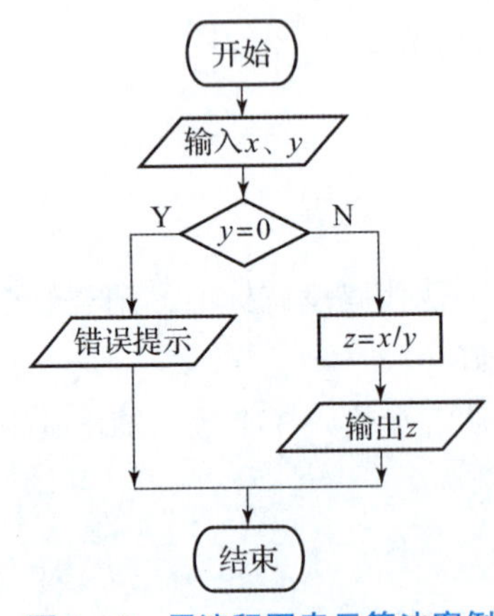

图 3-4　用流程图表示算法案例

4. 用 N-S 图表示算法

（1）N-S 图表示的基本要素。

①N-S 流程图没有流程线，算法写在一个矩形框内；

②每个处理步骤用一个矩形框表示；

③处理步骤是语句序列；

④矩形框中可以嵌套另一个矩形框；

⑤N－S 图限制了语句的随意转移，保证了程序的良好结构。

（2）N－S 图表示各种结构的方法。

①顺序结构，如图 3－5 所示。

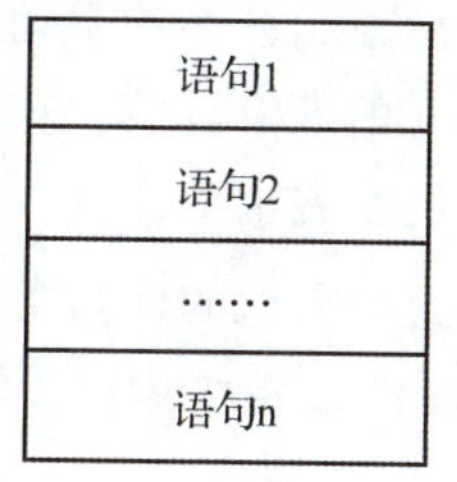

图 3－5　N－S 图表示顺序结构

②选择结构，如图 3－6 所示。

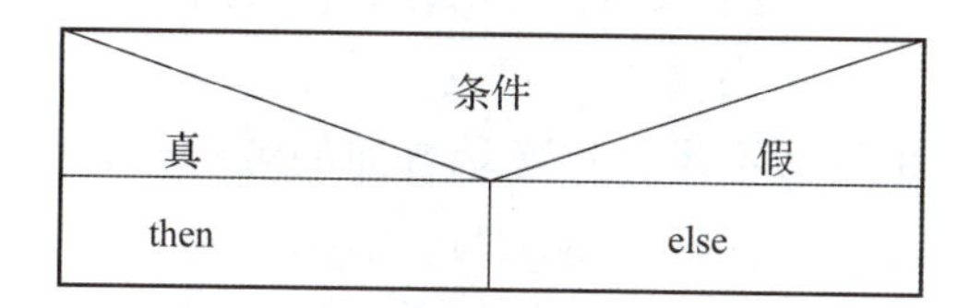

图 3－6　N－S 图表示选择结构

③循环结构，如图 3－7 所示。

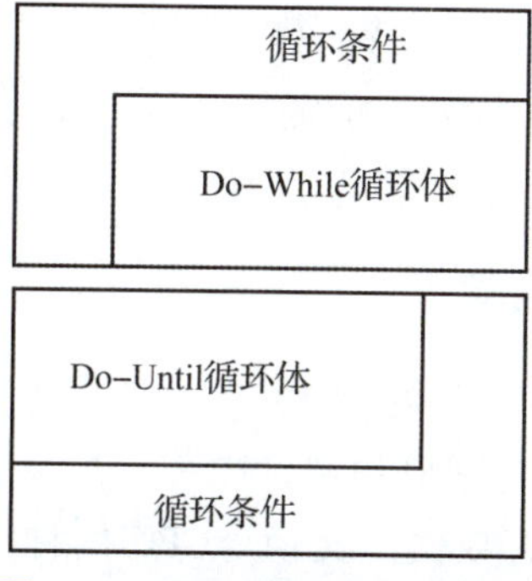

图 3－7　N－S 图表示循环结构

除了以上几种外，还有 PAD 图表示算法等。

3.5 算力

为什么同一品牌的电脑，有的价格几万，有的价格几千元呢？其价格差的主要原因是什么？

3.5.1 何为算力

人工智能
四要素之算力

通俗地讲，算力就是计算能力。从原始社会的手动式计算到古代的机械式计算、近现代的电子计算，再到现在的数字计算，算力指代了人类对数据的处理能力，也集中代表了人类智慧的发展水平。

而人工智能时代所讲的算力，则是计算机的计算能力。小到手机、笔记本计算机，大到超级计算机，算力存在于各种智能硬件设备之中，没有算力，就没有各种软硬件的正常应用。

以普通人为例，我们身边的笔记本计算机有着不同配置，价格也会有高有低，这主要取决于不同配置产品搭载的 CPU、显卡及内存等的差异性。高配置的笔记本计算机具有更高的算力，并且可以玩对配置有更高要求的游戏，并运行更多内存消耗型的 3D 和视听软件。低配置的笔记本计算机算力不足，只能玩普通的游戏，运行普通的办公软件。同样是玩手机游戏，手机的算力越高，游戏越流畅；手机的算力不足，游戏可能会出现滞后卡顿现象。这也是人们会高价购买性能更好的手机的原因。买的是什么？买的是更高的算力。

3.5.2 算力的重要性

你有过刷脸支付的体验吗？当你在自动购物机上刷脸时，仅用 1～2 秒的时间就可以被准确识别，完成支付。试想，这 1～2 秒的时间内计算机通过网络都做了哪些事情？首先，其要获取操作人的面部信息，然后到数据库中去比对，在十几亿用户中进行精准匹配，最后关联支付平台完成支付。这样复杂的操作，如果没有强大的算力支撑，是不可能完成的。

人工智能并非无源之水、无本之木。人工智能完成每一次人脸识别、每一次语音文字转换时，都需要硬件（如芯片）的算力支持。算力为人工智能提供了基本的支撑。

超大规模的数据量，使得人们对算力的需求达到了前所未有的高度和强度，算力成为支撑数字经济持续纵深发展的重要动力。没有算力，一切数字技术无从谈起。

3.5.3 中央处理器与摩尔定律

中央处理器（Central Processing Unit，CPU）是计算机的核心，其重要性就像心脏对于人一样。实际上，CPU 的作用和大脑更相似，因为它负责处理计算机内部的所有数据，而主板芯片组则更像心脏，它控制着数据的交换。CPU 的种类决定了你使用的计算机操作系统和相应的软件，CPU 的速度决定了你使用的计算机有多强大。

世界上第一台通用计算机“ENIAC”于 1946 年 2 月 14 日在美国宾夕法尼亚大学诞生。

发明人是美国人莫克利和艾克特。它是一个庞然大物，用了 18 000 个电子管，占地面积达 170 m²，重达 30 吨，耗电功率约 150 kW，每秒可进行 5 000 次运算。

1971 年 11 月 15 日，Intel 面向全球市场推出了 4004 微处理器，包含 2 000 多个晶体管。它是世界上第一款商用管处理器，实现了由电子管向晶体管的过渡。这款 4004 微处理器虽然只包含 45 条指令，每秒只能执行 6 万条指令，时钟频率只有 108 kHz，但它的集成度很高，一块 4004 微处理器的质量还不到 28 g。这一突破性的发明最先应用于 Busicom 计算器中，为无生命体和个人计算机的智能嵌入铺平了道路。

而目前的 Intel Pentium 8400EE 处理器包含超过 2.3 亿个晶体管，芯片面积仅为 206 mm²，集成度极高，属于超大规模集成电路，CPU 主频 3.2 GHz。与此同时，单个 CPU 的核心硅片的面积丝毫没有增加，甚至变得更小了，这就要求人们不断改进制造工艺，以生产出更精细的电路结构。

关于 CPU 的算力，摩尔定律给出了很好的概括。被称为计算机第一定律的摩尔定律是指集成电路上可容纳的晶体管数目约每隔 18 个月便会增加一倍，集成电路性能也将提升一倍。摩尔定律是 Intel 名誉董事长戈登·摩尔（Gordon Moore）经过长期观察总结的经验。

1965 年，摩尔在准备一个关于计算机存储器发展趋势的报告，他整理了一份观察资料，在开始绘制数据时，他发现了一个惊人的趋势。每个新的芯片大体上包含其前代芯片两倍的容量，每个芯片产生的时间都是在前一代芯片产生后的 18～24 个月内。如果按这个趋势继续，算力相对于时间周期将呈指数式上升。摩尔定律所阐述的趋势一直延续至今，且依然十分准确。人们还发现，这不仅适用于存储器芯片，也精确地说明了处理器能力和磁盘驱动器存储容量的发展。该定律已成为许多工业产品对性能进行预测的基础。

归纳起来，人们对摩尔定律有以下三方面解读：

①集成电路芯片上所集成的电路数目，每隔 18 个月就翻一番；

②微处理器的性能每隔 18 个月提高一倍，而价格下降一半；

③用一美元所能买到的计算机性能，每隔 18 个月翻两番。

3.5.4 其他决定算力的因素

算力不仅是本机的性能，还是远程服务器的性能。因此，广义地讲，算力不仅涉及 CPU 的性能，还涉及内存和显卡的性能，以及网络传输的性能等。

下面以移动通信技术的发展为例，谈谈它与人工智能的关系。移动通信延续着每十年一代的发展规律，已历经 1G、2G、3G、4G、5G 的发展。每一次代际跃迁，每一次技术进步，都极大地促进了产业升级和经济社会发展。从 1G 到 2G，实现了从模拟通信到数字通信的过渡，移动通信走进了千家万户；从 2G 到 3G、4G、5G，实现了从语音业务到数据业务的转变，传输速率提升百倍，促进了移动互联网应用的普及和繁荣。当前，移动网络已融入社会生活的方方面面，深刻改变了人们的沟通、交流乃至整个生活方式。4G 网络造就了繁荣的互联网经济，解决了人工智能技术应用的网络通信问题。当前的大部分人工智能产品都离不开 4G 技术。5G 作为一种新型移动通信网络，它与人工智能的结合不仅解决了人与人之间的通信问题，为用户提供增强现实、虚拟现实、超高清（3D）视频等服务，还提供了让用户身临其境的极致业务体验，满足智慧医疗、车联网、智能家居、智能工业控制、智能环境监测等物联网应用需求。目前，5G已渗透到经济社会的多个行业和领域中，成为人工智能时代算力的重要支撑。

2022年1月20日，工业和信息化部披露了5G发展的最新数据：至2021年年末，已累计建成开通5G基站142.5万个，5G手机终端连接数达到了5.18亿。

小　结

人类智能最重要的表现就是随机应变，举一反三，因此，要充分的应用不只是数据、算法和算力，知识也是非常重要的一环。通过不断地解决不完全信息、不确定性、动态环境下的问题，人们离达到真正的人工智能才能更进一步。

本部分主要学习了第三代人工智能的四要素，即知识、数据、算法和算力。

习　题

1. 第三代人工智能的要素包括（　　）。

A. 知识、数据、算法、CPU　　B. 知识、数据、5G、算力

C. 知识、数据、5G、CPU　　D. 知识、数据、算法、算力

2. （多项选择）以下做法可能导致个人信息泄露的是（　　）。

A. 注册不良网站　　B. 提交身份证复印件

C. 提交手机号码和姓名　　D. 连接未知 WiFi

3. （多项选择）以下方法可以保护自身数据安全的是（　　）。

A. 网上注册内容时，不要填写个人私密信息

B. 安装病毒防护软件

C. 不要连接未知 WiFi

D. 妥善处理好涉及个人信息的实物

4. 算法的（　　）是指算法需要消耗的内存空间。

A. 鲁棒性　　B. 时间复杂度

C. 空间复杂度　　D. 唯一性

5. 以下理解正确的是（　　）。

A. 数据结构 = 程序 + 算法　　B. 算法 = 程序 + 数据结构

C. 程序 = 算法 = 数据结构　　D. 程序 = 算法 + 数据结构

任务记录单

任务名称	
实验日期	
姓名	
实施过程：	
任务收获：	

第2篇 技术篇

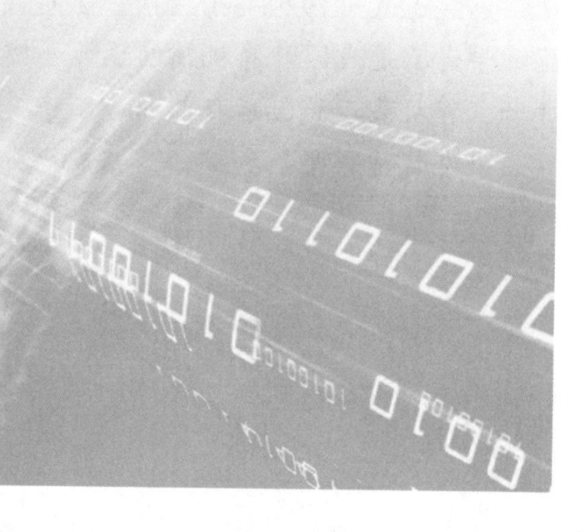

“科技是第一生产力”二十大报告摘读：

“教育、科技、人才是全面建设社会主义现代化国家的基础性、战略性支撑。必须坚持科技是第一生产力、人才是第一资源、创新是第一动力，深入实施科教兴国战略、人才强国战略、创新驱动发展战略，开辟发展新领域新赛道，不断塑造发展新动能新优势。”

——习近平在中国共产党第二十次全国代表大会上的报告

走近科技领军人物：

我国杰出的计算机专家、中国科学院计算技术研究所研究员——魏道政

魏道政（1929—2022）先生是我国最早从事计算数学和计算机应用研究的学者，是我国计算机辅助设计、辅助测试和容错计算领域的主要开拓者之一，曾获第二届国家自然科学奖、中国计算机学会“中国计算机事业60年杰出贡献特别奖”和“终身成就奖”。

任务 4

体验知识图谱

（学习主题：知识图谱）

任务导入

任务目标

1. 知识目标

理解知识图谱的概念，了解与传统知识表示的区别；
了解知识图谱的分类；
了解知识图谱的发展历程；
熟悉知识图谱的应用领域。

2. 能力目标

具备知识图谱概念的分析能力；
能够正确判断知识图谱的应用领域。

3. 素质目标

提升语言表达能力；
提升自我展示意识；
提升主动探索的意识。

任务要求

确定一个小范围精确关键字，并明确自己要搜索的目标。使用百度搜索引擎搜索，观察搜索结果，并对搜索结果进行分类汇总，分析其主要展示了哪几类信息，并以思维导图的形式进行展现。同时，确定是否有你的搜索目标，如果有，那么它出现在第几条。

注意：关键字选取要接近日常生活、健康、遵守国家法律法规。

提交形式

搜索结果截图、搜索结果思维导图。

知识图谱是人工智能三大分支之一——符号主义在新时期主要的落地技术方式。该技术虽然在2012年才得名，但它的历史渊源却可以追溯到更早的语义网、描述逻辑和专家系统。图4－1所示是有关“图灵”知识图谱，那么什么是知识图谱呢？

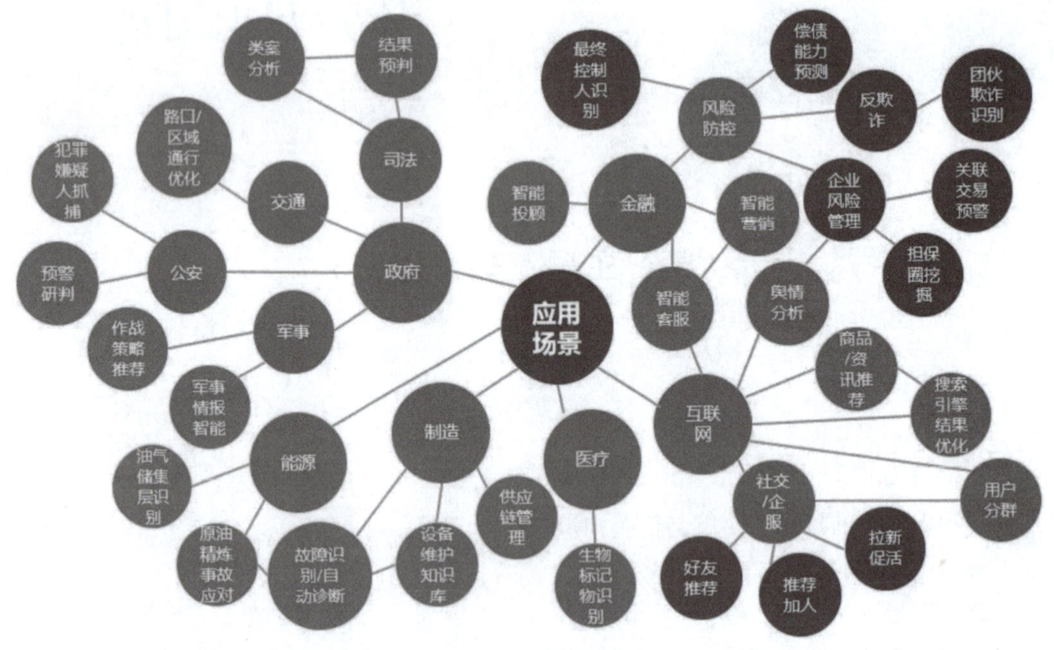

图4－1 知识图谱示例

4.1 初识知识图谱

探密知识图谱

作为知识工程分支的知识图谱，在人工智能领域有重要的作用。我们日常使用的搜索引擎背后的工作逻辑、电商平台的智能推荐等都运用了知识图谱。那么什么是知识图谱呢？

4.1.1 什么是知识图谱

知识图谱（Knowledge Graph）是结构化的语义知识库，用于以符号形式描述物理世界中的概念及其相互关系，其基本组成单位是“实体－关系－实体”三元组，以及实体及其相关属性－值对，实体间通过关系相互联结，构成网状的知识结构。其本质是一种大规模语义网络。

知识图谱技术的发展是一个持续渐进的过程。从20世纪七八十年代的知识工程兴盛开始，学术界和工业界推出了一系列知识库，直到2012年，Google推出了面向互联网搜索的大规模的知识库，被称为知识图谱。目前，知识图谱作为一种技术体系，指大数据时代知识工程的一系列代表性技术进展的总和。我国学科目录调整后首次出现了知识图谱的学科方向，教育部对于知识图谱这一学科的定位是“大规模知识工程”。这就是知识图谱“大规模”的含义。

语义网络表达了各种各样的实体、概念及其之间的各类语义关联。比如，“图灵”是一个实体，"图灵测试"也是一个实体，它们之间有一个语义关系，就是"提出"。"人工智能之父""科学家"都是概念，后者是前者的子类，如图4-2所示。

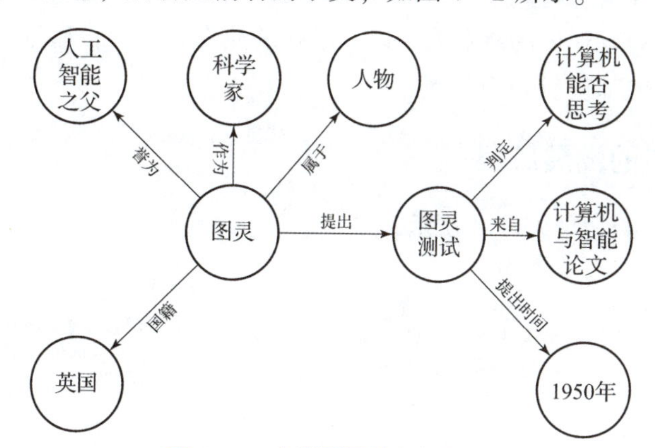

图4-2 有关图灵的知识图谱

4.1.2 与传统知识表示的区别

大数据时代的知识图谱与传统知识表示的根本差别首先体现在规模上。

传统知识工程一系列知识表示都是一种典型的"小知识"（smallknowledge）。到了大数据时代，受益于海量数据、强大计算能力以及群智计算的应用，能够自动化构建大规模、高质量知识库，形成所谓的大知识（bigknowledge）[①]。所以，知识图谱与传统知识表示在浅层次上的区别，就是大知识与小知识的差别，是在规模上的显而易见的差别。

更深刻地进行分析就会发现，这样的一个知识规模上的量变带来了知识效用的质变。

知识工程到了20世纪80年代之后就销声匿迹了。根本原因在于传统知识库构建主要依靠人工构建，代价高昂，规模有限。举个例子，我国的《词林辞海》是上万名专家花了10多年编撰而成的，但是它只有十几万词条。而现在任何一个互联网上的知识图谱，比如DBpedia，动辄包含上千万实体。人工构建的知识库虽然质量精良，但是规模有限。有限的规模使得传统知识表示难以适应互联网时代的大规模开放应用的需求。

知识图谱应用的特点在于：

（1）规模巨大。用户搜索次数越多，范围越广，搜索引擎就能获取越多的信息和内容。

（2）融合多学科。以便于用户搜索时的连贯性。

（3）为用户提供深度相关的信息，以便作出更加准确的、全面的总结。

（4）把与关键词相关的知识体系系统化地展示给用户。

互联网上的这种大规模开放应用所需的知识很容易突破传统专家系统由专家预设好的知识库的知识边界。知识图谱的定义表达了与传统知识表示的区别。

4.1.3 知识图谱的分类

知识图谱按照功能和应用场景，可以分为通用知识图谱和行业知识图谱。

通用知识图谱面向的是通用领域，侧重于常识性的知识，强调知识的广度，形态通常为

---

① 合肥工业大学的吴兴东教授在很多场合下也提到类似观点。

结构化的百科知识，针对的使用者主要为普通用户，常用于搜索引擎和推荐系统。

行业知识图谱面向某一特定领域，强调知识的深度，通常需要基于该行业的数据库进行构建，针对的使用者为行业内的从业人员以及潜在的业内人士等，通过构建不同行业、企业的知识图谱，对企业内部提供知识化服务。

4.2 知识图谱的发展历程

知识图谱的发展历程如图 4 – 3 所示。

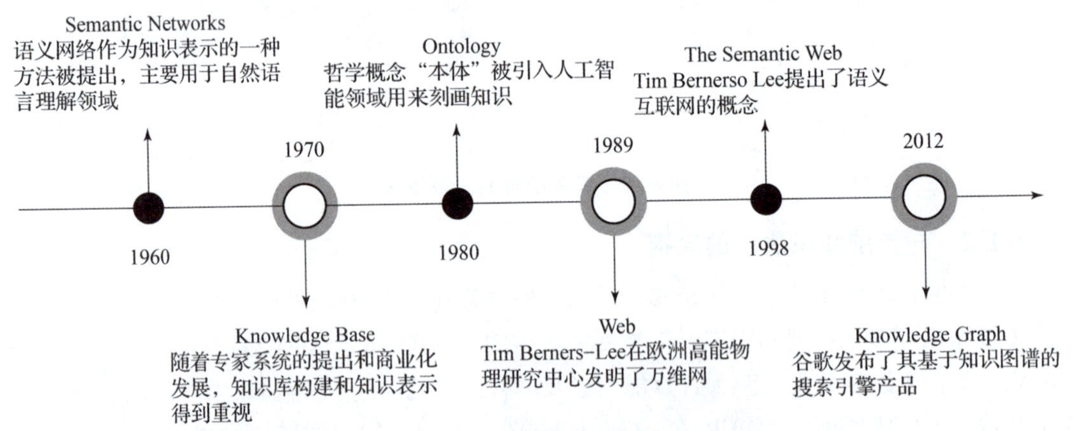

图 4 – 3　知识图谱的发展历程

20 世纪 60 年代，人工智能的早起发展中，有符号派和连接派两个主要的分支。

符号派注重模拟人的心智，研究如何用计算机符号表示人脑中的知识，以此模拟人的思考、推理过程；连接派，注重模拟人脑的生理结构，由此发展了人工神经网络。此时提出了语义网络（Semantic Networks）的概念，语义网络作为一种知识表示的方法，主要用于自然语言理解领域。

20 世纪 70 年代，随着专家系统的提出和商业化发展，知识库（Knowledge Base）构建和知识表示得到重视。专家系统的主要思想认为专家是基于脑中的知识来进行决策的，所以，为了实现人工智能，应该用计算机符号来表示这些知识，通过推理机来模仿人脑对知识进行处理。早期的专家系统常用的知识表示方法有基于框架的语言（Frame – based Languages）和产生式规则（Production Rules）。框架语言用来描述客观世界的类别、个体、属性等，多用于辅助自然语言理解；产生式规则主要用于描述逻辑结构，用于刻画过程性知识。

20 世纪 80 年代，哲学概念“本体”（Ontology）被引入人工智能领域，用于刻画知识。一条知识的主体可以是人，可以是物，可以是抽象的概念，知识的本体就是这些知识的本体的统称。

1989 年，Tim Berners – Lee 在欧洲高能物理研究中心发明了万维网，人们可以通过链接把自己的文档链入其中。

1998 年，Tim Berners – Lee 提出了语义网（Semantic Web）的概念。与万维网不同的是，链入网络的不只是网页，还包括客观实际的实体（如人、机构、地点等）。

2012 年，谷歌发布了基于知识图谱的搜索引擎。

4.3　知识图谱的应用领域

知识图谱的应用领域主要体现在语义搜索、智能问答、个性化推荐、辅助大数据分析决策等方面。

4.3.1　语义搜索

语义搜索作为一个概念，起源于常被称为互联网之父的 Tim Berners – Lee 在 2001 年《科学美国人》（Scientific American）上发表的一篇文章。

所谓语义搜索，是指搜索引擎的工作不再拘泥于用户所输入请求语句的字面本身，而是透过现象看本质，准确地捕捉到用户所输入语句后面的真正意图，并以此来进行搜索，从而更准确地向用户返回最符合其需求的搜索结果。

互联网的终极形态是万物互联，而搜索的终极目标是对万物直接进行搜索。

传统的搜索是靠网页之间的超链接实现网页的搜索，而语义搜索是直接对事物进行搜索，比如人、物、机构、地点等，这些事物可以来自文本、图片、视频、音频、物联网设备等。

知识图谱和语义技术提供了关于这些事物的分类、属性和关系的描述，这样搜索引擎就可以直接对事物进行搜索。

举例来说，如图 4 – 4 所示，用百度来搜索“现任美国总统”的图片，搜出来的多数是美国总统拜登，还有布什、克林顿和奥巴马的图片，说明搜索引擎理解了要搜索的内容，找到了我们想要的答案。少量前任总统的结果，说明搜索技术还需要进一步完善，可以把这部分内容看作是噪声，应该过滤掉的，随着算法的改进，结果应该会更加准确。

图 4 – 4　百度搜索现任美国总统图片结果

4.3.2　智能问答

人机之间以自然语言方式问答和对话也是人工智能的一个表征，知识图谱在智能问答方面也有着广泛的应用。

智能问答以一问一答方式实现了用户与拥有智能问答系统机器的互动，如同两人问答，具有智能问答系统的机器就像一个智者一样，为用户提供答案，并友好交谈，如图 4－5 所示。

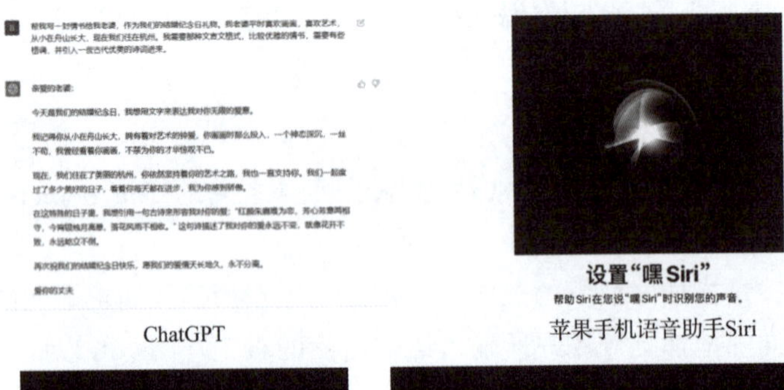

ChatGPT　　苹果手机语音助手Siri

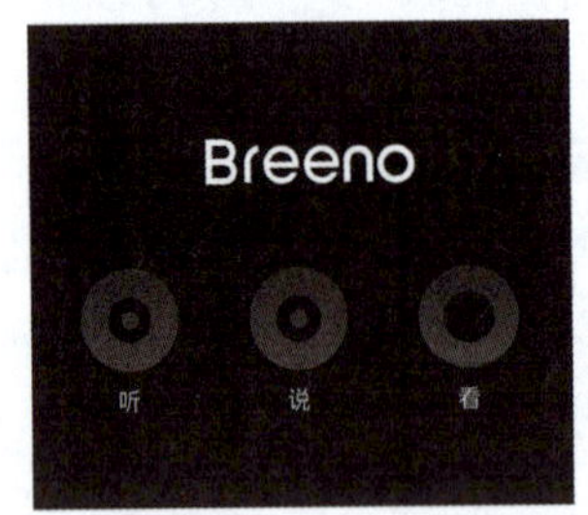

Oppo手机语音助手Breeno　　Vivo手机语音助手小V

图 4－5　常见智能问答机器人

智能问答系统是人工智能的重要应用之一，它在许多场景下都起着一定的作用。

例如，许多在线客服都在一定程度上被智能问答系统所代替。以前银行、电信、电商等行业的在线客服，需要根据不同类别、层级的业务按不同的数字进行多次选择，才能得到想要的答案，时常出现按错数字，返回重来的情况。以智能客服为例的智能问答应用简化了上述烦琐流程，直接基于用户问话进行回答。当然，目前的智能问答并不完美，仅能部分替代在线客服，若无法给出有效解答，仍需人工客服来提供。

智能问答机器人能够提供部分简单服务，例如辅助育儿，能够提供儿歌、算术、诗词、语文和英语，代替了老师的一部分职能。

聊天机器人能够提供情景对话的方式，就像一个人一样，和用户进行聊天。

同样是智能问答，其特征各异，所依托的知识图谱技术也各不相同。聊天机器人，既能提供情景对话，又能提供各行业知识。它所依托的知识图谱是开放领域知识图谱，所提供的知识非常宽泛，既能为用户提供日常知识，也能进行聊天式的对话；行业用的智能问答系统所依赖的是行业知识图谱，知识主要分布于某一个领域内，具有丰富的专业知识，可以针对性地给用户提供专业领域的知识。

智能问答是语义搜索的延伸，根据算法将语义搜索结果排序。在百度和谷歌等搜索引擎上进行检索，其检索结果中可能会包含大量页面，这是一种常用的语义检索形式。智能问答，是一问一答的类型，只需要一个回答，即把最有关系的那一个回答回馈给用户，答案并不只是从知识库里查找，还应该考虑到之前聊天的内容。

4.3.3　个性化推荐

个性化推荐就是针对用户个性化特征向其推荐自己感兴趣的商品或者内容。百度百科给

它下了这样一个定义：

个性化推荐系统是互联网与电子商务发展到一定阶段后出现的，是基于海量数据挖掘的高级商务智能平台，为客户提供个性化信息服务及决策支持等。

我们常常在网络上寻找自己感兴趣的网页或商品，系统将浏览器的浏览痕迹记录到特征库中去。例如，在购物网站上购买笔记本，会到在线购物网站去搜索、对比不同笔记本商品；当下次再登录在线购物网站时，笔记本将被优先展示到商品列表上。再比如，我们浏览新闻时，对体育类或社会热点新闻比较关注，新闻 APP 会优先推荐一些体育题材或社会热点消息。

个性化推荐系统是通过采集用户兴趣爱好及产品的类别、属性、内容，分析用户之间的社会关系、用户与产品之间的关联关系，采用个性化算法，推断出用户喜好与需求，从而为用户推荐感兴趣的产品或者内容，如图 4－6 所示。

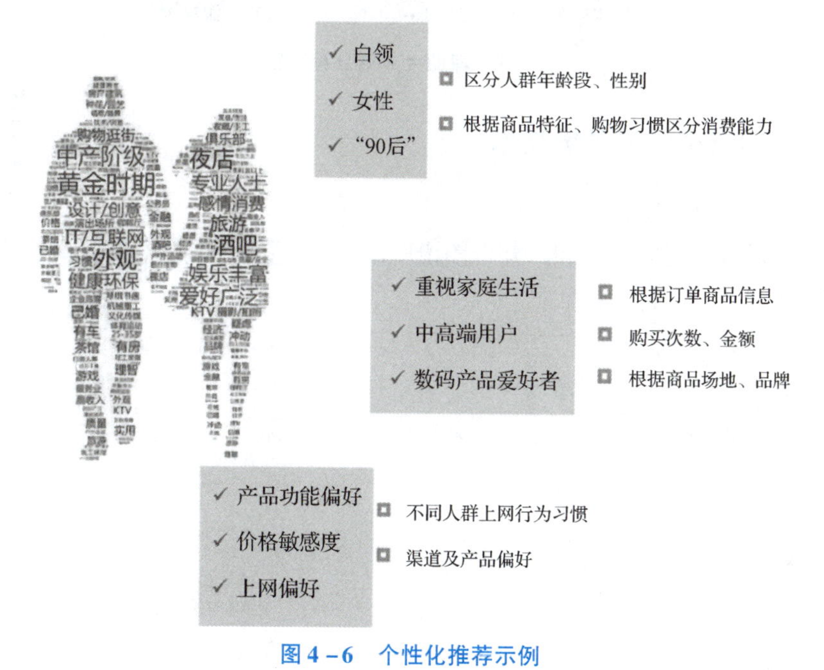

图 4－6　个性化推荐示例

4.3.4　辅助大数据分析决策

知识图谱也可以用于辅助进行数据分析与决策。通过知识融合，实现对不同源知识的整合，利用知识图谱与语义技术，加强了数据间的联系，使用者能够更加直观地对数据进行分析，如图 4－7 所示。

另外，知识图谱作为先验知识，广泛应用于提取文本中的实体与关系，它还用于帮助实现对文本进行实体消歧、指代消解等。

辅助决策是一种运用知识图谱分析、处理知识，进行决策的方法。通过对某些规律进行逻辑推理，得出结论，为用户决断提供支持。

辅助决策系统等，聚焦决策主题，基于互联网的搜索技术、信息智能处理技术和自然语言处理技术等，构建与决策主题研究有关的知识库、政策分析模型库及情报研究方法库等，辅助决策系统的构建与持续改进，为决策主题提供全方位的、多层次的决策支持与知识服务。

图 4－7　辅助大数据分析决策

4.4　知识图谱构建的关键技术

知识图谱构建的过程中，最主要的一个步骤就是把数据从不同的数据源中抽取出来，然后按一定的规则加入知识图谱中，这个过程称为知识抽取。

数据源分为两种：结构化的数据和非结构化的数据。

结构化的数据是比较好处理的，难点在于处理非结构化数据。处理非结构化数据通常需要使用自然语言处理技术：实体命名识别、关系抽取、实体统一、指代消解等。

把文字变成知识图谱的方式表达的结果如图 4－8 所示。

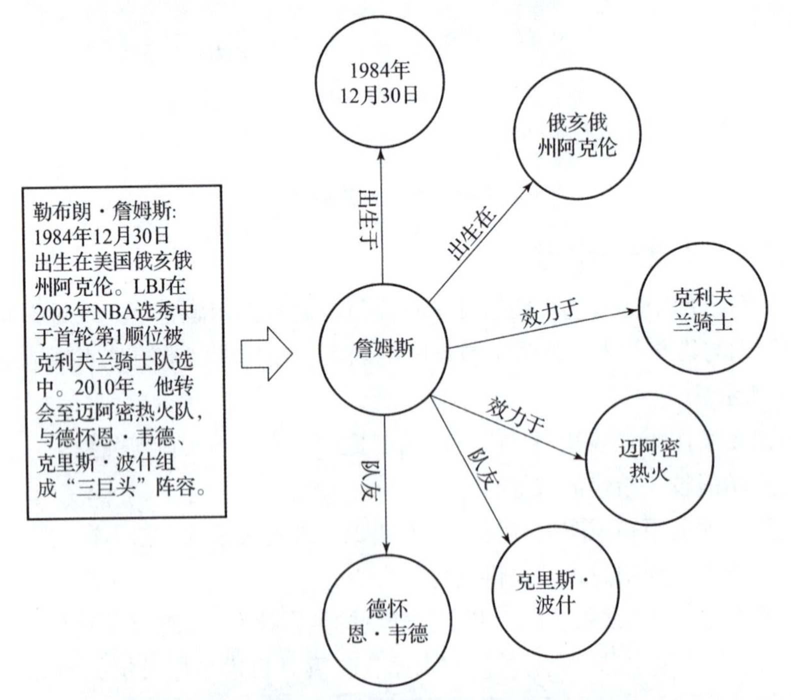

图 4－8　把文字变成知识图谱的方式表达的结果

图4－8中左侧的文案是非结构化文本数据，需要经过一系列的技术处理，才能转化为右边的知识图谱。

4.4.1 实体命名识别

提取文本中的实体，并对每个实体进行分类或打标签，比如把文中“1984年12月30日”记为“时间”类型，把“克利夫兰骑士”和“迈阿密热火”记为“球队”类型，这个过程就是实体命名，如图4－9所示。

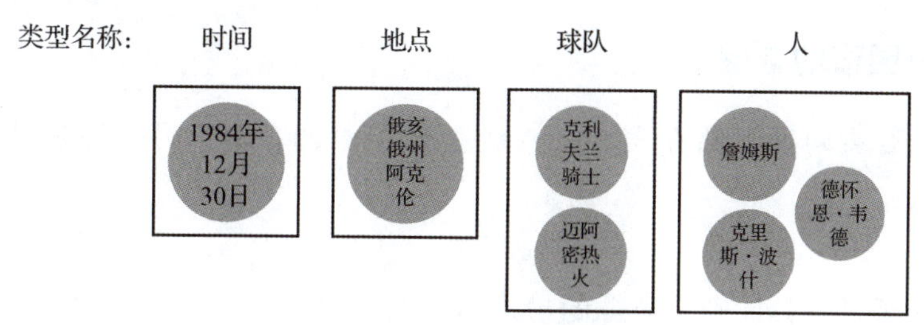

图4－9 实体命名识别

4.4.2 关系抽取

关系抽取是把实体之间的关系抽取出来的一项技术，其中主要是根据文本中的一些关键词，如“出生”“在”“转会”等，就可以判断詹姆斯与地点俄亥俄州、与迈阿密热火等实体之间的关系。如图4－10所示。

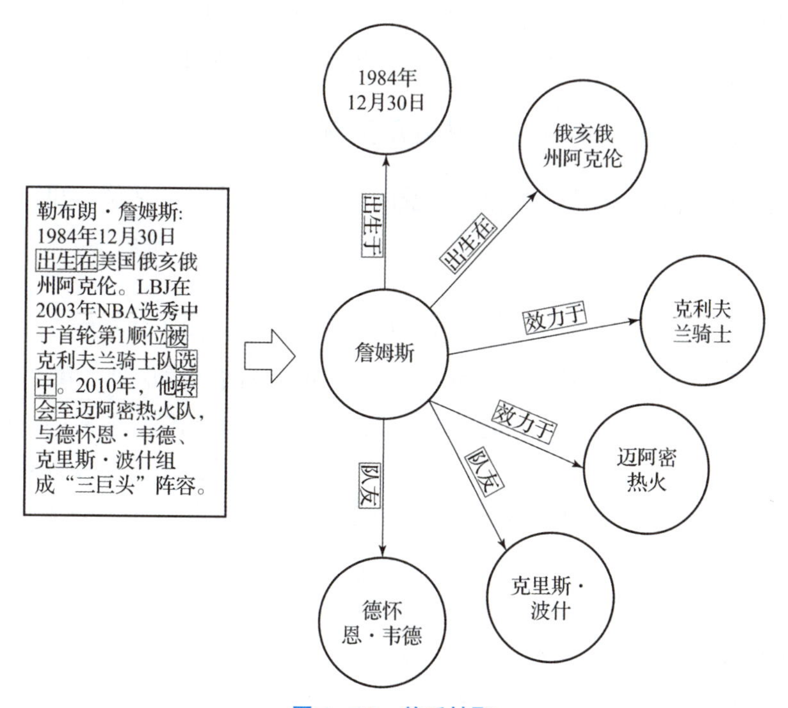

图4－10 关系抽取

4.4.3 实体统一

在文本中可能同一个实体会有不同的写法，比如“LBJ”就是詹姆斯的缩写，因此，

"勒布朗·詹姆斯"和"LBJ"指的就是同一个实体，实体统一就是处理这样问题的一项技术。

4.4.4 指代消解

指代消解跟实体统一类似，都是处理同一个实体的问题。比如文本中的"他"其实指的就是"勒布朗·詹姆斯"。所以指代消解要做的事情就是，找出这些代词指的都是哪个实体。

指代消解和实体统一是知识抽取中比较难的环节。

4.5 知识图谱的存储

知识图谱主要有两种存储方式：一种是基于RDF的存储；另一种是基于图数据库的存储。

1. RDF

RDF一个重要的设计原则是数据的易发布以及共享，另外，RDF以三元组的方式来存储数据而且不包含属性信息。

2. 图数据库

图数据库主要把重点放在了高效的图查询和搜索上，一般以属性图为基本的表示形式，所以实体和关系可以包含属性。

3. RDF和图数据库的主要特点区别

RDF多用于学术界，用于数据的发布、分享。图数据库主要来自工业界的需求，拥有一般数据库所拥有的特性，比如事务管理、权限管理等，图数据库用来做高效率的图查询。

4.6 知识图谱应用案例——金融应用案例

知识图谱在各行各业中的应用是比较普及的，并且有很重要的地位。知识图谱在金融领域的应用十分广泛。

1. 反欺诈

假设银行要借钱给一个人，那么要怎么判断这个人是真实用户还是欺诈的呢？

需要以人为核心，展开一系列的数据构建，比如用户的基本信息、借款记录、工作信息、消费记录、行为记录、网站浏览记录等。把这些信息整合到知识图谱中，从而整体进行预测和评分，确定用户欺诈行为的概率有多大。当然，这个预测需要通过机器学习，得到一个合理的模型，模型中可能会包括消费记录的权重、网站浏览记录的权重等信息，如图4-11所示。

2. 不一致性验证

比如不同的两个借款人，却填写了同一个电话号码，那么说明这两个人中至少有一个是可疑的，这时就需要重点关注了，如图4-12所示。

更复杂点的，可能需要知识图谱通过一些关系去推理。比如"借款人"跟小明和小秦都是母子关系，按照推理，小明跟小秦应该是兄弟关系，而在知识图谱上显示的是朋友关系，就有可能有异常了，因此也需要重点关注。

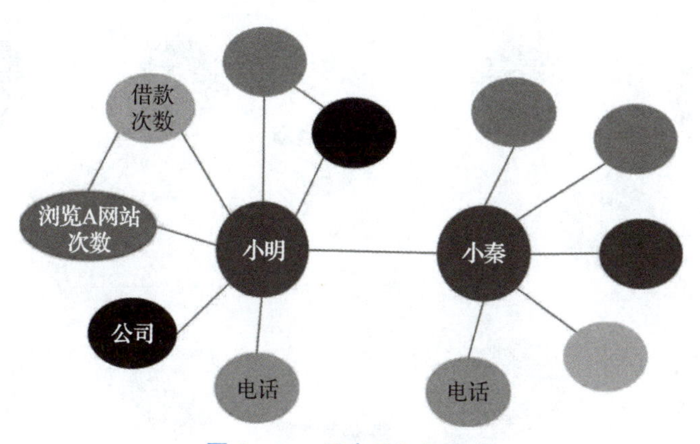

图4-11 用户的知识图谱

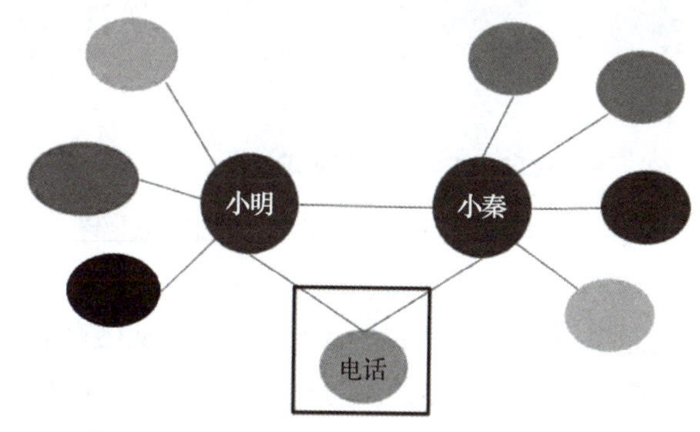

图4-12 知识图谱在不一致性验证中的应用

3. 客户失联管理

如果借款人失联了，通过知识图谱，是不是可以联系他的朋友，或兄弟，甚至是兄弟的妻子，去追踪失联人。因此，在失联的情况下，知识图谱可以挖掘更多失联人的联系人，从而提高催收效率，如图4-13所示。

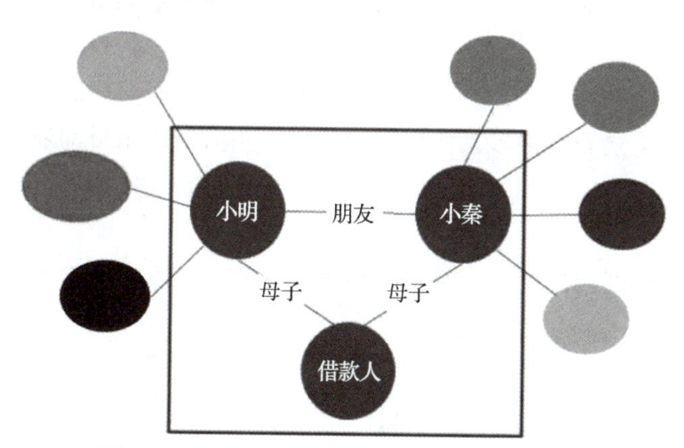

图4-13 知识图谱在客户失联管理时的应用

4. 知识推理

如图4-14（a）所示（注意这里的箭头方向），小秦是大秦的儿子，大秦是老秦的儿子，从这样的关系就可以推理出，小秦是老秦的孙子，这样就能使知识图谱更加完善了。

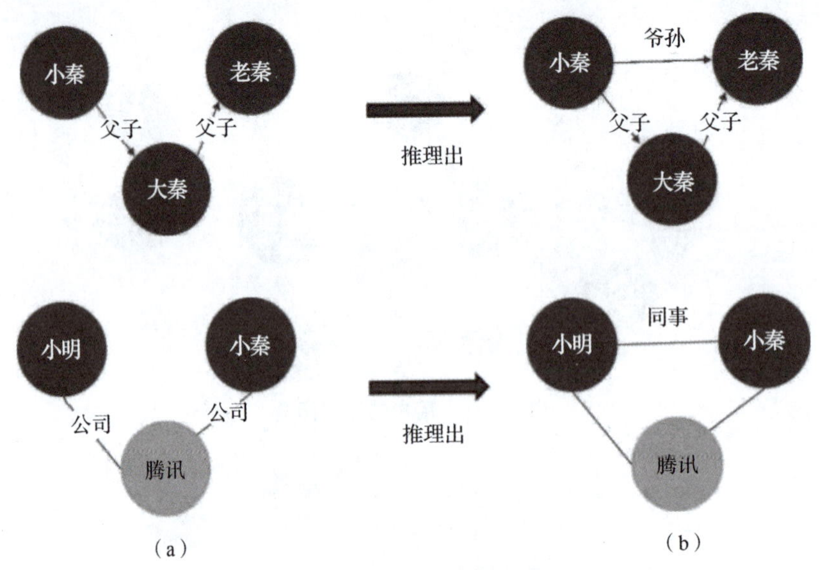

图 4－14　知识图谱在知识推理中的应用

如图 4－14（b）所示，小明在腾讯上班，小秦也在腾讯上班，从这样的关系可以推理出，小明和小秦是同事关系。

推理能力其实就是机器模仿人的一种重要的能力，可以从已有的知识中发现一些隐藏的知识。当然，这样的能力离不开深度学习，而随着深度学习的不断成熟，知识图谱的能力也会越来越强大。

小　　结

知识图谱从 2015 年之后，便在实际中得到了日益广泛的运用。通过这些年发展，在医疗、法律、金融等领域里都已经拥有较好的市场口碑，未来知识图谱可以渗透到更多的垂直领域。

知识图谱本质上是一种程序，它是为了使机器理解世界而编写的。与知识工程和软件工程一样，知识图谱的建立需要很多人协作完成。知识图谱的应用目前还未达到成熟阶段，今后一段时间内会不断完善。未来，通过知识图谱的应用，普通技术人员也可以完成比较复杂的工作。

本部分学习了知识图谱的概念、分类、发展历程和应用领域，但是涉及的知识仍然比较浅，主要用于对知识图谱的初步了解。

习　　题

1. 以下关于知识图谱描述不正确的是（　　）。

A. 结构化的语义知识库

B. 基本组成单位是“实体－关系－实体”三元组

C. 规模较小
D. 是一种大规模语义网络

2. 以下不是知识图谱应用特点的是（　　）。

A. 规模巨大　　B. 融合多学科
C. 为用户提供深度相关的信息　　D. 逻辑思想

3. 虚拟现实的缩写是（　　）。

A. AR　　B. VR　　C. CR　　D. ER

4. 知识图谱按照功能和应用场景，可以分为（　　）。

A. 通用知识图谱和行业知识图谱　　B. 数学知识图谱和语言知识图谱
C. 通用知识图谱和专用知识图谱　　D. 常规知识图谱和行业知识图谱

5. 以下关于知识图谱的发展历程，不正确的是（　　）。

A. 20 世纪 60 年代，提出了语义网络的概念
B. 20 世纪 70 年代，知识库构建和知识表示得到重视
C. 1989 年，Tim Berners – Lee 在欧洲高能物理研究中心发明了万维网
D. 1989 年，Tim Berners – Lee 提出了语义网的概念

6. 以下不是知识图谱的应用领域的是（　　）。

A. 语义搜索　　B. 好友问答
C. 个性化推荐　　D. 辅助大数据分析决策

任务记录单

任务名称	
实验日期	
姓名	
实施过程：	
任务收获：	

任务5

图说机器学习

（学习主题：机器学习与深度学习）

任务导入

任务目标

1. 知识目标

了解机器学习的概念和发展历史；

能够阐述机器学习基本学习方式的分类；

了解机器学习的算法；

能够阐述深度学习常用框架；

能够阐述神经网络的研究内容、分类、特点、工作原理、发展历史、常见工具和研究方向。

2. 能力目标

能够在生活中识别出应用机器学习的相关产品；

能够在生活中识别出应用神经网络的相关产品。

3. 素质目标

提升语言表达能力；

提升自我展示意识。

任务要求

下载并打开手机中的百度 APP，单击搜索框后面的相机图标，选择“识万物”选项，分别用 10 种不同物体测试其识别成功率。分析哪些物体是可以被准确识别的，哪些物体在识别时会出现误差，并分析原因。阅读本任务内容，用机器学习理念去理解此功能在应用中的误差。

提交形式

图片文件。

人工智能有许多技术，其中一个子集是机器学习——让算法从数据中学习。深度学习是机器学习的一个子集，深度学习使用多层神经网络解决最困难的计算机问题。下面让我们一起了解一下机器学习，如图5-1所示。

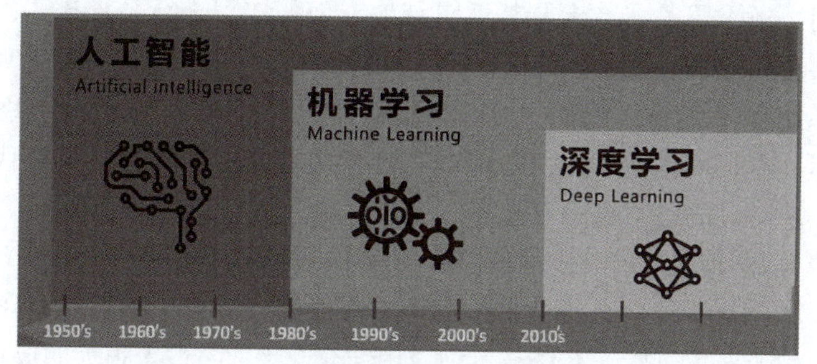

图5-1　人工智能与机器学习、深度学习的关系

5.1　走近机器学习

机器学习

从信息化软件，到电子商务，然后到高速发展互联网时代，到至今的云计算、大数据等，机器学习已渗透到我们的生活、工作之中。在互联网的驱动下，人们更清晰地认识和使用数据，不仅仅是数据统计、分析，还强调数据挖掘、预测。

5.1.1　机器学习的概念

机器学习（Machine Learning，ML）是专门研究计算机怎样模拟或实现人类的学习行为，以获取新的知识或技能，重新组织已有的知识结构，使之不断改善自身性能的一门科学技术。

机器学习是一门多领域交叉学科，涉及概率论、统计学、计算机科学等多门学科。机器学习通过输入海量数据对模型进行训练，使模型掌握数据所蕴含的潜在规律，进而对新输入的数据进行准确的分类或预测。如图5-2所示。

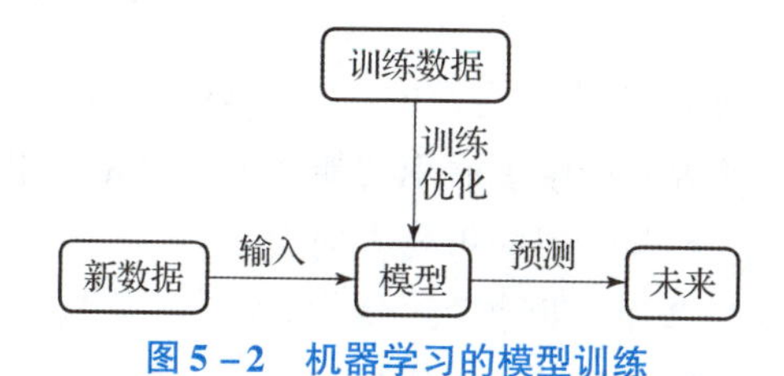

图5-2　机器学习的模型训练

5.1.2　机器学习的发展历史

机器学习是人工智能研究较为年轻的分支，它的发展过程大体上可分为4个时期。

第一阶段是在20世纪50年代中叶到60年代中叶，属于热烈时期。

这个时期主要研究“有无知识的学习”。这类方法主要是研究系统的执行能力。这个时期，主要通过对机器的环境及其相应性能参数的改变来检测系统所反馈的数据，就好比给系统一个程序，通过改变它们的自由空间作用，系统将会受到程序的影响而改变自身的组织，最后这个系统将会选择一个最优的环境生存。在这个时期最具有代表性的研究就是Samuet

的下棋程序。但这种机器学习的方法还远远不能满足人类的需要。

第二阶段是在 20 世纪 60 年代中叶至 70 年代中叶，被称为机器学习的冷静时期。

这个时期主要研究将各个领域的知识植入系统里，本阶段的目的是通过机器模拟人类学习的过程。同时，还采用了图结构及其逻辑结构方面的知识进行系统描述，在这一研究阶段，主要是用各种符号来表示机器语言，研究人员在进行实验时，意识到学习是一个长期的过程，从这种系统环境中无法学到更加深入的知识，因此，研究人员将各专家学者的知识加入系统里，经过实践证明，这种方法取得了一定的成效。在这一阶段具有代表性的工作有 Hayes - Roth 和 Winson 的对结构学习系统方法。

第三阶段是从 20 世纪 70 年代中叶至 80 年代中叶，称为复兴时期。

在此期间，人们从学习单个概念扩展到学习多个概念，探索不同的学习策略和学习方法，并且在本阶段已开始把学习系统与各种应用结合起来，并取得很大的成功。同时，专家系统在知识获取方面的需求也极大地刺激了机器学习的研究和发展。在出现第一个专家学习系统之后，示例归纳学习系统成为研究的主流，自动知识获取成为机器学习应用的研究目标。1980 年，在美国的卡内基梅隆（CMU）召开了第一届机器学习国际研讨会，标志着机器学习研究已在全世界兴起。此后，机器学习开始得到了大量的应用。1984 年，Simon 等 20 多位人工智能专家共同撰文编写的 *MachineLearning* 文集第二卷出版，国际性杂志 *Machine Learning* 创刊，更加显示出机器学习突飞猛进的发展趋势。这一阶段代表性的工作有 Mostow 的指导式学习、Lenat 的数学概念发现程序、Langley 的 BACON 程序及其改进程序。

第四阶段 20 世纪 80 年代中叶，是机器学习的最新阶段。

这个时期的机器学习具有以下特点：

（1）机器学习已成为新的边缘学科并在高校形成一门课程。它综合应用心理学、生物学和神经生理学以及数学、自动化和计算机科学，形成机器学习理论基础。

（2）结合各种学习方法、取长补短的多种形式的集成学习系统研究正在兴起。特别是连接学习、符号学习的耦合，可以更好地解决连续性信号处理中知识与技能的获取和求精问题而受到重视。

（3）机器学习与人工智能各种基础问题的统一性观点正在形成。例如，学习与问题求解结合、知识表达便于学习的观点产生了通用智能系统 SOAR 的组块学习形式。类比学习与问题求解相结合的方法已成为经验学习的重要方向。

（4）各种学习方法的应用范围不断扩大，一部分已形成商品。归纳学习的知识获取工具已在诊断分类型专家系统中广泛使用。连接学习在声、图、文识别中占优势。分析学习已用于设计综合型专家系统。遗传算法与强化学习在工程控制中有较好的应用前景。与符号系统耦合的神经网络连接学习将在企业的智能管理与智能机器人运动规划中发挥作用。

（5）与机器学习有关的学术活动空前活跃。国际上除每年一次的机器学习研讨会外，还有计算机学习理论会议以及遗传算法会议。

5.2 机器学习的分类

我们了解了机器学习的概念，通过建立模型进行自我学习。机器学习按学习方式，有监督学习、无监督学习、半监督学习、强化学习四类。

5.2.1　监督学习

输入数据中有导师信号，以概率函数、代数函数或人工神经网络为基函数模型，采用迭代计算方法，学习结果为函数。

监督学习就是训练机器学习的模型的训练样本数据有对应的目标值，监督学习就是通过将数据样本因子和已知的结果建立联系，提取特征值和映射关系，通过已知的结果，对已知数据样本不断地学习和训练，对新的数据进行结果的预测。

监督学习通常用于分类和回归。比如手机识别垃圾短信，电子邮箱识别垃圾邮件，都是通过对一些历史短信、历史邮件做垃圾分类的标记，对这些带有标记的数据进行模型训练，然后获取到新的短信或是新的邮件时进行模型匹配，来识别此邮件是或者不是，这就是监督学习下分类的预测。

再举一个回归的例子，比如要预测公司净利润的数据，可以通过历史上公司利润（目标值），以及跟利润相关的指标，比如营业收入、资产负债情况、管理费用等数据，通过回归的方式回到一个回归方程，建立公司利润与相关因子的方程式，通过输入因子数据，来预测公司利润。

监督学习的难点是获取具有目标值的样本数据成本较高，成本高的原因在于这些训练集要依赖人工标注工作。

5.2.2　无监督学习

输入数据中无导师信号，采用聚类方法，学习结果为类别。典型的无导师学习有发现学习、聚类、竞争学习等。

无监督学习跟监督学习的区别就是选取的样本数据无须有目标值，无须分析这些数据对某些结果的影响，只是分析这些数据内在的规律。

无监督学习常用在聚类分析上面。比如客户分群、因子降维等。比如RFM模型的使用，通过客户的销售行为（消费次数、最近消费时间、消费金额）指标，来对客户数据进行聚类。

（1）重要价值客户：最近消费时间近、消费频次和消费金额都很高。

（2）重要保持客户：最近消费时间较远，但消费频次和金额都很高，说明这是个一段时间没来的忠诚客户，我们需要主动和他保持联系。

（3）重要发展客户：最近消费时间较近、消费金额高，但频次不高，忠诚度不高，很有潜力的用户，必须重点发展。

（4）重要挽留客户：最近消费时间较远、消费频次不高，但消费金额高，可能是将要流失或者已经流失的用户，应当采取挽留措施。

除此之外，无监督学习也适用于降维，无监督学习比监督学习好的方面是数据不需要人工打标记，数据获取成本低。

5.2.3　半监督学习

半监督学习是监督学习和无监督学习相互结合的一种学习方法。通过半监督学习的方法，可以实现分类、回归、聚类的结合使用。

(1) 半监督分类：是在无类标签的样例的帮助下训练有类标签的样本，获得比只用有类标签的样本训练更优的分类。

(2) 半监督回归：在无输出的输入的帮助下训练有输出的输入，获得比只用有输出的输入训练得到的回归器性能更好的回归。

(3) 半监督聚类：在有类标签的样本的信息帮助下，获得比只用无类标签的样例得到的结果更好的簇，提高聚类方法的精度。

(4) 半监督降维：在有类标签的样本的信息帮助下，找到高维输入数据的低维结构，同时，保持原始高维数据和成对约束的结构不变。

半监督学习是最近比较流行的方法。

5.2.4 强化学习

强化学习（增强学习）：以环境反馈（奖/惩信号）作为输入，以统计和动态规划技术为指导的一种学习方法。

强化学习是一种比较复杂的机器学习方法，强调系统与外界不断的交互反馈，它主要是针对流程中不断需要推理的场景，比如无人汽车驾驶，它更多关注性能。它是机器学习中的热点学习方法。

5.3 机器学习的算法

机器学习的常见算法包括线性回归、决策树算法、朴素贝叶斯算法、支持向量机（Support Vector Machine，SVM）算法、人工神经网络算法、Boosting 与 Bagging 算法、关联规则算法、期望最大化（Expectation Maximization，EM）算法等。

5.3.1 线性回归

在统计学和机器学习领域，线性回归可能是最广为人知也最易理解的算法之一。

预测建模主要关注的是在牺牲可解释性的情况下，尽可能最小化模型误差或作出最准确的预测。我们将借鉴、重用来自许多其他领域的算法（包括统计学）来实现这些目标。

线性回归模型被表示为一个方程式，它为输入变量找到特定的权重（即系数 B），进而描述一条最佳拟合了输入变量（x）和输出变量（y）之间关系的直线，如图 5－3 所示。

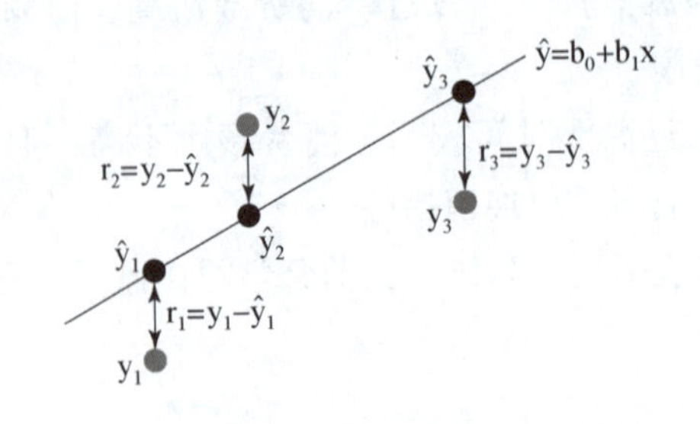

图 5－3 线性回归

例如：$y = B_0 + B_1 * x$，将在给定输入值 x 的条件下预测 y。线性回归学习算法的目的是找到系数 B_0 和 B_1 的值。

可以使用不同的技术来从数据中学习线性回归模型，例如普通最小二乘法的线性代数解和梯度下降优化。

线性回归大约有 200 多年的历史，并已被广泛地研究。在使用此类技术时，有一些很好的经验规则：可以删除非常类似（相关）的变量，并尽可能移除数据中的噪声。线性回归是一种运算速度很快的简单技术，也是一种适合初学者尝试的经典算法。

5.3.2　Logistic 回归

Logistic 回归是机器学习从统计学领域借鉴过来的另一种技术。它是二分类问题的首选方法。

像线性回归一样，Logistic 回归的目的也是找到每个输入变量的权重系数值。但不同的是，Logistic 回归的输出预测结果是通过一个叫作“logistic 函数”的非线性函数变换而来的，如图 5－4 所示。

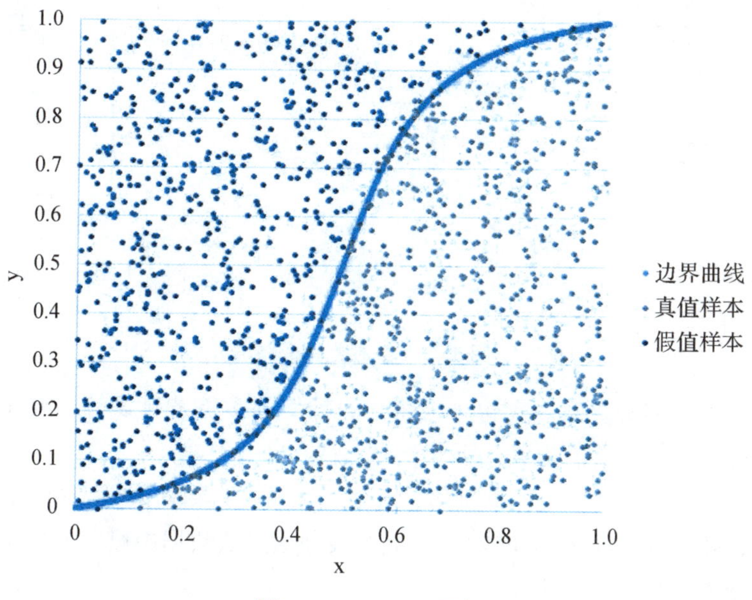

图 5－4　Logistic 回归

logistic 函数的形状看起来像一个大的“S”，它会把任何值转换至 0－1 区间内。这十分有用，因为可以把一个规则应用于 logistic 函数的输出，从而得到 0－1 区间内的捕捉值（例如，将阈值设置为 0.5，则如果函数值小于 0.5，则输出值为 1），并预测类别的值。

由于模型的学习方式，Logistic 回归的预测结果也可以用作给定数据实例属于类 0 或类 1 的概率。这对于需要为预测结果提供更多理论依据的问题非常有用。

与线性回归类似，当删除与输出变量无关以及彼此之间非常相似（相关）的属性后，Logistic 回归的效果更好。该模型学习速度快，对二分类问题十分有效。

5.3.3 线性判别分析

Logistic 回归是一种传统的分类算法，它的使用场景仅限于二分类问题。如果有两个以上的类，那么线性判别分析算法（LDA）是首选的线性分类技术，如图 5－5 所示。

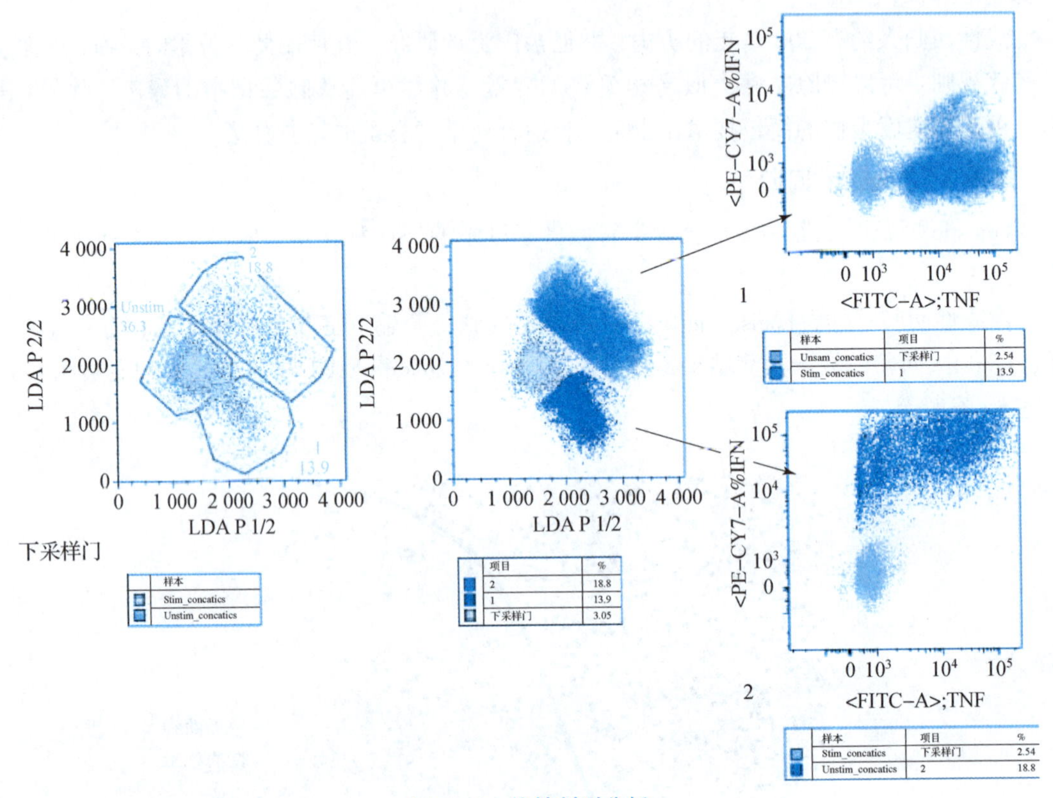

图 5－5 线性判别分析

LDA 的表示方法非常直接。它包含为每个类计算的数据统计属性。对于单个输入变量而言，这些属性包括每个类的均值、所有类的方差。

预测结果是通过计算每个类的判别值，并将类别预测为判别值最大的类而得出的。该技术假设数据符合高斯分布（钟形曲线），因此，最好预先从数据中删除异常值。LDA 是一种简单而有效的分类预测建模方法。

5.3.4 决策树算法

决策树是一类重要的机器学习预测建模算法，如图 5－6 所示。

决策树可以被表示为一棵二叉树。这种二叉树与算法设计及数据结构中的二叉树是一样的，没有什么特别。每个节点都代表一个输入变量（x）和一个基于该变量的分叉点（假设该变量是数值型的）。

决策树的叶子结点包含一个用于作出预测的输出变量（y）。预测结果是通过在树的各个分叉路径上游走，直到到达一个叶子结点并输出该叶子结点的类别值而得出的。

决策树的学习速度很快，作出预测的速度也很快。它们在大量问题中往往都很准确，而且不需要为数据做任何特殊的预处理准备。

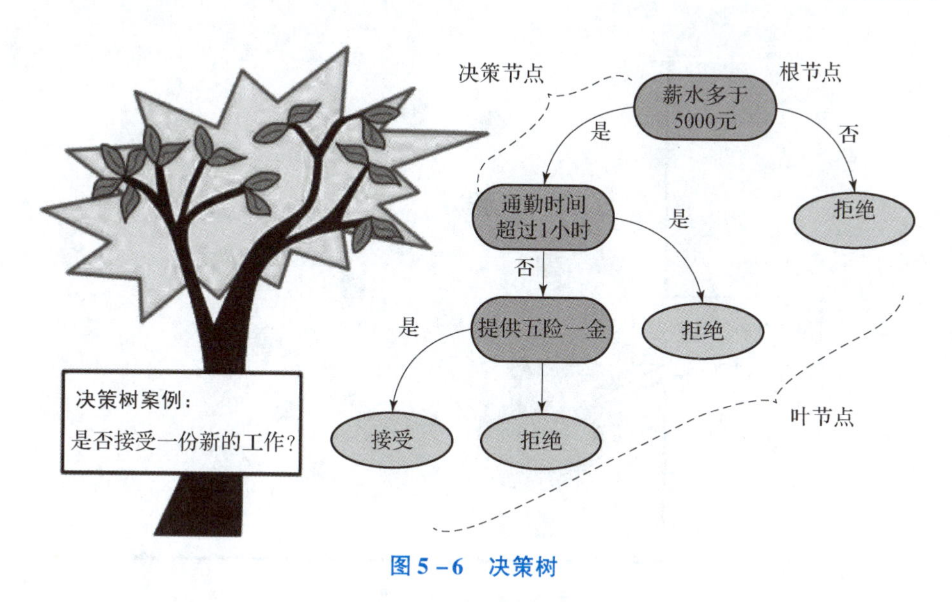

图5-6　决策树

5.3.5　朴素贝叶斯算法

朴素贝叶斯算法是一种简单而强大的预测建模算法，如图5-7所示。

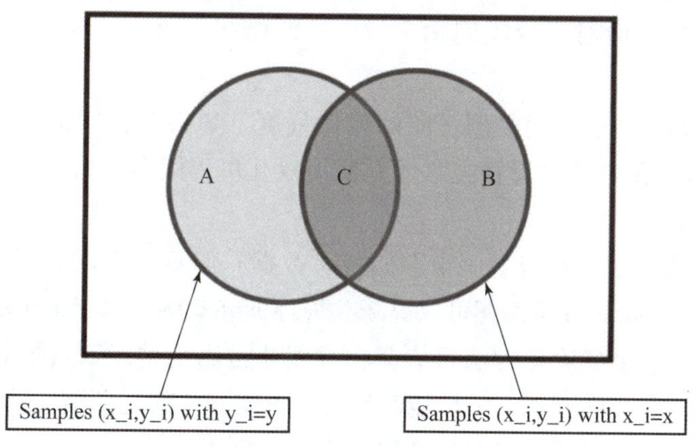

图5-7　朴素贝叶斯算法

该模型由两类可直接从训练数据中计算出来的概率组成：①数据属于每一类的概率；②给定每个x值，数据从属于每个类的条件概率。一旦这两个概率被计算出来，就可以使用贝叶斯定理，用概率模型对新数据进行预测。当数据是实值的时候，通常假设数据符合高斯分布（钟形曲线），这样就可以很容易地估计这些概率。

朴素贝叶斯之所以被称为“朴素”，是因为它假设每个输入变量相互之间是独立的。这是一种很强的、对于真实数据并不现实的假设。不过，该算法在大量的复杂问题中十分有效。

5.3.6　K最近邻算法

K最近邻（KNN）算法是非常简单而有效的。KNN的模型表示就是整个训练数据集，如图5-8所示。

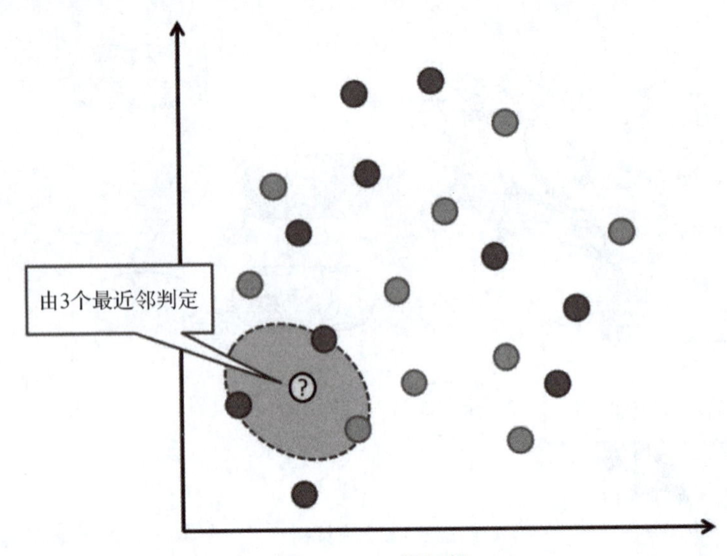

图5-8　K最近邻

对新数据点的预测结果是通过在整个训练集上搜索与该数据点最相似的K个实例（近邻），并且总结这K个实例的输出变量而得出的。对于回归问题来说，预测结果可能就是输出变量的均值；而对于分类问题来说，预测结果可能是众数（或最常见的）的类的值。

关键之处在于如何判定数据实例之间的相似程度。如果数据特征尺度相同（例如，都以英寸为单位），那么最简单的度量技术就是使用欧几里得距离，可以根据输入变量之间的差异直接计算出该值。

KNN可能需要大量的内存或空间来存储所有数据，但只有在需要预测时才实时执行计算（或学习）。随着时间的推移，还可以更新并管理训练实例，以保证预测的准确率。

使用距离或接近程度的度量方法可能会在维度非常高的情况下（有许多输入变量）崩溃，这可能会对算法在你的问题上的性能产生负面影响。这就是所谓的维数灾难。这告诉我们，应该仅仅使用那些与预测输出变量最相关的输入变量。

5.3.7　学习向量量化

KNN算法的一个缺点是，需要处理整个训练数据集。而学习向量量化算法（LVQ）允许选择所需训练实例数量，并确切地学习这些实例，如图5-9所示。

LVQ的表示是一组码本向量。它们在开始时是随机选择的，经过多轮学习算法的迭代后，最终对训练数据集进行最好的总结。通过学习，码本向量可被用来像K最近邻那样执行预测。通过计算每个码本向量与新数据实例之间的距离，可以找到最相似的邻居（最匹配的码本向量）。然后返回最匹配单元的类别值（分类）或实值（回归）作为预测结果。如果将数据重新放缩到相同的范围中（例如0到1之间），就可以获得最佳的预测结果。

如果发现KNN能够在你的数据集上得到不错的预测结果，那么不妨试一试LVQ技术，它可以减少对内存空间的需求，不需要像KNN那样存储整个训练数据集。

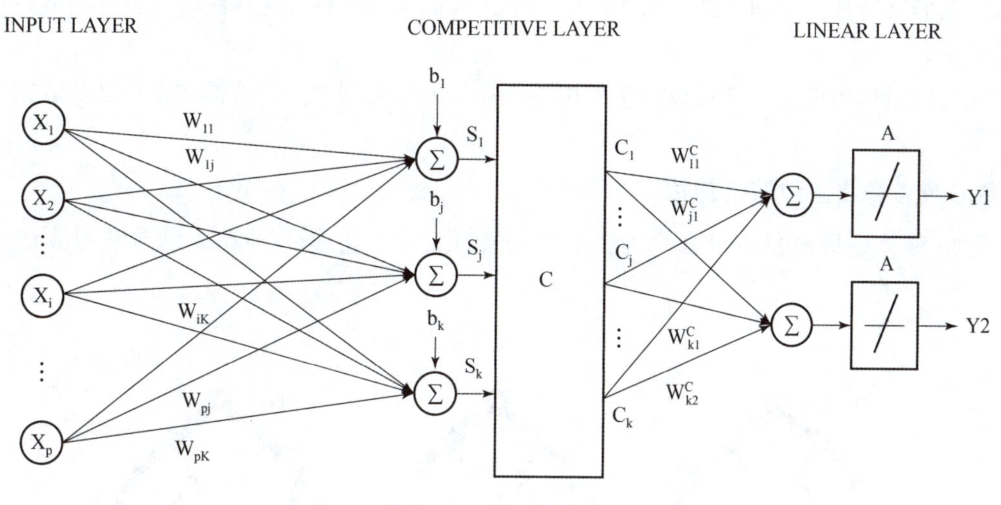

图5-9　学习向量化

5.3.8　支持向量机

支持向量机（SVM）可能是目前最流行、被讨论最多的机器学习算法之一，如图5-10所示。

超平面是一条对输入变量空间进行划分的“直线”。支持向量机会选出一个将输入变量空间中的点按类（类0或类1）进行最佳分割的超平面。在二维空间中，可以把它想象成一条直线，假设所有输入点都可以被这条直线完全划分开来。SVM学习算法旨在寻找最终通过超平面得到最佳类别分割的系数。

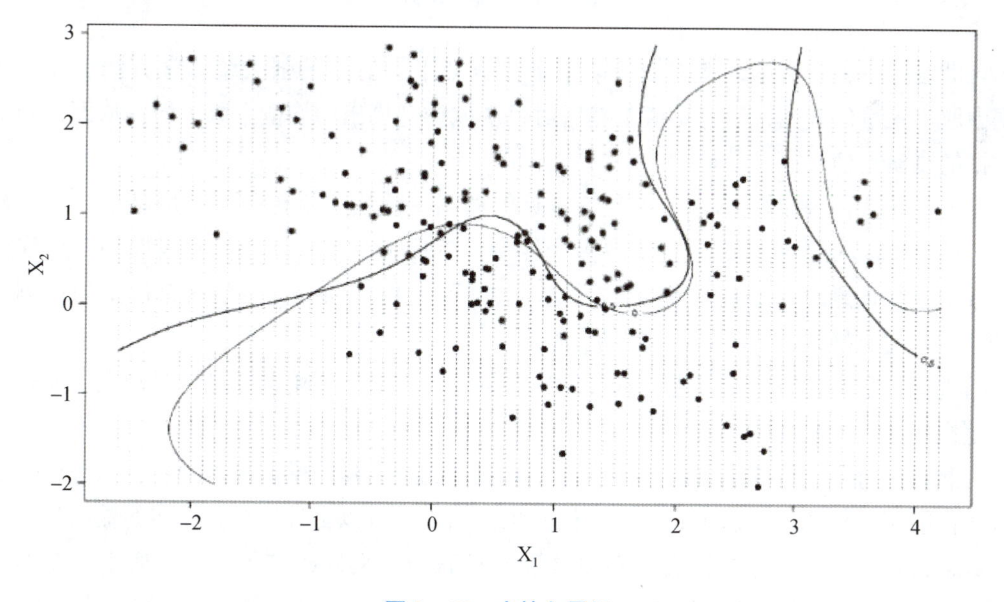

图5-10　支持向量机

超平面与最近数据点之间的距离叫作间隔（margin）。能够将两个类分开的最佳超平面是具有最大间隔的直线。只有这些点与超平面的定义及分类器的构建有关，这些点叫作支持向量，它们支持或定义超平面。在实际应用中，人们采用一种优化算法来寻找使间隔最大化的系数值。

支持向量机可能是目前可以直接使用的最强大的分类器之一，值得你在自己的数据集上试一试。

5.3.9 袋装法和随机森林

随机森林是最流行也最强大的机器学习算法之一，它是一种集成机器学习算法，如图 5－11 所示。

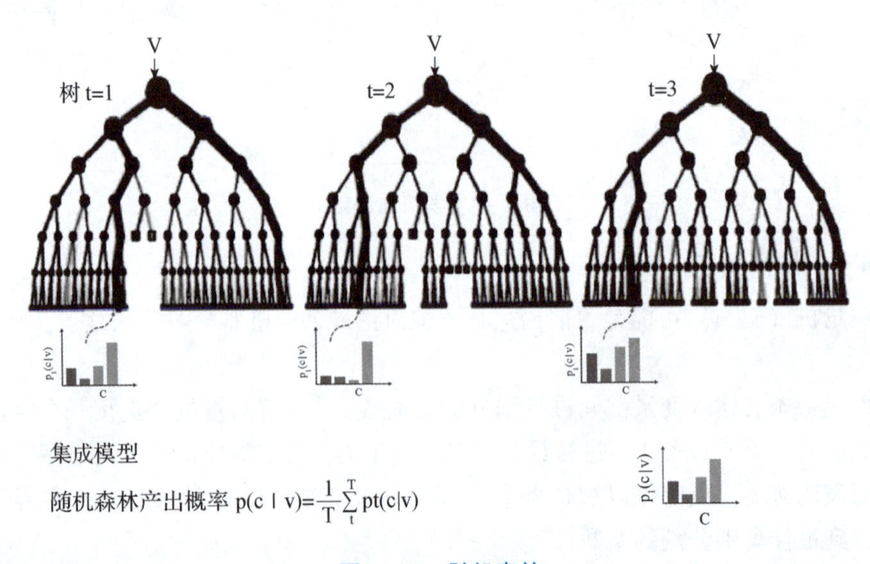

图 5－11　随机森林

自助法是一种从数据样本中估计某个量（例如平均值）的强大统计学方法。你需要在数据中取出大量的样本，计算均值，然后对每次取样计算出的均值再取平均，从而得到对所有数据的真实均值更好的估计。

Bagging 使用了相同的方法。但是最常见的做法是使用决策树，而不是对整个统计模型进行估计。Bagging 会在训练数据中取多个样本，然后为每个数据样本构建模型。当你需要对新数据进行预测时，每个模型都会产生一个预测结果，Bagging 会对所有模型的预测结果取平均，以便更好地估计真实的输出值。

随机森林是这种方法的改进，它会创建决策树，这样就不用选择最优分割点，而是通过引入随机性来进行次优分割。

因此，为每个数据样本创建的模型比在其他情况下创建的模型更加独特，但是这种独特的方式仍能保证较高的准确率。结合它们的预测结果，可以更好地估计真实的输出值。

如果使用具有高方差的算法（例如决策树）获得了良好的结果，那么通常可以通过对该算法执行 Bagging 来获得更好的结果。

5.3.10 Boosting 和 AdaBoost

Boosting 是一种试图利用大量弱分类器创建一个强分类器的集成技术。要实现 Boosting

方法，首先需要利用训练数据构建一个模型，然后创建第二个模型（它企图修正第一个模型的误差），直到模型能够对训练集进行完美的预测或加入的模型数量已达上限，才停止加入新的模型。

AdaBoost 是第一个为二分类问题开发的真正成功的 Boosting 算法，如图 5-12 所示。它是人们入门理解 Boosting 的最佳起点。当下的 Boosting 方法建立在 AdaBoost 基础之上，最著名的就是随机梯度提升机。

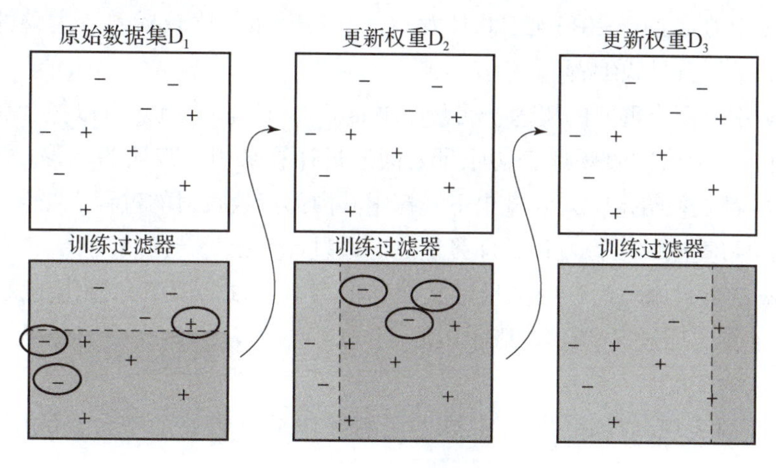

图 5-12 AdaBoost

AdaBoost 使用浅层决策树。在创建第一棵树之后，使用该树在每个训练实例上的性能来衡量下一棵树应该对每个训练实例赋予多少权重。难以预测的训练数据权重会增大，而易于预测的实例权重会减小。模型是一个接一个依次创建的，每个模型都会更新训练实例权重，影响序列中下一棵树的学习。在构建所有的树之后，就可以对新的数据执行预测，并根据每棵树在训练数据上的准确率来对其性能进行加权。

由于算法在纠正错误上投入了如此多的精力，因此，删除数据中的异常值在数据清洗过程中是非常重要的。

5.4 走近深度学习

深度学习

深度学习是目前关注度很高的一类算法，深度学习（Deep Learning，DL）属于机器学习的子类。它的灵感来源于人类大脑的工作方式，是利用深度神经网络来解决特征表达的一种学习过程。

深度学习归根结底也是机器学习，不过它不同于监督学习、半监督学习、无监督学习、强化学习这种分类方法，它是另一种分类方法，基于算法神经网络的深度，可以分成浅层学习算法和深度学习算法。

浅层学习算法主要是对一些结构化数据、半结构化数据一些场景的预测，深度学习主要解决复杂的场景，比如图像、文本、语音识别与分析等。

5.5 深度学习框架

深度学习在人工智能中的表现尤为突出，想要研究深度学习，首先需要掌握一个有效的深度学习框架，本节将总结目前全球流行的深度学习框架，从框架的流行程度、应用场景出发，来提高对深度学习框架的认识。

5.5.1 TensorFlow 框架

TensorFlow 由 Google 于 2015 年 11 月发布，是一个相对比较成熟、完善的深度学习框架。TensorFlow 采用符号式编程。

TensorFlow 中有两个重要的概念：张量（Tensor）、流（Flow）。可以把“张量”想象成一个 N 维数组，而“流”直观地表达张量之间通过计算来相互转换的过程。深度学习的一系列任务，其实都是在给定输入和输出下，探索其内部函数映射的过程。张量与流通俗易懂地解释了深度学习算法的运行过程，即张量之间通过计算相互转换。

TensorFlow 的运行原理为：用张量定义数据模型，把数据模型和操作定义在计算图中，使用会话运行计算。通过 SWIG 实现对 Python、C++、Java、Go 等多种编程语言支持，同时支持所有主流的深度学习算法。

在硬件方面的表现，TensorFlow 支持主流的操作系统和移动平台，适用于多个 CPU、GPU、TPU 组成的分布式系统。

TensorFlow 的缺点：一方面，由于其追求大而全的开发环境和开发语言，以及其快速的版本迭代，导致框架比较庞杂，封装比较混乱，对于初学者来说成本略高；另一方面，在静态的计算图方面比较薄弱，使得一些计算的实现颇为复杂，如动态 RNN、Seq2Seq 中的 Beam Search 算法等。

TensorFlow 对多平台、多语言的支持，其背后又有 Google 强大的团队维护能力，以及对深度学习生态全方位的支持，这些使得其成为目前最为流行的深度学习框架。

5.5.2 Keras 框架

Keras 框架出现在 2015 年，其目标是提供一个简洁、易用的深度学习框架。Keras 并不是一个独立的深度学习框架，而是构建于 Theano 之上的封装框架。

Keras 是一个基于 Python 的深度学习库，其旨在帮助用户进行快速的原型实验，以最小的时延把想法转换为实验结果。使用 Keras 搭建网络和训练网络非常容易。而且，在通常情况下，如果需要深入模型中控制细节，使用 Keras 提供的一些函数就可以了，很少需要深入其后端引擎中。Keras 发展迅速，其特性主要包含符号式编程、支持 Python、快速生成原型、高度模块化、易扩展。Keras 的模块简洁、易懂、可配置，可以自由组合神经网络、损失函数、优化器、初始化方法、激活函数和正则化等模块。模块化简化了编写深度学习模型的复杂度，缩短了尝试新网络结构的时间。因此，Keras 适用于快速生成原型。Keras 的模型定义可以直接由 Python 脚本完成，而不需要额外的配置文件来定义，更方便用户调试模型和超参数。

因为 Keras 具有简洁、模块化的特性，从目前来看，Keras 是人工智能领域中对新手最友好，也是最易于使用的深度学习框架之一。

5.5.3 PyTorch 框架

PyTorch 是由 Facebook 于 2016 年 10 月推出的深度学习框架。PyTorch 经历了多次变迁，其前身是 Torch（2002 年 10 月推出）。2018 年 4 月 1 日，PyTorch 又合并了 Facebook 大力支持的另一个框架 Caffe2。2018 年 10 月 1 日，Facebook 正式发布了 PyTorch 1.0 预览版。对于 PyTorch 与 Caffe2 的合并，Caffe2 的作者贾扬清表示："PyTorch 有优秀的前端，Caffe2 有优秀的后端，将其整合以后，可以进一步最大化开发者的效率。"

PyTorch 是一个 Python 优先的深度学习框架，其目标是让设计科学计算算法变得更便捷。PyTorch 主要吸引两类人使用：一类是代替 Python 的 NumPy 包来更好地使用 GPU 性能的人；另一类是想体验 PyTorch 这个灵活和高速的深度学习研究平台的人。

对于 TensorFlow，PyTorch 一直是追逐者的姿态，PyTorch 相对比较新，其社区规模较小，不过其文档更为规整，对学习者更为友好。PyTorch 也提供了可视化工具 tensorboardX，并支持画动态图。对比静态的 TensorFlow，PyTorch 的动态神经网络能更高效地处理一些问题，譬如对 RNN 这种需要变化时间长度的网络结构。同时，PyTorch 一直宣传其具有效率和速度的优势，以及 Python 优先的易用性，在用户开发新的深度学习模型时，值得尝试一下 PyTorch。PyTorch 在 GitHub 上的 Star 数和 Fork 数迅猛增加，这也证明了用户对其前景的看好。

5.5.4 MXNet 框架

MXNet 最初出现在 2015 年 12 月 NIPS 的机器学习系统 Workshop 中，是由 DMLC（Distributed Machine Learning Community，分布式机器学习社区）开发的深度学习库。2016 年 11 月 22 日，亚马逊 CTO Werner Vogels 在其博文中写道：MXNet 被 AWS 正式选为其云计算的官方深度学习平台。" 2017 年 10 月，亚马逊和微软为 MXNet 推出了一个名为 Gluon 的深度学习新接口，使构建深度学习模型更为容易。

同 TensorFlow 一样，MXNet 通过 SWIG 实现了对 C++、JavaScript、Python、R、Perl 等多种编程语言的支持。开发者可以选择自己熟悉的编程语言进行开发工作。在 MXNet 的后端，所有代码都以 C++ 编译，因此，无论构建模型使用的是哪种编程语言，都能实现高性能开发。

MXNet 比较令人诟病的是其文档和教程：API 文档略差，自定义教程的缺乏使得用户上手比较困难。MXNet 的社区略少，有时用户遇到问题还需要自己去查阅并修改源码，导致使用门槛略高。MXNet 也在积极改进，其文档正在逐步完善，社区也在逐步壮大。

5.5.5 CNTK 框架

认知工具集（Cognitive Toolkit，CNTK），是由微软于 2016 年 1 月 25 日推出的深度学习框架。CNTK 起源于 2014 年微软研究院的黄学东博士和他的团队设计的一套内部工具，其用来帮助更快改进计算机理解语音的能力。这套内部工具成为目前广为人知的认知工具集的基础，也是微软认知工具集名称的来源。

CNTK 最开始用于语音识别领域，目前已经发展成一个通用的、跨平台的深度学习框架。与其他深度学习框架相比，微软一直强调 CNTK 具有速度优势。CNTK 宣称比 TensorFlow 快很多，特别是在 RNN 上，可以快 5~10 倍。CNTK 为随机梯度下降（Stochastic Gradient Descent，SGD）提供了独特的 1 bit SGD，其对每个次梯度（subgradient）进行量化，每个值压缩到 1 bit。这项技术在保持准确度不变的情况下，将性能提升了 10 倍。在云平台方面，CNTK 得到了微软自家云平台 Azure 的支持，现在也能在亚马逊的 AWS、Google Cloud、阿里云、腾讯云等云平台中使用。

5.5.6 Theano 框架

Theano 的活跃度排名倒数第一，但是在 2015 年，它还在深度学习框架中处于“霸主”地位。Theano 诞生于 2008 年，由蒙特利尔大学 LisaLab 团队开发并维护。它是第一个被大规模使用的深度学习框架，也是其他深度学习框架的基石。Theano 是一个完全基于 Python 的符号计算库，采用符号式编程，专门为处理大规模神经网络训练的计算而设计。

令人遗憾的是，随着深度学习框架的竞争越来越激烈，2017 年 9 月 29 日，在发布了最新版 Theano 1.0 之后，Theano 和大家告别了。其核心贡献者 Yoshua Bengio 和 Pascal Lamblin 写道：“我们将会继续做微小的维护让 Theano 继续工作一年，但是将会停止开发新的特性。”关于 Theano 离开的原因，Yoshua Bengio 的解释是，一方面，出现了许多新的深度学习框架并快速进化，它们继承了 Theano 的创新，弥补了 Theano 的不足；另一方面，比较陈旧的代码库则是 Theano 创新的一大阻碍。

5.6 神经网络

人工神经网络（Artificial Neural Networks，ANNs）也简称为神经网络（NNs）或称作连接模型（Connection Model），它是一种模仿动物神经网络行为特征，进行分布式并行信息处理的算法数学模型。这种网络依靠系统的复杂程度，通过调整内部大量节点之间相互连接的关系，从而达到处理信息的目的。

人工神经网络是生物神经网络在某种简化意义下的技术复现，作为一门学科，它的主要任务是根据生物神经网络的原理和实际应用的需要建造实用的人工神经网络模型，设计相应的学习算法，模拟人脑的某种智能活动，然后在技术上实现出来，用于解决实际问题。因此，生物神经网络主要研究智能的机理，人工神经网络主要研究智能机理的实现，两者相辅相成。

5.6.1 神经网络的研究内容

神经网络的研究内容相当广泛，反映了多学科交叉技术领域的特点。主要的研究工作集中在以下几个方面：

1. 生物原型

从生理学、心理学、解剖学、脑科学、病理学等方面研究神经细胞、神经网络、神经系统的生物原型结构及其功能机理。

2. 建立模型

根据生物原型的研究，建立神经元、神经网络的理论模型。其中包括概念模型、知识模

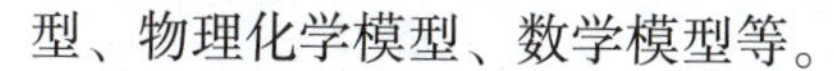

型、物理化学模型、数学模型等。

3. 算法

在理论模型研究的基础上构建具体的神经网络模型，以实现计算机模拟或准备制作硬件，包括网络学习算法的研究。这方面的工作也称为技术模型研究。

神经网络用到的算法就是向量乘法，并且广泛采用符号函数及其各种逼近。并行、容错、可以硬件实现以及自我学习特性，是神经网络的几个基本优点，也是神经网络计算方法与传统方法的区别所在。

5.6.2　神经网络的分类

人工神经网络按其模型结构，大体可以分为前馈型网络（也称为多层感知机网络）和反馈型网络（也称为 Hopfield 网络）两大类，前者在数学上可以看作一类大规模的非线性映射系统，后者则是一类大规模的非线性动力学系统。按照学习方式，人工神经网络又可分为有监督学习、非监督和半监督学习三类；按工作方式，则可分为确定性和随机性两类；按时间特性，还可分为连续型或离散型两类；等等。

5.6.3　神经网络的特点

不论何种类型的人工神经网络，它们共同的特点是：大规模并行处理、分布式存储、弹性拓扑、高度冗余和非线性运算。因而具有很高的运算速度、很强的联想能力、很强的适应性、很强的容错能力和自组织能力。这些特点和能力构成了人工神经网络模拟智能活动的技术基础，并在广阔的领域获得了重要的应用。例如，在通信领域，人工神经网络可以用于数据压缩、图像处理、矢量编码、差错控制（纠错和检错编码）、自适应信号处理、自适应均衡、信号检测、模式识别、ATM 流量控制、路由选择、通信网优化和智能网管理等。

5.6.4　神经网络的工作原理

“人脑是如何工作的？”

“人类能否制作模拟人脑的人工神经元？”

多少年以来，人们从医学、生物学、生理学、哲学、信息学、计算机科学、认知学、组织协同学等各个角度力图认识并解答上述问题。在寻找上述问题答案的研究过程中，逐渐形成了一个新兴的多学科交叉技术领域，称为“神经网络”。神经网络的研究涉及众多学科领域，这些领域互相结合、相互渗透并相互推动。不同领域的科学家又从各自学科的兴趣与特色出发，提出不同的问题，从不同的角度进行研究。

人工神经网络首先要以一定的学习准则进行学习，然后才能工作。现以人工神经网络对于“A”“B”两个字母的识别为例进行说明。规定当“A”输入网络时，应该输出“1”；而当输入为“B”时，输出为“0”。

所以，网络学习的准则应该是：如果网络作出错误的判决，则通过网络的学习，应使得网络减少下次犯同样错误的可能性。首先，给网络的各连接权值赋予（0，1）区间内的随机值，将“A”所对应的图像模式输入网络，网络将输入模式加权求和，与门限比较，再进行非线性运算，得到网络的输出。在此情况下，网络输出为“1”和“0”的概率各为50%，也就是说，是完全随机的。这时如果输出为“1”（结果正确），则使连接权值增大，以便使网络再次遇到“A”模式输入时，仍然能作出正确的判断。

普通计算机的功能取决于程序中给出的知识和能力。显然，对于智能活动，要通过总结来编制程序将十分困难。

人工神经网络也具有初步的自适应与自组织能力。在学习或训练过程中改变突触权重值，以适应周围环境的要求。同一网络因学习方式及内容不同，可具有不同的功能。人工神经网络是一个具有学习能力的系统，可以发展知识，以致超过设计者原有的知识水平。通常，它的学习训练方式可分为两种：一种是有监督或称有导师的学习，这时利用给定的样本标准进行分类或模仿；另一种是无监督学习或称无为导师学习，这时，只规定学习方式或某些规则，则具体的学习内容随系统所处环境（即输入信号情况）而异，系统可以自动发现环境特征和规律性，具有更近似人脑的功能。

神经网络就像是一个爱学习的孩子，你教给她的知识，她是不会忘记而且会学以致用的。我们把学习集（Learning Set）中的每个输入加到神经网络中，并告诉神经网络输出应该是什么分类。在全部学习集都运行完成之后，神经网络就根据这些例子总结出它自己的想法，至于它是怎么归纳的，就是一个黑盒了。之后就可以把测试集（Testing Set）中的测试例子用神经网络分别进行测试。如果测试通过（比如80%或90%的正确率），那么神经网络就构建成功了。之后就可以用这个神经网络来判断事务的分类了。

神经网络是通过对人脑的基本单元——神经元的建模和连接，来探索模拟人脑神经系统功能的模型，并研制一种具有学习、联想、记忆和模式识别等智能信息处理功能的人工系统。神经网络的一个重要特性是它能够从环境中学习，并把学习的结果分布存储于网络的突触连接中。神经网络的学习是一个过程，在其所处环境的激励下，相继给网络输入一些样本模式，并按照一定的规则（学习算法）调整网络各层的权值矩阵，待网络各层权值都收敛到一定值，学习过程结束。然后就可以用生成的神经网络来对真实数据做分类了。

5.6.5 神经网络的发展历史

1943年，心理学家W. Mcculloch和数理逻辑学家W. Pitts在分析、总结神经元基本特性的基础上，首先提出了神经元的数学模型。此模型沿用至今，并且直接影响着这一领域研究的进展。因而他们两人可称为人工神经网络研究的先驱。

1945年，冯·诺依曼领导的设计小组试制成功存储程序式电子计算机，标志着电子计算机时代的开始。1948年，他在研究工作中比较了人脑结构与存储程序式计算机的根本区别，提出了以简单神经元构成的再生自动机网络结构。但是，由于指令存储式计算机技术的发展非常迅速，迫使他放弃了神经网络研究的新途径，继续投身于指令存储式计算机技术的研究，并在此领域作出了巨大贡献。虽然冯·诺依曼的名字是与普通计算机联系在一起的，但他也是人工神经网络研究的先驱之一。

50年代末，F. Rosenblatt设计制作了“感知机”，它是一种多层的神经网络。这项工作首次把人工神经网络的研究从理论探讨付诸工程实践。当时，世界上许多实验室仿效制作感知机，分别应用于文字识别、声音识别、声呐信号识别以及学习记忆问题的研究。然而，这次人工神经网络的研究高潮未能持续很久，许多人陆续放弃了这方面的研究工作，这是因为当时数字计算机的发展处于全盛时期，许多人误以为数字计算机可以解决人工智能、模式识别、专家系统等方面的一切问题，使感知机的工作得不到重视；其次，当时的电子技术工艺水平比较落后，主要的元件是电子管或晶体管，利用它们制作的神经网络体积庞大，价格高昂，要制作在规模上与真实的神经网络相似是完全不可能的；另外，在1968年一本名为《感知机》的著作中指出，线性感知机功能是有限的，它不能解决如异或这样的基本问题，而且多层网络还不能找到有效的计算方法，这些论点促使大批研究人员对于人工神经网络的前景失去信心。60年代末期，人工神经网络的研究进入了低潮。

另外，在60年代初期，Widrow提出了自适应线性元件网络，这是一种连续取值的线性加权求和阈值网络。后来，在此基础上发展了非线性多层自适应网络。当时，这些工作虽未标出神经网络的名称，而实际上就是一种人工神经网络模型。

随着人们对感知机兴趣的衰退，神经网络的研究沉寂了相当长的时间。80年代初期，模拟与数字混合的超大规模集成电路制作技术提高到新的水平，完全付诸实用化，此外，数字计算机的发展在若干应用领域遇到困难。这一背景预示，向人工神经网络寻求出路的时机已经成熟。美国的物理学家Hopfield于1982年和1984年在美国科学院院刊上发表了两篇关于人工神经网络研究的论文，引起了巨大的反响。人们重新认识到神经网络的威力以及付诸应用的现实性。随即，一大批学者和研究人员围绕着Hopfield提出的方法展开了进一步的工作，形成了80年代中期以来人工神经网络的研究热潮。

2021年6月9日，英国《自然》杂志发表了一项人工智能的突破性成就，美国科学家团队报告机器学习工具已可以极大地加速计算机芯片设计。研究显示，该方法能给出可行的芯片设计，并且芯片性能不亚于人类工程师的设计，而整个设计过程只要几个小时，而不是几个月，这为今后的每一代计算机芯片设计节省数千小时的人力。这种方法已经被谷歌用来设计下一代人工智能计算机系统。研究团队将芯片布局规划设计成一个强化学习问题，并开发了一种能给出可行芯片设计的神经网络。

5.6.6　神经网络的常见工具

在众多的神经网络工具中，NeuroSolutions始终处于业界领先位置。它是一个可用于Windows XP/7高度图形化的神经网络开发工具。其将模块化、基于图标的网络设计界面、先进的学习程序及遗传优化进行了结合。此款可用于研究和解决现实世界的复杂问题的神经网络设计工具在使用上几乎无限制。

5.6.7　神经网络的研究方向

神经网络的研究可以分为理论研究和应用研究两大方面。

1. 理论研究

可分为以下两类：

（1）利用神经生理与认知科学研究人类思维以及智能机理。

（2）利用神经基础理论的研究成果，用数理方法探索功能更加完善、性能更加优越的神经网络模型，深入研究网络算法和性能，如稳定性、收敛性、容错性、鲁棒性等；开发新的网络数理理论，如神经网络动力学、非线性神经场等。

2. 应用研究

可分为以下两类：

（1）神经网络的软件模拟和硬件实现的研究。

（2）神经网络在各个领域中应用的研究。

这些领域主要包括模式识别、信号处理、知识工程、专家系统、优化组合、机器人控制等。随着神经网络理论本身以及相关理论、相关技术的不断发展，神经网络的应用定将更加深入。

5.7 机器学习应用案例——商品推荐

你在网上购买了一个商品后，就会不断收到相关商品购物的建议信息，如图 5 - 13 所示。

图 5 - 13　网上购物的商品推荐

当然，这可以改善购物体验，但你知道这背后是机器学习的推荐算法吗？根据你对网站应用程序的行为、过去购买的商品、喜欢或添加到购物车的商品、品牌偏好等，算法会针对每个消费者提出购买建议。

5.7.1 推荐系统

推荐系统的核心问题是为用户推荐与其兴趣相似度比较高的商品。此时需要一个函数 f(x)来计算候选商品与用户之间的相似度，并向用户推荐相似度比较高的商品。为了能够预测出函数 f(x)，可以利用的历史数据主要有用户的历史行为数据、与该用户相关的其他用户信息、商品之间的相似性、文本的描述等。

5.7.2 协同过滤算法

协同过滤算法（Collaborative Filtering，CF）是最基本的推荐算法，CF 算法从用户的历史行为数据中挖掘出用户的兴趣，为用户推荐其感兴趣的项。根据挖掘方法的不同，协同过滤算法可以分为基于用户的协同过滤算法和基于项的协同过滤算法。

基于用户的协同过滤算法是基于一个这样的假设：跟你喜好相似的人喜欢的东西你也很有可能喜欢。所以，基于用户的协同过滤的主要任务是找出用户的最近邻居，从而根据最近邻居的喜好作出未知项的评分预测。

1. 用户评分

可以分为显性评分和隐性评分两种。显性评分就是直接给项目评分，隐性评分就是通过评价或者购买的行为给项目评分。

2. 寻找最近邻居

这一步就是为了寻找与你距离最近的用户，测算距离一般采用三种算法，即皮尔森相关系数、余弦相似性和调整余弦相似性。

3. 推荐

产生了最近邻居集合后，就根据这个集合对未知项进行评分预测。把评分最高的 N 个项推荐给用户。

这种算法存在性能上的“瓶颈”，当用户数越来越多时，寻找最近邻居的复杂度也会大幅度增加，因而这种算法不能满足即时推荐的要求，基于项的协同过滤就解决了这一问题。

基于项的协同过滤与基于用户的算法相似，只不过第二步改为计算项之间的相似度。由于项之间的相似度比较稳定，可以在线下进行，所以解决了基于用户的协调过滤存在的问题。

习　题

1. 机器学习按学习方式大致分为（　　）。

A. 模拟人脑的机器学习和采用数学方法的机器学习

B. 归纳学习、演绎学习、类比学习、分析学习

C. 监督学习、无监督学习、半监督学习、强化学习

D. 结构化学习、非结构化学习

2. （　　）是机器学习从统计学领域借鉴过来的另一种技术。它是二分类问题的首选方法。

A. 线性回归　　B. Logistic 回归

C. 决策树算法　　D. 朴素贝叶斯算法

3. （　　）表示为一棵二叉树。每个节点都代表一个输入变量（x）和一个基于该变量的分叉点。

A. 决策树算法　　B. 朴素贝叶斯算法

C. 支持向量机算法　　D. 随机森林算法

4. （　　）是一种简单而强大的预测建模算法。该模型由两类可直接从训练数据中计算出来的概率组成。

A. 决策树算法　　B. 朴素贝叶斯算法

C. 支持向量机算法　　D. 随机森林算法

5. （　　）简写为 ANNs，是一种模仿动物神经网络行为特征，进行分布式并行信息处理的算法数学模型。

A. 卷积神经网络　　B. 自编码神经网络

C. 人工神经网络　　D. 深度信任网络

任务记录单

任务名称	
实验日期	
姓名	
实施过程：	
任务收获：	

任务 6

寻找专家系统

（学习主题：专家系统）

任务导入

任务目标

1. 知识目标

能够阐述专家系统的概念和特性；

能够区分不同类型的专家系统；

能够阐述专家系统的基本结构和各部分的功能。

2. 能力目标

能够在生活中识别出专家系统相关产品；

能够感受专家系统解决复杂问题的思路，增强逻辑思维和问题解决能力。

3. 素质目标

提升敏锐的观察能力；

提升热忱的求学精神。

任务要求

登录左手医生开放平台，在“智能产品”页面下的“3. 患者智慧服务”模块中选择“智能问药”技术模块，或直接输入网址 https://open.zuoshouyisheng.com/ask_medicine，选择“体验 demo”模块，然后通过专家系统进行智能问药，如图 6-1 所示。可以问诊如咳嗽、感冒等症状的问药，用截图与视频记录问药过程。

提交形式

截图或视频。

提起专家系统，你会想到什么呢？是理论强、技术高？还是经验丰富到能帮助我们决策复杂的问题？图 6-2 所示是花样滑冰 AI 辅助评分系统运行界面，请你思考：专家的特点是什么？什么是专家系统？你生活中是否使用过相关产品？

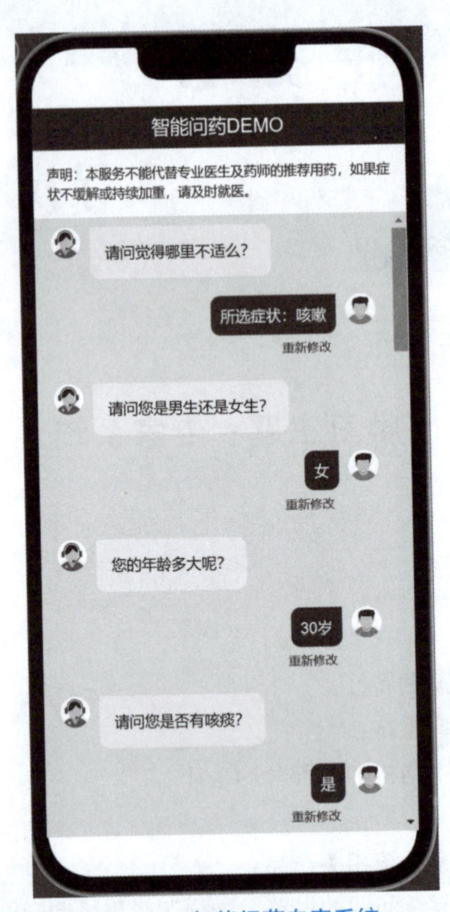

图 6－1　智能问药专家系统

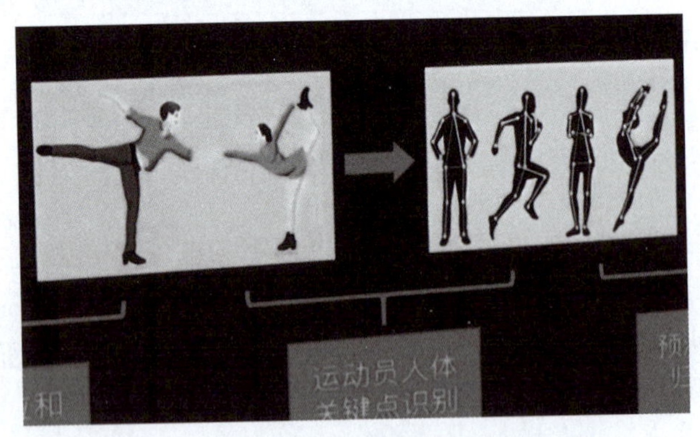

图 6－2　花样滑冰 AI 辅助评分系统运行界面

6.1　走近专家系统

6.1.1　何为专家系统

专家系统是人工智能应用研究中最活跃和最广泛的领域之一。专家系统产生于 20 世纪 60 年代中期，经过半个多世纪的发展，随着计算机的广泛应用，专家系统在解决实际问题

时能够实现专家级别的方案，这使对专家系统的研究从实验室迅速发展到生活的许多方面。

1. 专家系统概述

所谓专家，一般都拥有某一特定领域的大量知识，以及丰富的经验。在解决问题时，专家们通常拥有一套独特的思维方式，能较圆满地解决一类困难问题，或向用户提出一些建设性的建议等。专家是这样一类人：具有扎实理论基础和丰富实践经验的专业人员，在生产实践中，具备分析和解决问题的能力，能快速发现问题的本质，提出解决思路，给出解决策略。在生产实践中，人们希望得到专家的指导和帮助。

专家系统（Expert System，ES）又称基于知识的系统。专家系统是一种智能化的计算机程序，具备像人类专家一样解决问题的能力，它能够利用存储在计算机知识库中的专业知识去模拟人类专家的思路来进行推理和判断，像人类专家一样，以专业水准去解决某一领域的复杂问题，起到了和人类专家相同的作用，在一定领域内可以协助人类解决问题，甚至可以代替人类完成某些重复性强、枯燥乏味的工作。因此，专家系统也可以被看成是拥有大量的专业知识和经验的计算机程序。

例如，一个医学专家系统就能够像真正的专家一样，诊断病人的疾病，判别出病情的严重性，并给出相应的处方和治疗建议等。

2. 专家系统的发展历程

专家系统的研究自20世纪60年代以来已经经历了60多年，成为一项成熟的、应用极为广泛的技术。到80年代中期，专家系统开始在工业、金融、医疗、社会服务等各个领域广泛应用，成为人工智能技术的主流。80年代末，在美国，有80%的大型公司使用专家系统，在日本，专家系统是第五代计算机的核心技术。

1965年，世界上第一个专家系统DENDRAL研发成功。该系统是美国斯坦福大学费根鲍姆教授领导他的研究小组开发出的用于化学质谱分析的计算机程序系统。DENDRAL系统能够依据化合物的分子式和质谱仪提供的数据从几千种分子结构中推断出正确的有机化合物的分子结构。该系统分析、解决问题的能力甚至超过了化学专家的水平。

1974年，斯坦福大学开发出用于诊断和治疗细菌感染病的专家咨询系统MYCIN，获得成功。这是世界上第一个功能全面的专家系统，也是专家系统发展的里程碑。

1977年，斯坦福大学又研究出用于寻找矿藏的专家系统PROSPEC－TOR，并借此于1982年在华盛顿州发现了一处钼矿，而以前矿业公司专家曾经在该处寻找过矿藏，并未有收获。

此后，专家系统获得广泛重视。研究者利用已经获得成功的专家系统，抽取其具体内容，保留其框架结构，放入不同的内容，构造出各种各样的专家系统，在医疗、化工、机械、金融、管理、设计等领域获得广泛成功。在我国，有中医肝病专家系统、机械故障诊断系统、个人理财专家系统、寻找油田专家系统、贷款损失评估专家系统、各类教学专家系统等。利用已经获得成功的专家系统，并发展成为专家系统开发软件，为专家系统的发展提供了有力的工具。

20世纪90年代以来，在信息处理技术的推动下，各类专家系统的开发进入应用阶段，专家系统开发工具加快了专家系统的开发速度，为专家系统的广泛使用创造了条件。随着网络技术的发展，专家系统逐渐吸收新技术和思想，出现了基于网络的专家系统。几乎所有的专家系统都能将人类的工作效率提高十倍甚至百倍，使用专家系统可节省大量的资金。

6.1.2 专家系统的特性

多年来，专家系统发展迅速，应用领域越来越广，解决实际问题的能力越来越强，这是专家系统的优良性能以及对国民经济的重大作用决定的。具体地说，包括以下几个方面。

1. 专精性

专家系统都是为某一特定领域而设计的，它与人类专家相比，具有高度的专一性，能够运用领域专家的知识与实践经验进行推理、判断并制定决策。专家系统的知识来源于不同的人类专家和众多的专业文献，因此，其知识广泛、技术高超，善于解决那些不确定性较高、没有算法解或者难以建立精确数学模型的复杂问题。

2. 完善性

专家系统能够从外界不断获取新知识，从而不断扩充和完善自己的知识，删除或修改原有旧知识。随着专家系统技术的发展，机器学习成为一个研究热点，利用机器学习技术，专家系统可以实现自主学习，从而积累知识，改善性能。

3. 适应性

用户可以利用较低的成本使用专家系统里的知识，专家系统也可以在人类专家无法参与的危险环境下使用。只要硬件条件满足，专家系统中的知识在任何计算机上都是可用的。在任何情况下，专家系统都不会像人类专家那样由于压力或疲劳而导致效率低下，也不会受情绪和环境的影响，可以高效地求解问题。

4. 延续性

人类专家可能因为衰老或死亡而造成知识的流失，而专家系统的知识可以长期保存，无限地延续下去。

5. 快速性

人类专家在某些场景下可能没有能力快速且详细地解释其得出结论的原因和过程，但是专家系统可以反复、详细、完整地说明推理思路。依靠软件和硬件平台，专家系统的响应速度比人类专家快很多，所以在处理一些突发事件上有很大优势。

6.2 专家系统的分类

专家系统的分类

了解了专家系统的特性后，你知道专家系统可以分为哪几类吗？专家系统在不同的领域中有哪些应用呢？

6.2.1 专家系统的类型

按专家系统的特性及功能分类，专家系统可分为 10 类。

1. 解释型

解释型专家系统能根据感知数据，经过分析推理，从而给出相应解释，例如，化学结构说明、图像分析、语言理解、信号解释、地质解释、医疗解释等专家系统。代表性的解释型专家系统有 DENDRAL、PROSPECTOR 等。图 6-3 所示为测土配方施肥解释型专家系统。

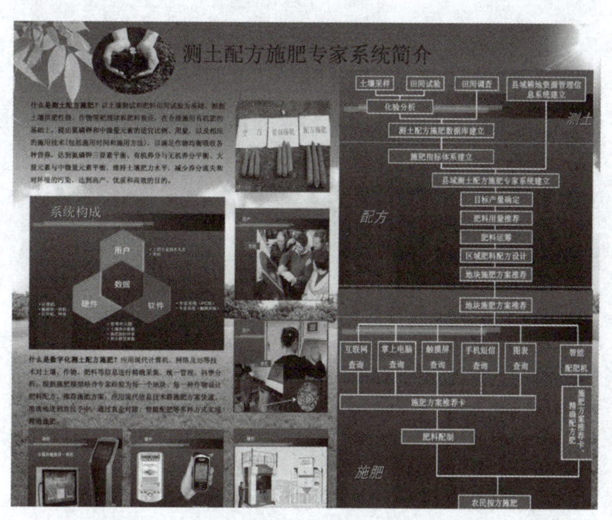

图 6－3　测土配方施肥解释型专家系统

2. 预测型

预测型专家系统能根据过去和现在的信息（数据和经验）推断可能发生和出现的情况，例如用于天气预报、地震预报、市场预测、人口预测、灾难预测等领域的专家系统。图 6－4 所示为预测未来设备状态的预测型专家系统。

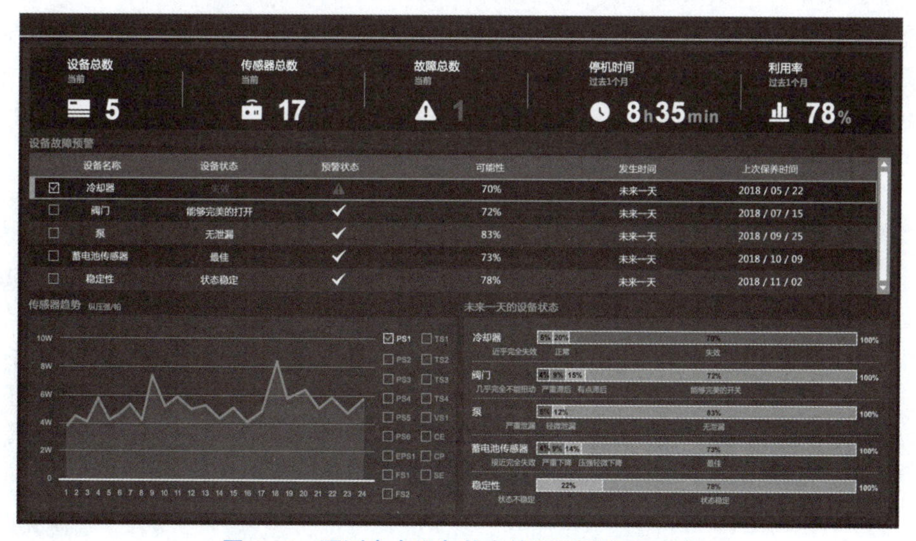

图 6－4　预测未来设备状态的预测型专家系统

3. 诊断型

诊断型专家系统能根据取得的现象、数据或事实推断出系统是否有故障，并能找出产生故障的原因，给出排除故障的方案。这是目前开发、应用得最多的一类专家系统，例如医疗诊断、机械故障诊断、计算机故障诊断等专家系统。代表性的诊断型专家系统有 MYCIN、CASNET、PUFF（肺功能诊断系统）、PIP（肾脏病诊断系统）、DART（计算机硬件故障诊断系统）等。图 6－5 所示为辅助医疗诊断专家系统。

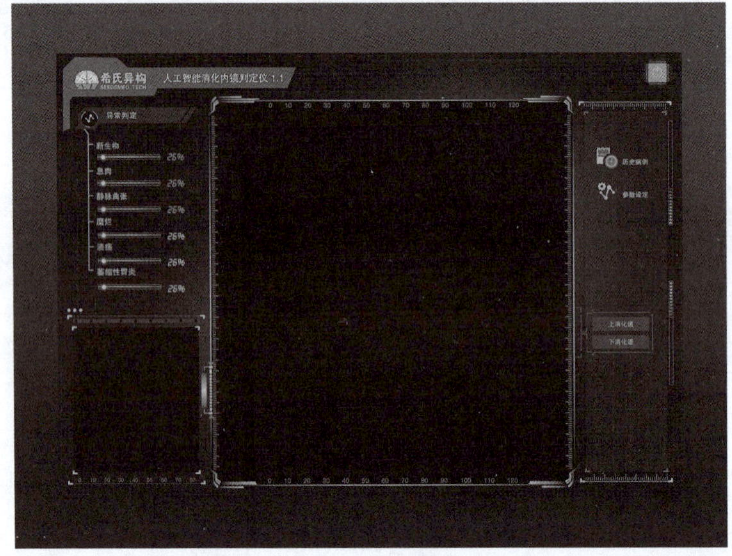

图 6－5 辅助医疗诊断专家系统

4. 设计型

设计型专家系统能根据给定要求进行相应的设计，例如用于工程设计、电路设计、建筑及装修设计、服装设计、机械设计及图案设计的专家系统。对这类系统一般要求在给定的限制条件下能给出最佳的或较佳的设计方案。代表性的设计型专家系统有 XCON（计算机系统配置系统）、KBVLSI（VLSI 电路设计专家系统）等。图 6－6 所示为设计钻井优化方案的设计型专家系统。

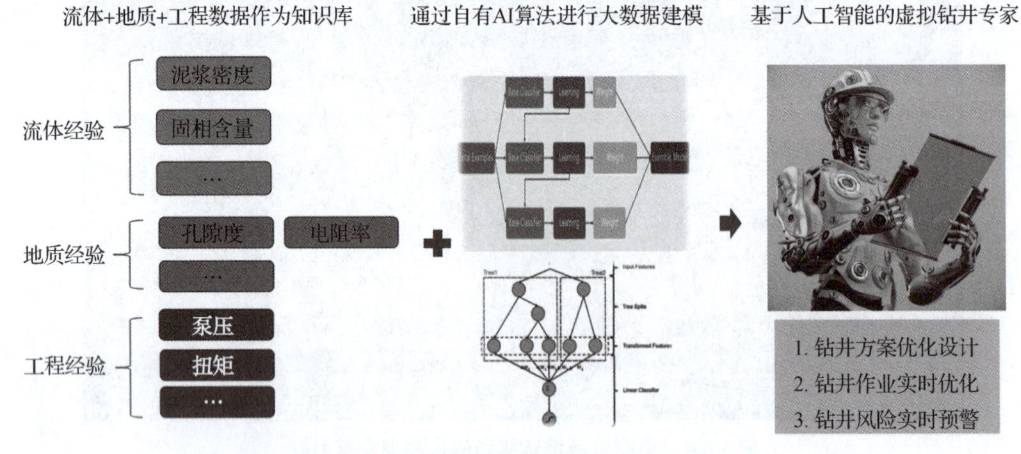

图 6－6 设计钻井优化方案的设计型专家系统

5. 规划型

规划型专家系统能按给定目标拟定总体规划行动计划、运筹优化等，适用于机器人动作控制、工程规划、军事规划、城市规划、生产规划等领域。这类系统一般要求在一定的约束条件下能以较小的代价达到给定的目标。代表性的规划型专家系统有 NOAH（机器人规划系统）、SECS（制定有机合成规划的专家系统）、TATR（帮助空军制定攻击敌方机场计划的专家系统）等。图 6－7 所示为个人理财规划型专家系统。

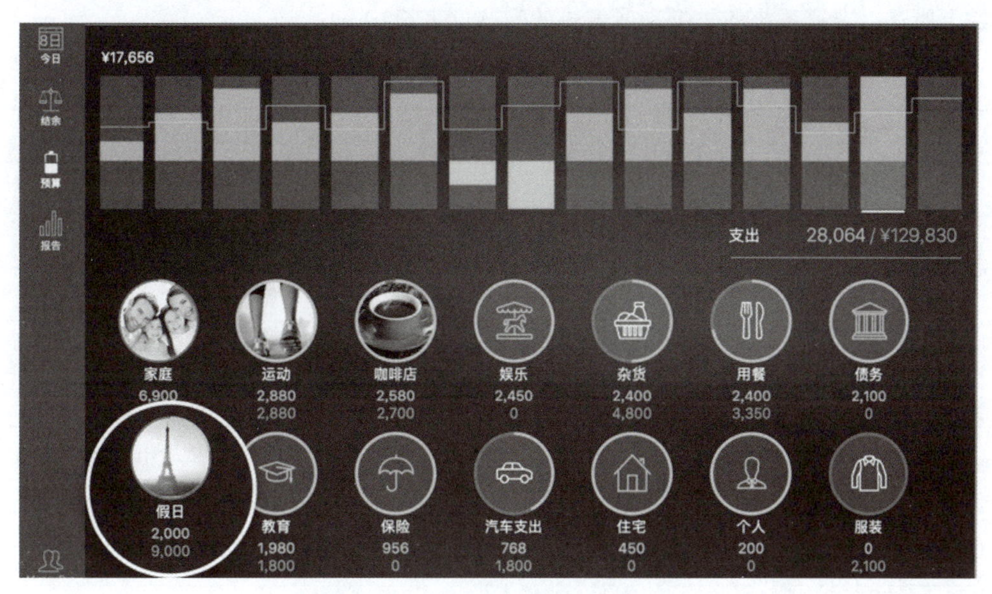

图 6－7　个人理财规划型专家系统

6. 监视型

监视型专家系统能完成实时的监控任务，并根据监测到的现象做出相应的分析和处理。这类系统必须能随时收集任何有意义的信息，并能快速地对得到的信号进行鉴别、分析和处理；一旦发现异常，能尽快地做出反应，如发出报警信号等。代表性的监视型专家系统是 REACTOR（帮助操作人员检测和处理核反应堆事故的专家系统）。图 6－3 和图 6－5 所示也为监视型专家系统。

7. 控制型

控制型专家系统能根据具体情况，控制整个系统的行为，适用于对各种大型设备及系统进行控制。为了实现对控制对象的实时控制，控制型专家系统必须能直接接收来自控制对象的信息，并能迅速地进行处理，及时地做出判断和采取相应行动。代表性的控制型专家系统是 YES/MVS（帮助监控和控制 MVS 操作系统的专家系统）。

8. 调试型

调试型专家系统用于对系统进行调试，能根据相应的标准检测被检测对象存在的错误，并能从多种纠错方案中选出适用于当前情况的最佳方案，排除错误。

9. 维修型

维修型专家系统是用于制订排除某类故障的规划并实施排除的一类专家系统，要求能根据故障的特点制订纠错方案，并能实施该方案排除故障；当制订的方案失效或部分失效时，能及时采取相应的补救措施。

10. 教育型

教学型专家系统主要适用于辅助教学，并能根据学生在学习过程中所产生的问题进行分析、评价，找出错误原因，有针对性地确定教学内容或采取其他有效的教学手段。代表性教学型专家系统是 CUIDON（讲授有关细菌传染性疾病方面医学知识的计算机辅助教学系统）。

综上所述，专家系统的类型和所解决的问题见表 6-1。

表 6-1　专家系统的类型和所解决的问题

专家系统的类型	所解决的问题
解释型	根据感知数据进行推理和描述
预测型	根据预先情况推测可能发生的结局
诊断型	根据监测结果找出系统存在的故障
设计型	根据设计充分考虑给定要求
规划型	设计动作或步骤
监视型	将观察到的行为与应当具有的行为相比较
控制型	管控整个系统的行为
调试型	给出故障的处理措施
维修型	实施排查某类故障的规划
教育型	实施对学生的辅导和教学

6.2.2　专家系统的应用

以上分类往往不是很确切，因为许多专家系统不止一种功能，还可以从另外的角度对专家系统进行分类。例如，可以根据专家系统的应用领域进行分类。当前专家系统主要的应用领域有医学、计算机系统、电子学、工程学、地质学、军事科学、过程控制等。

1. 医学领域

医学领域中可用于细菌感染性疾病诊断和治疗、青光眼的诊断和治疗、肾脏病诊断、内科病诊断、肺功能试验结果解释、癌症化学治疗咨询和人工肺小机监控等。图 6-8 所示为应用在医学领域的专家系统。

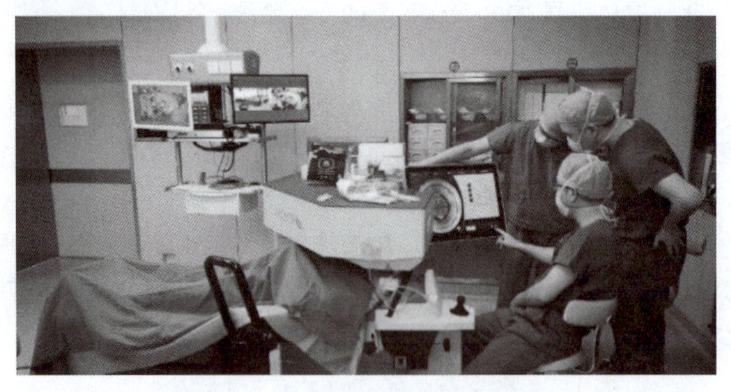

图 6-8　应用在医学领域的专家系统

2. 地质学领域

地质学领域中可用于帮助地质学家评估某一地区的矿物储址、油井记录分析、诊断和处理石油钻井设备的“钻头黏着”问题、诊断和处理同钻探泥浆有关的问题、水源总量咨询和油井记录解释等。图6－9所示为应用在地质学领域的专家系统。

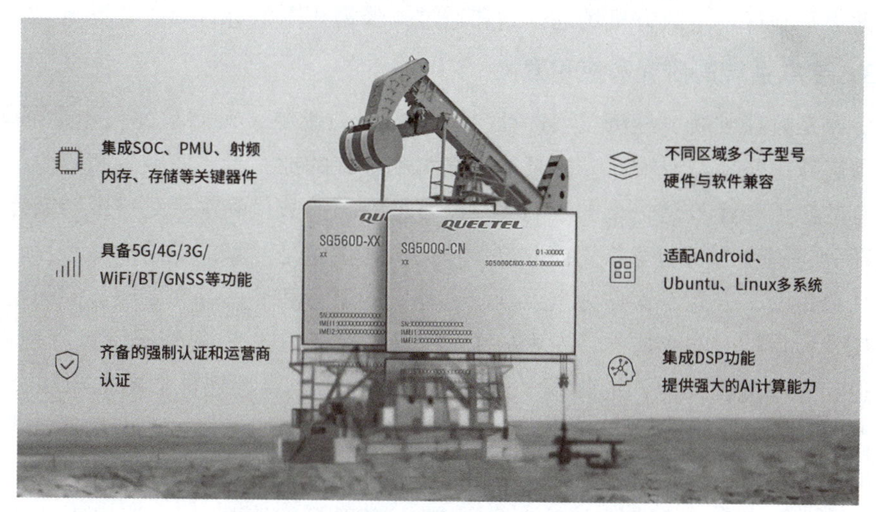

图6－9 应用在地质学领域的专家系统

3. 计算机系统领域

在计算机系统领域，可用于计算机硬件系统故障诊断、配置VAX计算机、监控和控制MVS操作系统、管理DEC计算机系统的建造和配置、定位PDP计算机中有缺陷的单元等。

4. 化学领域

化学领域中可用于根据质谱数据来推断化合物的分子结构、DNA分子结构分析和合成、通过电子云密度图推断一个蛋白质的三维结构、帮助化学家制订有机合成规划、帮助科学家设计复杂的分子生物学的实验等。

5. 数学领域

数学领域中可用于数学问题求解、从基本的数学和集合论中发现概念等。

6. 工程领域

工程领域中可用于帮助工程师发现结构分析问题的分析策略、帮助识别和排除机车故障、帮助操作人员检测和处理核反应堆等。图6－10所示为应用在工程领域的地铁车辆维护专家系统。

图6－10 应用在工程领域的地铁车辆维护专家系统

7. 军事领域

军事领域中可用于航空母舰周围的空中交通运输计划的安排、海洋声呐信号识别和舰艇跟踪、帮助空军制订攻击敌方机场的计划和通过解释雷达图像进行舰船分类等。

6.2.3 专家系统的研究和应用意义

人类专家是科技创新、经济发展、社会进步的核心资源。人们常说人才是第一生产力，而人才的顶层和中坚就是专家，专家是人类知识和经验的拥有者、实践者和传播者。专家和专家所拥有的知识和经验是一个国家的宝贵财富，专家的数量和水平是一个国家综合国力的重要组成部分，国家之间的竞争往往取决于顶尖人才也就是专家的竞争。

站在社会角度，人类专家作为重要资源，他们的培养和使用存在着明显的问题。专家的培养需要耗费大量的时间和成本，专家的工作年限非常有限，一般情况下也就是二三十年，随着专家退出工作岗位，他们的知识和经验也随之离去，要想把他们的知识和经验传给他人，还是要按照人才培养路径，继续耗费大量的时间和成本来一步一步地培养。专家的培养不但依赖时间和成本，也依赖人的天赋和素质，并非所有人都能够成为专家，只有少数有潜质的优秀人才才能够最终成为专家，因此，专家始终是稀缺资源。专家由于其人类的自然属性，并不能够一天 24 小时、一年 365 天地持续工作，也并不能够持续保持良好的工作状态，人类专家需要休息，需要闲暇时间。人类专家在工作时有可能由于身体、情绪、精神等各方面原因出现工作失误，人类专家有可能因为偏好、利益等方面的原因，在工作时，特别是在从事涉及社会管理方面的工作时，有失公允。人类专家是优质稀缺资源，他们的使用成本是昂贵的。

人类专家的这些问题可以通过专家系统的技术进步和广泛应用得以缓解和消除。专家系统运用知识的符号处理技术来模拟人类专家的知识与经验，在特定领域能够像人类专家一样解决专业技术问题。专家系统是计算机程序系统，这就意味着专家系统可以很容易地复制，人类专家的知识和经验可以迅速转移、大量传播，稀缺的资源可以变成大量普遍应用的资源。专家系统作为计算机程序系统，可以连续不停息地运行，可以在技术保障到位的条件下持续正确地运行，专家系统所做出的意见、建议和决策可以做到客观公正，避免了人类专家难以避免的情绪、利益的影响，一旦开发完成，就可以大量复制、传播及应用，可以实现知识的低成本使用。由此可见，专家系统具有重大的研究意义，在未来也将有更多突破，为人们带来更大的便利和效益。

6.3 专家系统的结构

专家系统的结构

虽然应用于不同环境和处理不同类型任务的专家系统的结构各不相同，但专家系统基本都由两部分组成，分别是用来存放知识的知识库和运用存储在知识库中的知识进行问题求解的推理机。知识库与知识工程师、领域专家直接交互，用来充实和完善相关知识，将收集和整理到的知识存储起来；推理机从用户那里得到原始的数据，再对这些数据用知识库中的知识进行匹配和推理求解，并将结果直接输出给用户。图 6 - 11 所示为专家系统的基本结构。

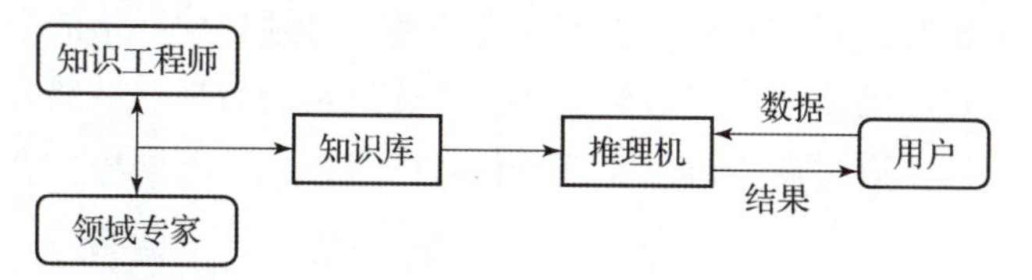

图6－11　专家系统的基本结构

6.3.1　专家系统的工作原理

专家系统的核心是知识库和推理机，其工作流程是根据知识库中的知识和用户提供的事实进行推理，不断地由已知的事实推出未知的结论即中间结果，并将中间结果放到数据库中，作为已知的新事实进行推理，从而把求解的问题由未知状态转换为已知状态。在专家系统的运行过程中，会不断地通过人机接口与用户进行交互，向用户提问，并向用户做出解释。图6－12所示为专家系统的工作流程。

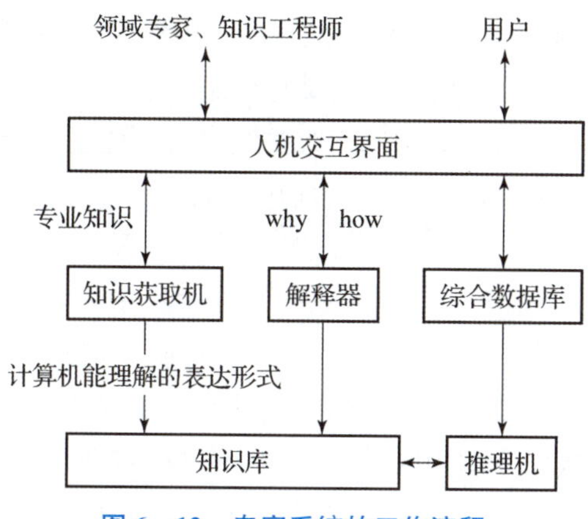

图6－12　专家系统的工作流程

专家系统还可以通过解释器向用户解释以下问题：系统为什么要向用户提出这些问题（why）？系统是如何得出最终结论的（how）？

下面分别对专家系统的各个部分进行简单介绍。

1. 知识库

知识库（knowledge base）用来存放专家提供的知识。专家系统的问题求解过程是通过知识库中的知识来模拟专家的思维方式，因此，知识库是专家系统质量是否优越的关键，即知识库中知识的质量和数量决定着专家系统的质量水平。一般来说，专家系统中的知识库与专家系统程序是相互独立的，用户可以通过改变、完善知识库中的知识内容来提高专家系统的性能。

知识库的建立主要包括两类内容：一类是相关领域中所谓的公开性知识，包括领域中的定义、事实和理论在内，这些知识通常收录在相关学术著作和教科书中；另一类是领域专家所谓的个人知识，它们是领域专家在长期业务实践中所获得的一类实践经验，其中很多知识被称为启发性知识。正是这些启发性知识使得领域专家在关键之处能做出训练有素的猜测，辨别出有希望的解题途径，以及有效地处理错误或不完全的信息数据。

在进行知识库维护时，还要保证知识库的安全性。必须建立严格的安全保护措施，以防止由于操作失误等主观原因使知识库遭到破坏，造成严重的后果。一般知识库的安全保护也可以像数据库系统那样，通过设置口令验证操作者的身份，对不同操作者设置不同的操作权限等技术来实现。

2. 推理机

推理机（reasoning machine）是专家系统的“大脑”，其功能是协调控制整个系统，其任务是模拟领域专家的思维过程，控制并执行对问题的求解。它能根据当前已知的事实，利用知识库中的知识，按一定的推理方法和控制策略进行推理，直到得出相应的结论为止。

知识库和推理机构成了一个专家系统的基本框架。同时，这两部分又是相辅相成、密切相关的。因为不同的知识表示有不同的推理方式，所以，推理机的推理方式和工作效率不仅与推理机本身的算法有关，还与知识库中的知识以及知识库的组织有关。

3. 解释器

解释器（interpreter）是一组计算机程序，能够根据用户的提问对系统的各个步骤及结果做出必要解释，如对推理过程的解释、对结论的解释、对自身系统功能的解释和对系统当前状态的说明。解释器有利于系统的调试、维护及完善，便于领域专业人员定位知识库中的错误或令初学者能够在问题求解过程中进行直观的学习。

4. 综合数据库

综合数据库（database）用于存放专家系统工作过程中所需领域或问题的初始数据，系统推理过程中得到的中间结果、最终结果和控制运行的一些描述信息的存储集合，它是在系统运行期间产生和变化的，所以是一个不断变化的动态数据库。

在开始求解问题时，数据库即为初始数据库，存放的是用户提供的初始事实。数据库的内容随着推理过程的进行而变化，推理机会根据数据库的内容从知识库中选择合适的知识进行推理并将得到的中间结果存放于数据库中。数据库记录了推理过程中的各种有关信息，又为解释机构提供了回答用户咨询的依据。

数据库中还必须具有相应的数据库管理系统，负责对数据库中的知识进行检索、维护等。

5. 知识获取机

知识获取是建造和设计专家系统的关键，也是目前建造专家系统的“瓶颈”。知识获取的基本任务是为专家系统获取知识，建立起健全、完善、有效的知识库，以满足求解领域问题的需要。

知识获取机（knowledge acquisition machine）是专家系统中能将某专业领域内的事实性知识和领域专家所特有的经验性知识转化为计算机可利用的形式并送入知识库的功能模块，同时也负责知识库中知识的修改、删除和更新，并对知识库的完整性和一致性进行维护。知识获取机能够使系统的知识库不断完善和充实，从而使系统向着成熟和可靠的方向发展。

6. 人机交互界面

人机交互界面（interface）是专家系统与领域专家、知识工程师、一般用户之间进行交互的界面，由一组程序及相应的硬件组成，它的基本任务是进行数据、信息、命令的输入，运行结果的输出和显示等。

知识获取机构通过人机接口与领域专家及知识工程师进行交互，更新、完善、扩充知识库；推理机通过人机接口与用户交互，在推理过程中，专家系统根据需要不断向用户提问，以得到相应的事实数据，在推理结束时，会通过人机接口向用户显示结果；解释器通过人机接口与用户交互，向用户解释推理过程，回答用户的问题。

6.3.2　知识获取和表示

知识是专家系统的核心，知识的获取也是开发专家系统时的主要研究问题。知识获取的主要任务就是将人类知识正确地进行提炼、归纳并编码，然后输入计算机，但是最后人们需在计算机中适当删除或增加相关知识，使知识更加完善。

1. 知识获取的过程

知识获取主要是把用于问题求解的专门知识从某个领域专家处或某些知识源中提炼出来，并转化为计算机识别的形式存入知识库。知识源包括书本、相关数据库、实例研究、个人经验、专业领域内的报告、规章、方针和书籍、参考文献等。当今专家系统的知识源主要是领域专家，所以，知识获取过程需要知识工程师与领域专家反复交流、共同合作完成。

2. 知识获取的方式

知识获取可以分为两种方式。

第一种为非自动型知识获取。该方式中，知识主要是由人工编制后输入知识库中的。知识工程师通过阅读大量的科技文献从外部获取知识，再与领域专家进行反复交流，最后通过知识编辑器用一种合适的知识表示方法把这些知识输入知识库中。图6-13所示为非自动型知识获取方式。

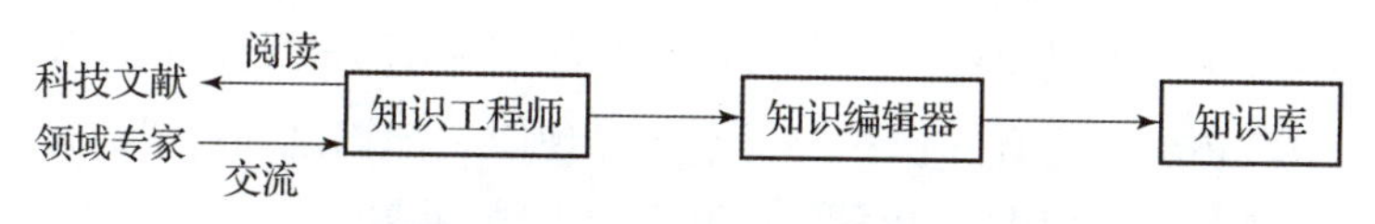

图6-13　非自动型知识获取方式

第二种为自动型知识获取。该方式是指完全由系统独自完成知识的获取。其实质就是自动将文字、图像及领域专家给出的相关知识转换成可执行的知识代码，并且对其按照某种特定的规则进行理解、归纳、翻译并存入知识库中，以便后续推理及知识维护。图6-14所示为自动型知识获取方式。

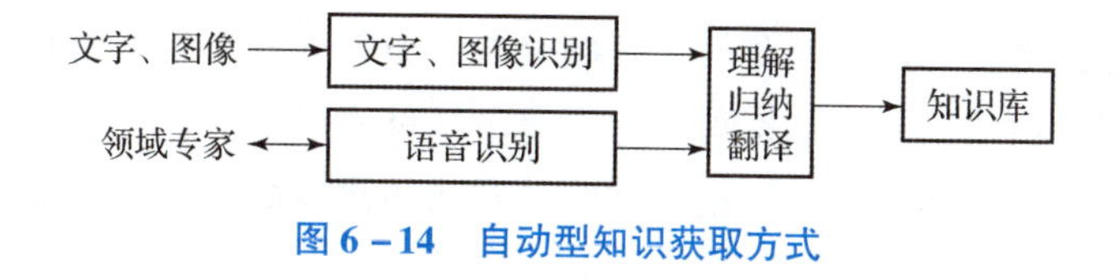

图6-14　自动型知识获取方式

3. 知识表示

知识表示是知识的符号化和形式化过程，用来在专家系统的知识库中对知识所使用的词汇、数据结构及处理它们的程序进行约定，即约定用什么方法来组织知识，如何利用被表示成一定形式的知识进行推理。

在设计专家系统时，知识表示是最基本的环节，知识表示方法选择得恰当与否直接影响着知识的有效存储、知识的获取能力和知识的运用效率。一个好的知识表示方法应该便于修改和扩充知识，并且要保持方法简明和一致。

6.3.3 推理机制与控制策略

人类专家之所以能够高效求解复杂问题，除了因为他们拥有大量的专业知识之外，还因为他们选择知识和运用知识的能力很强。推理过程所要解决的问题就是如何在问题求解的每个状态下控制知识的选择和运用，知识的运用就是推理机制，知识的选择过程就是控制策略。

1. 推理机制

推理机是专家系统的“思维”结构，是构成专家系统的核心。推理过程是指从已有事实中推理出新的事实或结论的过程，主要任务是利用已知事实或知识按照一定的推理机制和控制策略来推断出所求解问题的结果或结论。其中的推理机制决定推理机如何运用具体知识，体现推理的效果。

专家系统的推理机制在设计和实现专家系统的过程中十分重要，它们决定了专家系统如何解决问题，常用的推理机制有以下几种。

第一种：演绎推理与归纳推理。

演绎推理是指使用问题事实、规则或暗示形成一般性知识。其核心由三部分组成：一是在大前提下进行推理，二是利用小前提来推理，三是通过推理得出结论。例如，前提1：金属能导电；前提2：银是金属；结论：银能导电。

归纳推理则是先进行小前提的推理，之后再去匹配大前提，最终得出结论。

第二种：单调推理和非单调推理。

单调推理是指随着推理过程的进行，推理得到的真命题个数是严格单调增加的。这就要求系统新加入的知识必须与已有知识一致，不会出现前后知识之间有矛盾而引起必须删除知识的情况。但在专家系统模拟人类思维时，需要在不同的情况下有不同的分析及在处理信息不完善时进行推理，在新知识出现时，添加到知识库中的理论或规则数目不一定会单调增加，可能会减少。

第三种：精确推理与不精确推理。

精确推理是指前提与结论之间有因果关系，并且前提与结论都是确定的，所以，由精确推理得出的结论必然是确定的。

不精确推理是指由于知识获取时的不精确及人类主观判断时的不精确而导致人们只能对结论出现的概率进行预估，得出的推理结论也只是其可能出现的概率。也就是说，不精确推理是由不确定的前提推出不确定的结论。这两种方法相比较而言，精确推理在保持系统的完整性和一致性上更有优势。

2. 控制策略

在专家系统中，知识用于指导推理过程，被首先存放在数据库中，在用户对知识或参数进行选择时，专家系统通过自己的推理机制来实现对知识的选择，从而得出结论。控制策略用来确定知识的选择，体现推理的效率，是推理机制的优化路径。应用到专家系统中的控制

策略有以下几种。

第一种：正向推理（forward chaining）。

正向推理按由数据推出结论的方向进行推理，即从已知的事实中选用合适的知识来推理出后面的结论。基本思想是从已知的事实出发，寻找可用知识，选择启用知识，执行启用知识，改变求解状态，逐步求解，直至问题解决。

正向推理的优点是在用户使用专家系统时，每一步的操作都由专家系统来提供，专家系统与用户能很好地互动。其缺点是推理时无明确目标，求解问题时可能要执行许多与解无关的操作，导致推理效率较低。

第二种：反向推理（backward chaining）。

反向推理与正向推理相反，是从所要求解的目标出发，反向推理和匹配规则，为验证目标去寻找有用的证据，直到最终的条件满足用户所需。如果各种说明目标的依据都成立，则目标得证。如果不能找到足够的依据，则推理失败。

反向推理的优点是针对性强，不访问与求解问题无关的知识，这种做法避免了向用户询问无关的证据，有利于向用户提供解释。其缺点是初始目标选择有盲目性，初始假设难，影响问题求解的效率。

第三种：双向推理（forward and backward chaining）。

双向推理就是结合正向推理和反向推理这两种策略来进行推理，其依据用户输入的原始数据（此时的数据往往是不充分的），通过向前推理得出可能成立的结论，再以这些结论作为假设，通过反向推理寻找能够支持这些假设的事实。如果两个方向推理的过程能衔接起来，则表示推理成功，这时给出求解问题的结论即可；如果不能衔接起来，则推理不成功。

这种策略结合了正向推理和反向推理的优点，更加类似于人们日常进行决策时的思维模式，求解过程也更容易被人们理解，求解效率高，但比前面两种策略复杂。三种控制策略的比较见表6－2。

表6－2　三种控制策略的比较

名称	推理起点	推理终点	适用范围	适用的专家系统类型
正向推理	已知事实	结论	基本事实较少	规划型、控制型、教育型、预测型、设计型
反向推理	假设性目标	与事实匹配的证据	结论较少	诊断型、解释型
双向推理	已知事实/假设性目标	假设性目标/与事实匹配的证据	事实不足或怀疑有其他结论	解释型、预测型、诊断型、设计型、规划型、监视型、控制型、调试型、维修型、教育型10种类型均适用

6.3.4　专家系统的开发过程

开发专家系统是一个不断重复的过程，一般来说，整个过程可分为六个阶段，如图6－15所示。

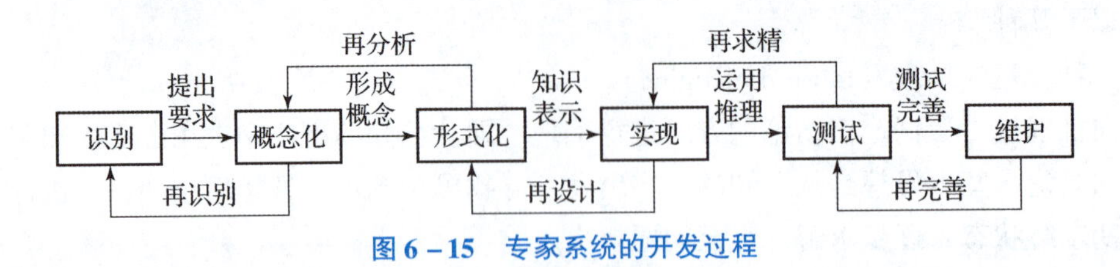

图 6-15　专家系统的开发过程

1. 识别

由知识工程师和领域专家在对用户需求进行详尽调查和仔细分析的基础上，确定问题本身的类型和范围、开发过程的参与者、所需资源、构造专家系统的目标等。

2. 概念化

由知识工程师和领域专家在明确软件开发的对象和目的并熟悉给定领域中的相关知识后，阐明问题求解过程中所需的关键概念、关系、控制策略和有关问题求解的约束，并用一种适合处理知识的计算机语言将其转化成比较正式的表达。

3. 形式化

知识工程师应在形式化阶段开始前就为问题选好适当的工具，然后用形式化的方法来描述重要的概念和关系。形式化阶段主要完成建立模型、解决知识表示方法和求解方法的问题，是开发专家系统过程中最关键和最困难的阶段。

4. 实现

知识工程师把形式化的知识变成计算机程序，即程序实现，就是选取合适的语言或工具将形式化的知识（控制策略、推理机制、数据结构等）转化成计算机程序，建成可执行的原型系统。

5. 测试

将建好的原型系统应用到具体的实例中，评价原型程序的实现及其应用情况，测试系统的正确性及其性能。根据测试情况的反馈信息对知识库和推理机制进行反复修改，不断修改系统并完善知识库。

6. 维护

维护是专家系统开发过程的最后一个阶段。从系统部署完毕到销毁的整个时间内，人们对其所做的改动工作都是维护的内容。其目的是保证专家系统能持续地与用户环境、数据处理操作、用户请求协调工作。

6.4　专家系统应用案例——智能声纹专家鉴定系统

专家系统的应用案例有很多，这里以智能声纹专家鉴定系统为例进行介绍。

6.4.1　智能声纹专家鉴定系统案例背景

人的发声具有特定性和稳定性的特点。从理论上讲，它同指纹一样，具有身份识别的作用。虽然由于技术和经验的问题，暂时不能完全达到指纹那样的精确程度，但它已经被越来越多的国家认可为法庭科学的一项新技术。目前，许多国家已经把声纹鉴定作为辨认犯罪嫌疑人的重要手段，为侦查工作提供新的线索和证据。实战场景如下。

（1）在获得了犯罪嫌疑人的语声录音资料时，如在电话中进行的恐吓、勒索，或在其他性质的犯罪中录到了犯罪嫌疑人说话的声音，就可以通过收集嫌疑人的语音样本进行声纹鉴定，为认定或否定犯罪嫌疑人的罪行提供鉴定结论。

（2）在案件的侦讯或审理中，通过声纹鉴定可以审查录音证据材料的真伪。

（3）通过声纹分析，判断说话人的性别、年龄、方言（生活地区）特征，为侦查工作提供方向和范围。

目前国内利用声纹鉴定技术服务公安系统还未全面展开，最大的难点在于人员问题。国内鉴定专家人数较少，培养一个鉴定专家的周期较长，对鉴定人员的能力要求也比较高。智能声纹专家鉴定系统在声纹鉴定的全流程上融入了人工智能技术，化手动为自动，降低了对鉴定人员能力的要求，为鉴定专家减负，让专家投入结果复核和人员培养等更有价值的工作当中。该产品是声纹鉴定技术发展之路上的一个重要里程碑。图6－16所示为公安部认证的智能声纹应用专家和声纹采集设备。

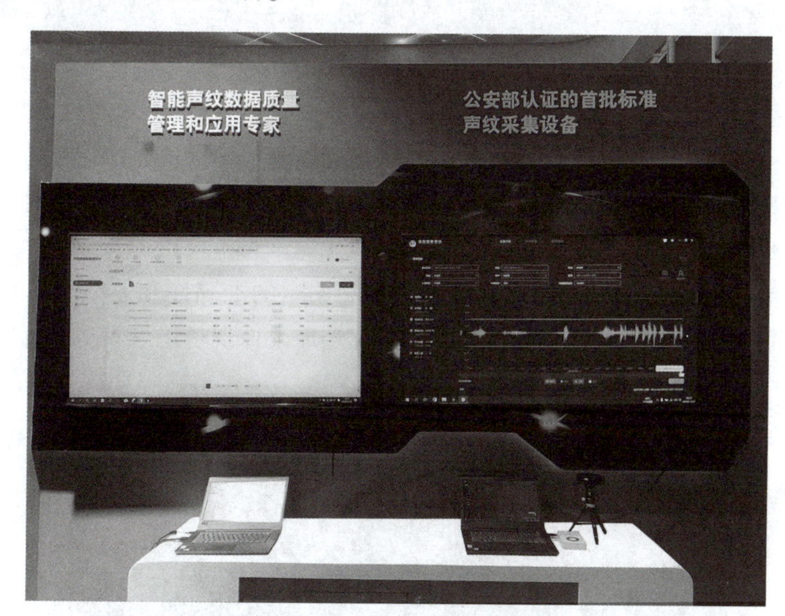

图6－16　公安部认证的智能声纹应用专家和声纹采集设备

6.4.2　智能声纹专家鉴定系统的功能

以往的声纹鉴定大多是一种辅助类工作，提供语谱图的分析和音频文件编辑等相关功能，从语谱图中找“证据”的工作还是依靠鉴定人员，对鉴定人员的能力要求比较高。人工智能、深度学习、高性能计算和大数据技术的迅速发展，推动了人工智能在声纹鉴定中的落地。智能声纹专家鉴定系统中加入了人工智能技术，创造性地加入音素自动标注、音素自动比对（图6－17）、自动降噪等特色功能，还具备区域播放和编辑、区域增益、支持130多种音视频文件导入和LPC图谱测量等常用功能。系统中音素自动比对功能，可快速自动搜索、比对、匹配样本与检材中的相同音素，相较于传统人耳听辨鉴定方式，效率可提高20倍以上。

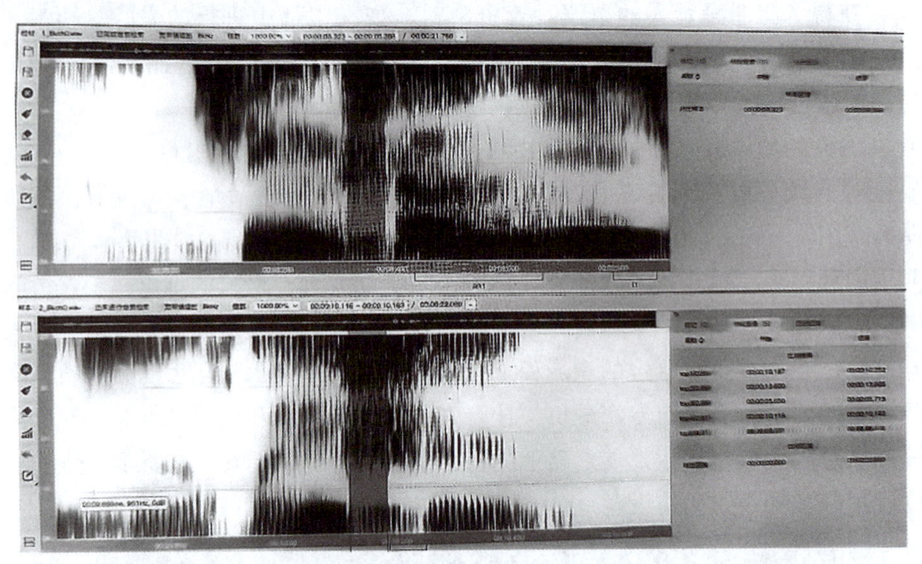

图 6－17　音素自动比对功能演示

智能声纹专家鉴定系统最终的产品规划是实现鉴定流程全自动、专家复核鉴定报告的方案。当样本与检材提交到鉴定系统后，系统会自动对两份音频进行处理和分析，最后给出鉴定报告。鉴定报告中会汇总并判断两份音频是否为同一人的证据，鉴定专家对给出的证据进行核实即可，将专家从烦琐且低价值的工作中解放出来。图 6－18 所示为声纹鉴定工作站，其能够帮助办案人员提供线索，帮助鉴定专家提高鉴定的准确性和效率。具有提高鉴定效率、为确定嫌疑人提供参考、文件篡改检测、迅速还原案件现场情景等功能价值。

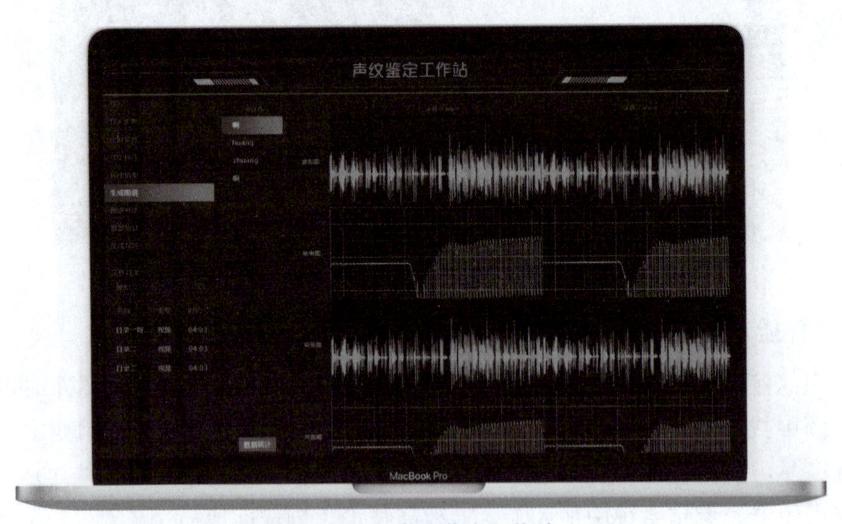

图 6－18　声纹鉴定工作站

6.4.3　智能声纹专家鉴定系统的推广与应用

智能声纹专家鉴定系统有音素自动标注、自动降噪、音素自动比对和创建鉴定报告等功能，覆盖了声纹鉴定的整个流程。其中，在音素标注、降噪和音素比对的工作过程中，引入了人工智能，系统自动识别完成，人工进行复核即可，减少了人工标注和比对的工作量，大大降低了学习声纹鉴定技术的门槛。本系统让学员在实际应用中快速入门，然后再深入学习基础理论，由浅入深，加快声纹鉴定技术的推广。智能声纹专家鉴定系统还提供了联网版本，可以在大规模教学时供学员使用，目前已经在中国人民公安大学得到实践验证，如图6－19所示。

图6－19　中国人民公安大学智能声纹实验室

"声纹鉴定专家工作站"是一套集语音降噪增强、语音完整性检验、语音同一性检验、声纹自动识别等强大功能于一体的软硬件结合工具，当今声纹技术已经成为刑事科学技术服务侦查破案新的增长点，将研发成果运用到刑事侦查工作中去将大大提升刑侦队伍的战斗力。图6－20所示为公安人员实操智能声纹专家鉴定系统。

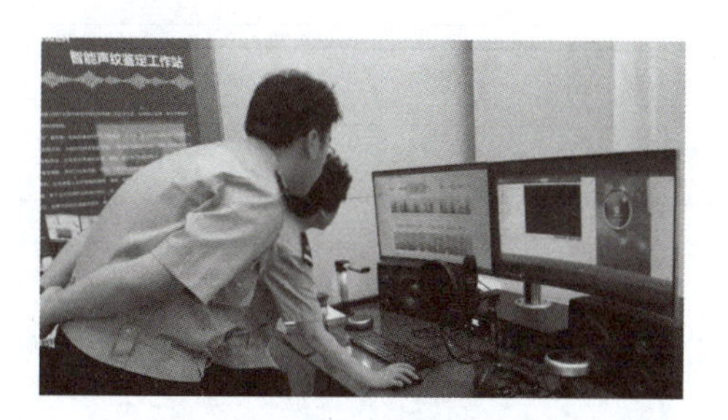

图6－20　公安人员实操智能声纹专家鉴定系统

小　结

专家系统经过多年的理论研究和实践，已经日渐成熟，并且已经应用于多个领域。到目前为止，专家系统已经为多个领域带来巨大的经济效益和社会影响。毫不夸张地说，在某些领域，专家系统在性能上甚至已经超过同领域人类专家的水平。未来的专家系统，能经由感应器直接由外界接收资料，也可由系统外的知识库获得资料，在推理机中，除推理外，还能拟定规划、模拟问题状况等。知识库所存的不只是静态的推论规则与事实，更有规划、分类、结构模式及行为模式等动态知识。未来的专家系统将与神经网络等其他人工智能技术结合。

本部分主要学习了何为专家系统、专家系统的特性和类型，以及专家系统的结构和工作流程。

习　题

1. 专家系统的缩写是（　　）。

A. EB　　B. ES　　C. SE　　D. BE

2. 以下不属于专家系统特点的是（　　）。

A. 完善性　　B. 快速性　　C. 专精性　　D. 短暂性

3. 能够根据过去和现在的信息（数据经验）推断可能发生的情况，属于（　　）专家系统。

A. 诊断型　　B. 解释型　　C. 预测型　　D. 监视型

4. 专家系统的核心是（　　）。

A. 解释器、人机交互界面　　B. 知识库、推理机

C. 知识库、综合数据库　　D. 推理机、人机交互界面

5. 用来确定知识的选择的是（　　）。

A. 控制策略　　B. 知识表示　　C. 推理方法　　D. 知识获取

任务记录单

任务名称	
实验日期	
姓名	
实施过程：	
任务收获：	

任务7

感受计算机视觉产品

（学习主题：计算机视觉）

任务导入

任务目标

1. 知识目标

能够阐述计算机视觉的概念；

能够理解计算机视觉的工作原理；

能够阐述计算机视觉在不同应用领域的功能。

2. 能力目标

能够在生活中识别出计算机视觉相关产品；

能够感受计算机视觉中的经典问题，拓宽学术视野。

3. 素质目标

提升严谨的专业作风；

培养高尚的职业道德。

任务要求

登录百度AI开放平台，在“开放能力”→“图像技术”→“车辆分析”→“车辆检测”技术模块，或直接输入网址 https://ai.baidu.com/tech/vehicle/detect。在功能演示部分，上传两张带有车辆的照片，用于测试“车辆检测”功能，如图7-1所示。可以进行多次测试，用截图与视频记录测试过程和测试效果。然后分析“车辆检测”技术可以在哪些产品当中应用。

提交形式

带有检测过程的截图或视频文件。

图 7-1 任务过程演示

提起计算机视觉，你会想到什么呢？是路边或者手机的摄像头？还是各种软件中的动态面部特效？图 7-2 所示是在城市道路中识别行人、车辆等信息。请你思考：计算机视觉是什么？计算机视觉技术被活跃应用在了哪些领域？你在生活中是否使用过相关产品？

图 7-2 在城市道路中识别行人、车辆等信息

认识计算机视觉

7.1 走近计算机视觉

7.1.1 何为计算机视觉

计算机视觉是一个综合性非常强的学科，它包括计算机科学、信号分析与处理、几何光学、应用数学、统计学和神经生理学等多个学科领域，是人工智能的一个重要分支，是近年来人工智能研究的热门领域。在人类的感知器官中，人类从外界获取的信息约有 80% 来自视觉系统，因此，对于人工智能的发展而言，赋予人工智能与人类相似的视觉功能是非常必要的。

计算机视觉就是利用摄像机、算法和计算资源（计算机、芯片、云等）为人工智能系统安上"眼睛"，让其可以拥有人类的双眼所具有的前景与背景分割、物体识别、目标跟踪、判断决策等功能。计算机视觉系统可以让计算机看见并理解这个世界的"信息"，从而替代人类完成重复性工作。

计算机视觉是一门研究如何使机器"看"的学科，更进一步说，就是指用摄影机和计算机代替人眼对目标进行识别、跟踪和测量，并进一步做图形处理，利用计算机处理成更适合人眼观察或传送给仪器检测的图像。作为一个科学学科，计算机视觉研究相关的理论和技术，试图建立能够从图像或者多维数据中获取"信息"的人工智能系统。因为感知可以看作是从感官信号中提取信息，所以计算机视觉也可以看作是研究如何使人工系统从图像或多维数据中"感知"的学科。

计算机视觉是使用计算机及相关设备对生物视觉的一种模拟。它的主要任务就是通过对采集的图片或视频进行处理，以获得相应场景的三维信息，就像人类和许多其他生物每天所做的那样。

7.1.2　计算机视觉的工作原理

计算机视觉是使用计算机及其相关设备对生物视觉的一种模拟，其通过对图像、视频等对象的处理获得相应的场景信息，让计算机能够实现或近似实现人的视觉功能。计算机视觉系统由图像数据层、特征描述层和知识获取层三层组成。计算机视觉系统框架如图7－3所示。

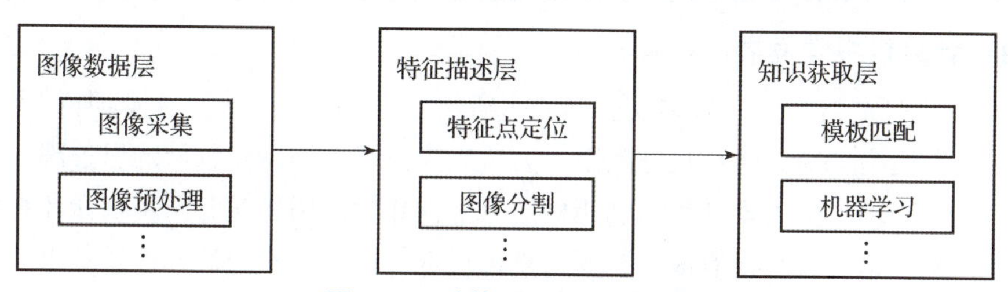

图7－3　计算机视觉系统框架

对于计算机视觉系统软件，除了必要的操作系统和驱动程序以外，其核心部分是图像处理和分析软件。应用在实时性场景中的计算机视觉系统对软件的处理速度有较高的要求，因此，过于复杂的算法对系统的整体配置要求较高。为降低配置，可开发计算简单且精度好的图像处理算法。计算机视觉系统软件的功能主要包括图像采集、图像处理、图像分析等。对于需要以图像处理结果作为依据进行输出的系统，还应具有通信模块。计算机视觉系统软件的构成如图7－4所示。

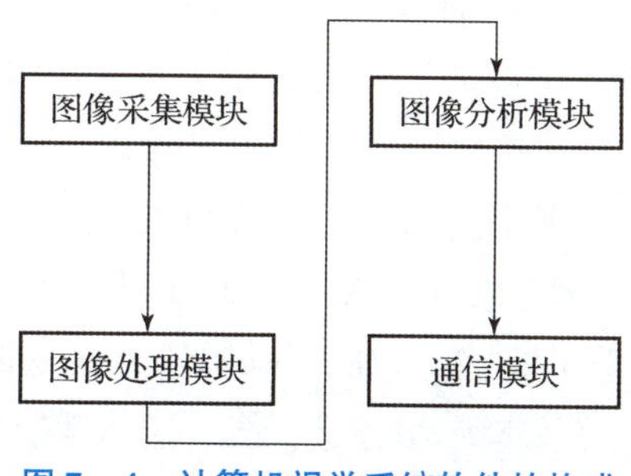

图7－4　计算机视觉系统软件的构成

计算机视觉的工作原理如图 7 – 5 所示。

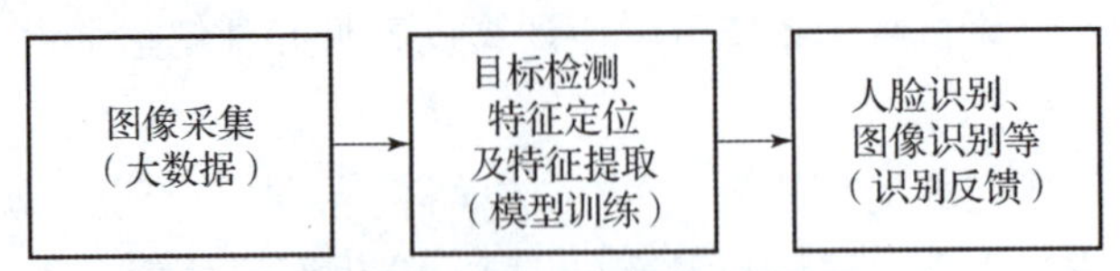

图 7 – 5　计算机视觉的工作原理

首先，计算机采集的图像分为两类：一类为静态内容，以图片为主；另一类为动态内容，包括视频和实景。其中，实景需要利用传感器技术进行采集编码。然后，对采集到的信息进行目标检测、特征定位及特征提取，给定相应的数据和标签，将其提交到学习平台上进行模型训练，提高识别的精度。最后，经过大量的训练后，使计算机能够给予相应的识别反馈，主要有人脸、图像、手势等。目前计算机视觉主要停留在感知的表层，其识别的广度和深度还需要进一步挖掘。

7.2　计算机视觉发展史

计算机视觉真正诞生的时间是 1966 年，在麻省理工学院（MIT）人工智能实验室成立了计算机视觉学科，这标志着计算机视觉成为一门人工智能领域中的可研究学科，同时，历史的发展也证明了计算机视觉是人工智能领域中增长速度最快的一个学科。

7.2.1　计算机视觉发展历程

1966 年，当时在 MIT 人工智能实验室的明斯基发起了一个“暑期视觉项目”。目的是集中暑假的闲散劳动力解决计算机视觉问题，力争成为模式识别研发领域的里程碑。其实最初只是让组里的一个本科生去把计算机和相机连起来，并尝试用暑假时间实现让计算机描述看到了什么。当然，这个项目没有成功，而计算机视觉作为一个专门研究课题却出现在了历史的舞台上。

从有了计算机视觉的相关研究开始，一直到 20 世纪 70 年代，人们关心的热点都偏向图像内容的建模，如三维建模、立体视觉等。比较有代表性的弹簧模型和广义圆柱体模型就是在这个时期被提出来的。

到了 20 世纪 70 年代末，计算机视觉领域的一位超重量级人物诞生了。马尔是一名神经生理学家和心理学家，在 20 世纪 70 年代以前他并没有专门研究过视觉。从 1972 年开始，他转向研究视觉处理并于 1973 年受到邀请进入了 MIT 人工智能实验室工作。1977 年，马尔被检查出患了白血病，这个突如其来的打击并没有让他陷入消沉，而是迫使他开始整理自己在视觉理论框架上的研究。1979 年夏天，马尔完成了自己的视觉计算理论框架的梳理，并初步整理成一本书。1980 年，马尔获得了 MIT 的终身教职，成为教授。

马尔在《视觉计算理论》一书中提出了对计算机视觉非常重要的观点：人类视觉的主要功能是通过大脑进行一系列处理和变换，来复原真实世界中三维场景，并且这种神经系统里的信息处理过程是可以用计算的方式重现的。马尔认为这种重现分为三个层次：理论、算法和硬件实现，并且算法也分为基本元素（点、线、边缘等）、2.5 维和 3 维三个步骤。尽管从今天来看马尔的理论存在着一些不合理的地方，但在当时却开启了计算机视觉作为一门正式学科的研究。从 1987 年开始，国际计算机视觉大会（IEEE International Conference on Computer Vision，ICCV）开始给计算机视觉领域做出重要贡献的人颁发奖项，奖项名字就叫作马尔奖。

在视觉计算理论提出后，计算机视觉在 20 世纪 80 年代进入了最蓬勃发展的一个时期。主动视觉理论和定性视觉理论等都在这个时期被提出，这些理论认为人类的视觉重建过程并不是马尔理论中那样直接，而是主动的，有目的性和选择性的。

从 20 世纪 80 年代进入 20 世纪 90 年代，伴随着各种机器学习算法的全面开花，机器学习开始成为计算机视觉，尤其是识别、检测和分类等应用中一个不可分割的重要工具。各种识别和检测算法迎来了大发展。尤其是人脸识别在这个时期迎来了一个研究的小高潮。各种用来描述图像特征的算子也不停地被发明出来。另外，伴随着计算机视觉在交通和医疗等工业领域的应用越来越多，其他一些基础视觉研究方向，如跟踪算法、图像分割等，在这个时期也有了一定的发展。

进入 21 世纪之后，计算机视觉已经俨然成为计算机领域的一个大学科了。国际计算机视觉与模式识别会议（IEEE Conference on Computer Vision and Pattern Recognition，CVPR）和前面提到的 ICCV 等会议已经是人工智能领域，甚至是整个计算机领域内的大型盛会。

7.2.2　发展计算机视觉的必要性

计算机视觉系统技术能够提高识别的灵活性和自动化程度，它不仅是人眼的简单延伸，而且从客观的图像中提取出了重点信息，并对所需要的部分进行了处理与理解，最终用于实际检测、测量和控制。

计算机视觉的最大优点是其在实现过程中观测者与被观测对象无直接接触，因此，对观测者和被观测对象都不会产生任何损害。计算机视觉系统可以快速获取大量信息，而且易于对其进行自动处理，也易于将设计信息及加工控制信息集成，用计算机视觉检测方法可以大大提高生产效率和生产的自动化程度。

计算机视觉技术如今已经被广泛应用于多个领域，可以说只要是需要人眼观测的场合，都可以使用计算机视觉技术。在一些人眼可以观测，但环境比较危险的场合，使用计算机视觉技术可以避免人类以身涉险。另外，在一些人眼无法观测的区域，或者人眼无法感知的场合，计算机视觉技术的优越性就更能显现出来了。计算机视觉和人眼的对比见表 7－1。

表 7－1　计算机视觉和人眼的对比

项目	计算机视觉	人眼
检测范围	肉眼可见的物质及红外线、超声波等可见的物质	肉眼可见的物质
成本	工作效率高，无生病、休假、疲劳等情况，成本低	需要休息的时间，成本较高
速度	能更快地检测产品，并且可用来检测一些人眼无法分辨的高速运动的物体	反应较慢，易受人的年龄或环境因素影响，不稳定

续表

项目	计算机视觉	人眼
客观性	检测结果不受外界其他因素影响，客观性强	检测结果受人的情绪影响大，不客观
重复性	检测方式固定，对同一产品的同一特征进行检测时，结果相同	对同一产品的同一特征进行检测时，结果可能不同
准确性	精度高，硬件更新后，精度会更高	受生理条件限制，精度低

计算机视觉系统与人眼相比，拥有更快的检测速度、更高的精度和可重复性等优势，擅长对结构化场景进行定量测量，擅长在固定的场所进行高强度的检测工作。例如，在生产流水线上，计算机视觉系统每分钟能够对成百上千个元件进行检测。配备适当分辨率的相机和光学元件后，计算机视觉系统能够轻松检测小到人眼无法看到的物品细节特征。随着科技的发展，计算机视觉的应用前景越来越好。计算机视觉在应用中的优势见表 7－2。

表 7－2　计算机视觉在应用中的优势

计算机视觉应用	计算机视觉在应用中的优势
检验、测量、计算、加量和装配验证	提高质量，降低废品率
由计算机视觉代替人工执行重复性任务	提高生产效率
提高机器性能，避免机器过早报废	降低设备成本
光学字符识别和计算机识别	控制库存
与操作员相比，能尽早检测到产品瑕疵	降低生产成本，减少车间占用空间
由计算机视觉引导和预先操作验证	提高生产灵活性
预先进行工件转换编程	缩短机器停机时间，缩短设置时间
提供计算机数据反馈	更全面的信息反馈和更严格的流程控制

计算机视觉利用图像处理技术对采集到的图像进行处理，以得到所需信息，图像采集、传输、处理及理解等各个环节都会对结果产生影响，因此，要获得满意的结果，必须要解决上述环节中可能遇到的问题。

1. 图像多义性

当利用摄像机采集现实世界中的三维场景或物体的图像时，会将三维信息转换为二维信息，因此，三维场景或物体的深度信息和不可见部分的信息可能会丢失，并且对同一物体在不同方位采集到的图像也会存在很大不同。

2. 环境因素

计算机视觉检测系统或周围环境等诸多因素都会对生成的图像产生影响，这些因素包括照明条件、电流电压抖动、系统振动、物体几何形状、物体表面颜色、摄像机参数模型等。

3. 知识结构

人们对同一幅图像的理解往往受到其知识结构的影响，同一幅图像在拥有不同知识结构的人面前所呈现出的信息是不一样的。

4. 数据量

通常情况下，图像的数据量非常庞大，因此，对存储空间和数据传输速度的要求也非常苛刻。

在计算机视觉领域有以上几个问题的情况下，要想长期、稳定、健康地发展计算机视觉技术，必须做到在进一步提高处理精度的同时，着重解决处理速度问题；同时，加强软件研究、开发新的处理方法，特别要注意移植和借鉴其他学科的技术与研究成果，创造新的处理方法；还要加强边缘学科的研究工作，促进计算机视觉技术的发展；最终使计算机更加智能化，使其能按人的认识和思维方式工作。

7.3　计算机视觉的经典问题及应用领域

计算机视觉的经典问题及应用领域

计算机视觉就是用各种成像系统代替视觉器官作为输入敏感手段，由计算机来代替大脑来完成处理和解释。计算机视觉的最终研究目标，就是使计算机能像人那样通过视觉观察和理解世界，具有自主适应环境的能力。这要经过长期的努力才能达到目标，因此，在实现最终目标以前，人们努力的中期目标是建立一种视觉系统，这个系统能依据视觉敏感和反馈的某种程度的智能来完成一定的任务。例如，计算机视觉的一个重要应用领域就是自主车辆的视觉导航，还没有条件实现像人那样能识别和理解任何环境、完成自主导航的系统。因此，人们努力研究的目标是实现在高速公路上具有道路跟踪能力，可避免与前方车辆碰撞的视觉辅助驾驶系统。

7.3.1　计算机视觉的经典问题

在计算机视觉系统中，计算机起代替人脑的作用，但这并不意味着计算机必须按人类视觉的方法完成视觉信息的处理。计算机视觉可以根据计算机系统的特点来进行视觉信息的处理。下面对计算机视觉的几个经典问题进行简单介绍。

1. 数字图像处理

数字图像处理是指借助计算机强大的运算能力，运用去噪、特征提取、增强等技术对数字形式存储的图像进行加工、处理。数字图像处理的方便性和灵活性，以及现代计算机的广泛普及，使得数字图像处理技术成为图像处理技术的主流。

数字图像处理的一般步骤为图像信息的获取、图像信息的存储、图像信息的处理、图像信息的传输、图像信息的展示等。目前常见的数字图像处理方法包括图像的数字化、编码、增强、恢复、变换、压缩、存储、传输、分析、识别、分割等。

1）图像变换

数字图像处理的实质是以二维矩阵进行各种运算和处理，也就是说，将原始图像变为目标图像的过程，实质上是由一个矩阵变为另一个矩阵的数学过程。由于图像矩阵很大，直接在空间域中进行处理，计算量较大，因此，需要采用合适的变换方法对图像进行转换，将图像从空间域转换到其他领域进行处理，如傅里叶变换、离散余弦变换等频域变换技术。通过图像变换可以大幅减少图像处理过程的计算量，同时有助于应用更有效的图像处理技术。

2）图像压缩编码

图像压缩编技术的目的在于减少描述图像的数据量，以减小图像在传输、处理过程中所占的存储空间。图像的压缩本身属于一种有损压缩，保证压缩后的图像不失真，并且能获得较高的压缩比率是这一领域的核心问题。编码技术是压缩中最重要的步骤，在图像处理中是发展较早且较为成熟的技术，如 JPEG 编码技术等。

3）图像增强和复原

图像增强和复原的目的是提高图像的质量，常用的平滑、模糊及锐化等处理就属于这部分内容研究的范围。图像增强是指当无法得知与图像退化有关的定量信息时，强化图像中的某些分量。图像增强技术较为主观地改善了图像的质量并将突出图像中人们所感兴趣的部分。图像复原是指当造成图像退化或降质的原因已知时，通过复原技术来进行图像的校正。图 7－6 所示为利用图像复原技术复原的兵马俑影像。

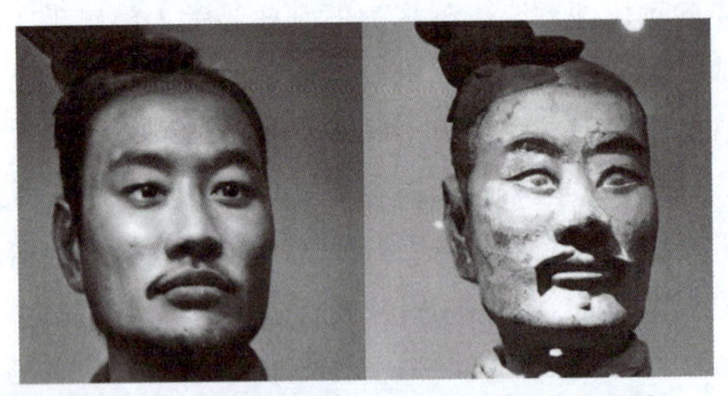

图 7－6　利用图像复原技术复原的兵马俑影像

4）图像分割

图像分割的主要目的是对图像中有意义的特征部分进行提取。有意义的特征包括图像中的边缘和区域等，是进行图像识别、分析和理解技术的基础。在图像分割的基础上，形成图像的区域、边缘特征描述，借助模式识别相关技术，完成图像的语义分析和理解。虽然已研究出多种边缘提取、区域分割的方法，但还没有一种普遍适用于各种图像的有效方法。因此，对图像分割的研究还在不断深入中，是图像处理领域中的研究热点之一。图 7－7 所示为进行图像分割处理后的效果。

图 7－7　进行图像分割处理后的效果

5）图像的识别与检测

图像识别是模式识别领域中的重要技术之一，其主要目标是对图像的类型进行判别或者对图像中出现的物体进行检测和识别。图像识别的一般步骤是：首先进行图像特征提取和描述，然后使用模式识别相关技术进行分类器或检测器的训练，最后对目标图像进行分类和识别。图7－8所示为图像识别与检测效果。

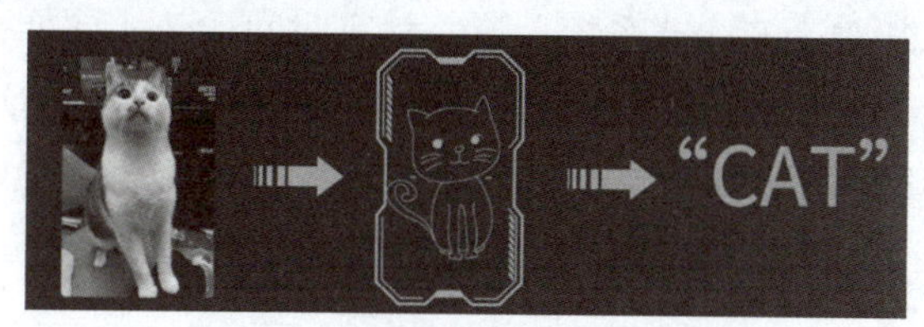

图7－8　图像识别与检测效果

2. 目标检测

目标检测的任务是找出图像中所有感兴趣的目标，并确定它们的位置和类别。由于各类物体有不同的形状、姿态，加上成像时受光照、遮挡等因素的干扰，目标检测一直是计算机视觉领域最严峻的挑战之一。

目标检测与识别可以将图像或者视频中感兴趣的物体与不感兴趣的部分区分开；判断是否存在目标；确定目标的位置；进一步识别确定的目标等。广泛应用于机器人导航、工业检测、航空航天等诸多领域。同时，目标检测也是身份识别领域的一个基础性的算法，对后续的人脸识别、步态识别、人群计数、实例分割等任务起着至关重要的作用。图7－9所示为目标检测效果图。

图7－9　目标检测效果图

目前目标检测算法主要包括基于候选区域的卷积神经网络算法及基于回归方法的卷积神经网络算法。

1）基于候选区域的深度卷积神经网络算法

该算法是一种将深度卷积神经网络和区域推荐相结合的物体检测方法，也可以叫作两阶段目标检测算法。第一阶段完成区域框的推荐，第二阶段是对区域框进行目标识别。区域框推荐算法提供了很好的区域选择方案，使用图像中的颜色、纹理、边缘等图像特征信息作为目标区域推荐的依据，预先在图像中找出可能会出现目标的位置。这种有针对性地选取目标区域，可保证在选取较少区域框的情况下仍然保持很高的召回率，从而降低了时间复杂度。在推荐候选区域框之后，对该候选区域框内的图像进行提取特征，最后进行图像的分类工作。

2）基于回归的目标检测算法

目前，在深度卷积神经网络的物体检测方面，Faster R－CNN 是应用比较广泛的检测方法之一，但是由于网络结构参数的计算量大，导致其检测速度慢，从而不能达到某些应用领域实时检测的要求。尤其对于嵌入式系统，所需计算时间太长。同样，许多方法都是以牺牲检测精度为代价来换取检测速度的。为了解决精度与速度的问题，YOLO 与 SSD 方法应运而生，此类方法使用基于回归方法的思想，直接在输入图像的多个位置中回归出这个位置的区域框坐标和物体类别。

3. 视觉跟踪技术

视觉跟踪技术可以进行目标运动轨迹特征的分析和提取，以弥补目标检测的不足；有效地去除误检，提高检测精度，为进一步的行为分析提供基础。例如，在自动驾驶系统中，要利用视觉跟踪技术对运动的车、行人等目标进行跟踪，根据运动轨迹对它在未来的位置、速度等信息做出预判。图 7－10 所示为对人的运动轨迹和速度进行跟踪与判断。

图 7－10　对人的运动轨迹和速度进行跟踪与判断

根据场景中运动目标的数量、摄像机的数量、是否有相对运动、运动类型及运动获取途径的不同等，可以将视觉跟踪问题分为许多类，而处理这些问题的思路大致可归结为两种：一种是不依赖于先验知识，直接从图像序列中获得目标的运动信息并进行跟踪；另一种是依赖于所构建的模型或先验知识，在图像序列中进行匹配运算。利用先验知识对视觉跟踪问题建立模型，然后利用实际图像序列。验证模型正确性的方法具有坚实的数学理论基础，可以采用多种数学工具，一直是理论界研究视觉跟踪问题的主流方法。常见的视觉跟踪方法如下。

1）基于运动矢量的方法

由于运动目标在图像中具有一定的运动特征，而对某时间段内运动性质一致的点进行归类，可以开展跟踪研究。光流法就是应用最为普遍的一种基于运动矢量的方法。该方法假设在相邻图像帧上物体同一点的像素灰度保持恒定不变，并利用灰度空间偏导数推导出计算光流场的基本等式。

2）基于模板匹配的方法

该方法的关键是如何描述图像特征、如何评价模板与搜索区域内待匹配部分的相似度及如何进行有效搜索。由于灰度图像特征一般出现在边界上，而彩色图像在不同区域内具有不同颜色特征，还有一些图像具备特殊的纹理特征，因此，基于边缘信息和目标区域的颜色及纹理特征信息的处理是基于模板匹配的方法的主要处理思路。

3）基于滤波的方法

滤波是指从混合信号中提取出感兴趣的部分。对于无明显变化规律的随机信号，即使在环境相同、初值相同条件下，信号每次的实现都不一样，无法根据频谱进行滤波。虽然早先的研究表明在理论上可以通过功率谱特性进行滤波，但此类滤波器难以实现，很难应用到实际场合中。卡尔曼滤波是一种时域上的线性最小方差估计方法，该方法引入了现代控制理论中的状态空间思想，由于采用递推计算，因此，卡尔曼滤波在计算机实现、时变系统、非平稳信号和多维信号处理上具有优势。

视觉跟踪技术的研究难点包括外观变形、光照变化、快速运动和运动模糊、背景相似干扰、平面外旋转、平面内旋转、尺度变化、遮挡和出视野等。当视觉跟踪技术投入实际应用时，实时性也是需要考虑的重要因素。

4. 自动导航技术

导航是一种为运载体航行提供连续、安全、可靠服务的技术，作用是引导飞机等运载体安全、准确地沿着选定路线到达目的地，任务是为运载体提供实时的位置信息，因此，其最基本的功能就是定位。按照导航信息的获取方式，导航系统主要可分为惯性导航系统、天文导航系统、计算机视觉导航系统等。其中，基于计算机视觉技术的自动导航通过 CCD 摄像机等成像装置获取图像，进而对图像进行分析、理解，获取运动目标位姿等导航信息。该技术处于多学科的交叉领域，与图像处理等学科有较强联系，可用于地面、水下、天空、太空等空间的导航任务。图 7－11 所示为计算机视觉自动导航技术的应用。

图 7－11　计算机视觉自动导航技术的应用

按照传感器类型，导航系统可分为被动视觉导航系统（应用 CCD 摄像机、照相机等）和主动视觉导航系统（应用激光、雷达、声呐等）；按照对地图的依赖程度，导航系统可分为基于地图的导航系统、无地图导航系统及同时建立地图的导航系统。近年来，使用 CCD 摄像机进行计算机视觉导航的方法逐渐得到重视。

1）基于地图的导航系统

该系统发展较早，最初利用投影关系将环境中的突出特征标注在地图上，涉及避障技术、人工智能技术、自然地标相对定位算法、与运动目标保持相对不变的特征提取技术、基于地面特征标志的位姿测量技术、三角测量误差建模技术等。

2）无地图导航系统

该系统主要针对目标的特征进行跟踪，其中基于光流向量的视觉导航方法涉及光流场方法、利用阵列相机的避障技术等；基于特征跟踪的视觉导航方法涉及特征提取，如室内地面角点特征跟踪技术等。

3）同时建立地图的导航系统

该系统通过视觉传感装置获得对环境地图的全局、局部或特征描述，从而实现定位。随着研究的深入，即时定位与地图构建方法（Simultaneous Localization and Mapping，SLAM）被提出，其能够解决目标在未知环境中的实时定位，以及地图建立的问题，即从视觉信息中逐步恢复摄像机运动与环境特征的位置。该方法涉及基于地标特征的定位技术、构建基于概率的稀疏特征地图进行实时跟踪的技术、人工引导建立地图后自动规划最优路径的训练导航技术、在线建立地图并实时检测与避障技术、未知环境中二维地图构建技术等。

5. 文字识别

图像文字识别（Optical Character Recognition，ORC）是人工智能的重要分支，赋予计算机人眼的功能，使其可以看图识字。图像文字识别系统流程一般分为图像采集、文字检测、文字识别及结果输出四部分。

卷积神经网络（Convolutional Neural Network，CNN）是图像识别的主要方法，也同样适用于字符的识别。但文本识别不同于其他的图像识别，文本行的字符间是一个序列，彼此之间有一定的关系，同一文本行上的不同字符可以互相利用上下文信息。因此，可以采用处理序列的方法例如循环神经网络（Recurrent Neural Network，RNN）来表示。CNN 和 RNN 两种网络相结合可以提高识别精度，CNN 用来提取图像的深度特征，RNN 用来对序列的特征进行识别，以符合文本序列的性质，从而形成统一的端到端可训练模型。图 7－12 所示为文字识别效果。

利用计算机自动识别字符的技术是计算机视觉技术的重要应用。人们在生产和生活中要处理大量的文字、报表和文本。为了减轻工作量，提高文字处理效率，从 20 世纪 50 年代起就开始探讨文字识别的方法，并研制出了光学字符识别器。文字识别在许多领域都有着重要的应用，例如阅读、翻译、文献资料的检索、信件和包裹的分拣、稿件的编辑和校对、统计报表和卡片的汇总与分析、银行支票的处理、商品发票的统计汇总、商品编码的识别、商品仓库的管理，以及水、电、煤气、房租、人身保险等费用的征收业务中信用卡片的自动处理和办公室打字员工作的局部自动化等，总而言之，文字识别技术的应用可以提高各行各业的工作效率。

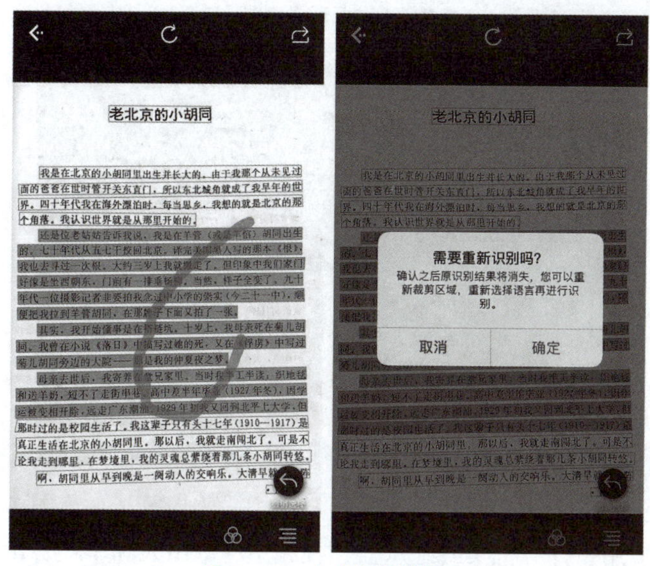

图7－12　文字识别效果

7.3.2　计算机视觉的应用领域

计算机视觉是一门关于如何运用照相机和计算机来获取我们所需的、被拍摄对象的数据与信息的学问。形象地说，就是给计算机安装上眼睛（照相机）和大脑（算法），让计算机能够感知环境。不难想象，具有视觉的机器的应用前景能有多么宽广。

1. 安防领域

安防是最早应用计算机视觉的领域之一。人脸识别和指纹识别在许多国家的公共安全系统里都有应用，因为公共安全部门拥有真正意义上最大的人脸库和指纹库。常见的应用有利用人脸库和公共摄像头对犯罪嫌疑人进行识别和布控，如利用公共摄像头捕捉到的画面，在其中查找可能出现的犯罪嫌疑人，用超分辨率技术对图像进行修复，并自动或辅助人工进行识别，以追踪犯罪嫌疑人的踪迹；将犯罪嫌疑人照片在身份库中进行检索，以确定犯罪嫌疑人身份也是常见的应用之一；移动检测也是计算机视觉在安防中的重要应用，利用摄像头监控画面移动用于防盗或者劳教和监狱的监控。图7－13所示为计算机视觉在安防领域的应用。

图7－13　计算机视觉在安防领域的应用

2. 交通领域

提到交通方面的应用，一般人应该立刻就想到了违章拍照，利用计算机视觉技术对违章车辆的照片进行分析，提取车牌号码并记录在案。这是大家都熟知的一项应用。此外，很多停车场和收费站也用到车牌识别。图 7－14 所示为利用计算机视觉技术实现车牌识别。

图 7－14　利用计算机视觉技术实现车牌识别

还有利用摄像头分析交通拥堵状况或进行隧道桥梁监控等技术。图 7－15 所示为计算机视觉在交通领域的应用。计算机实时地从监控视频中检测出人和车辆，用来判断行人和车辆是否违反交通规则。同时，也可以统计某一区域人流量和车流量。

图 7－15　计算机视觉在交通领域的应用

前面说的是道路应用，针对汽车和驾驶的计算机视觉技术也有很多，如车辆识别、车距识别以及无人驾驶等。图 7－16 所示为车距识别效果。

图 7－16　车距识别效果

3. 工业生产领域

工业生产领域也是最早应用计算机视觉技术的领域之一。如利用摄像头拍摄的图片对部件长度进行非精密测量；利用识别技术识别工业部件上的缺陷和划痕等；对生产线上的产品进行自动识别和分类用来筛选不合格产品；通过不同角度的照片重建零部件三维模型。图 7－17 所示为计算机视觉在工业生产领域中的应用。图 7－18 所示为利用计算机视觉技术识别生产工人着装是否合格。

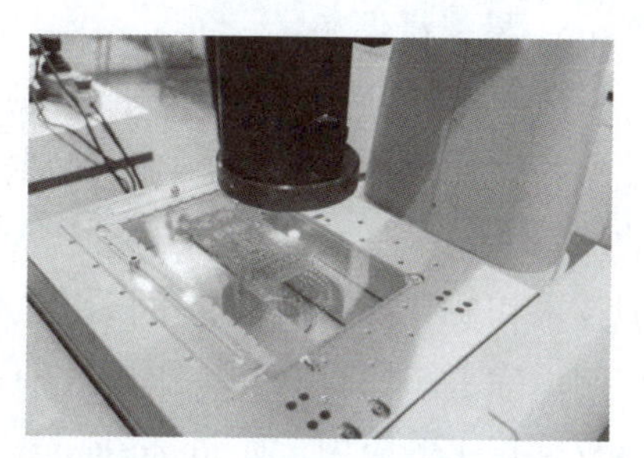

图 7－17　计算机视觉在工业生产领域中的应用

图 7－18　利用计算机视觉技术识别生产工人着装是否合格

4. 游戏娱乐领域

在游戏娱乐领域，计算机视觉的主要应用是体感游戏。在体感游戏设备上会用到一种特殊的深度摄像头，用于返回场景到摄像头距离的信息，从而用于三维重建或辅助识别，这种办法比常见的双目视觉技术更加可靠、实用。此外，还有手势识别、人脸识别、人体姿态识别等技术，用来接收玩家指令或者和玩家互动。图 7－19 所示为计算机视觉在体感游戏中的应用。

图 7－19　计算机视觉在体感游戏中的应用

5. 摄影摄像领域

数码相机诞生后，计算机视觉技术就开始应用于消费电子领域的照相机和摄像机上。最常见的就是人脸，尤其是笑脸识别，不需要再喊“茄子”，只要露出微笑，就会捕捉下美好的瞬间。新手照相也不用担心对焦不准，相机会自动识别出人脸并对焦。手抖的问题也在机械技术和视觉技术结合的手段下，得到了一定程度的控制。除了图像获取外，图像后期处理也有很多计算机视觉技术的应用，如 Photoshop 中的图像分割技术和抠图技术，高动态范围技术用于美化照片，利用图像拼接算法创建全景照片等。图 7－20 所示为计算机视觉在摄影摄像领域中的应用。

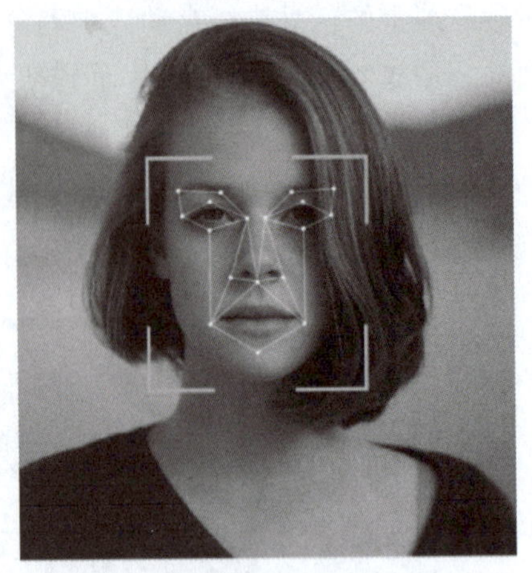

图 7－20　计算机视觉在摄影摄像领域中的应用

6. 体育领域

高速摄像系统已经普遍用于竞技体育中。例如球类运动中结合时间数据和计算机视觉的进球判断、落点判断、出界判断等。基于视觉技术对人体动作进行捕捉和分析也是一个活跃的研究方向。图 7－21 所示为利用计算机视觉技术辅助判断乒乓球落点。

图 7－21　利用计算机视觉技术辅助判断乒乓球落点

7. 医疗领域

医学影像是医疗领域一个非常活跃的研究方向，各种影像和视觉技术在这个领域中至关重要。计算断层成像（Computed Tomography，CT）和磁共振成像（Magnetic Resonance Imaging，MRI）中重建三维图像，并进行一些三维表面渲染，都涉及一些计算机视觉的基础手段。细胞识别和肿瘤识别用于辅助诊断，一些细胞或者体液中小型颗粒物的识别，还可以用来量化分析血液或其他体液中的指标。图 7－22 所示为计算机视觉在医疗领域中的应用。利用计算机视觉和医学影像分析技术，对患者的影像资料进行识别检测，智能标注病灶关键信息，给出初步诊断结果，助力影像医生诊断效率的大幅提升。

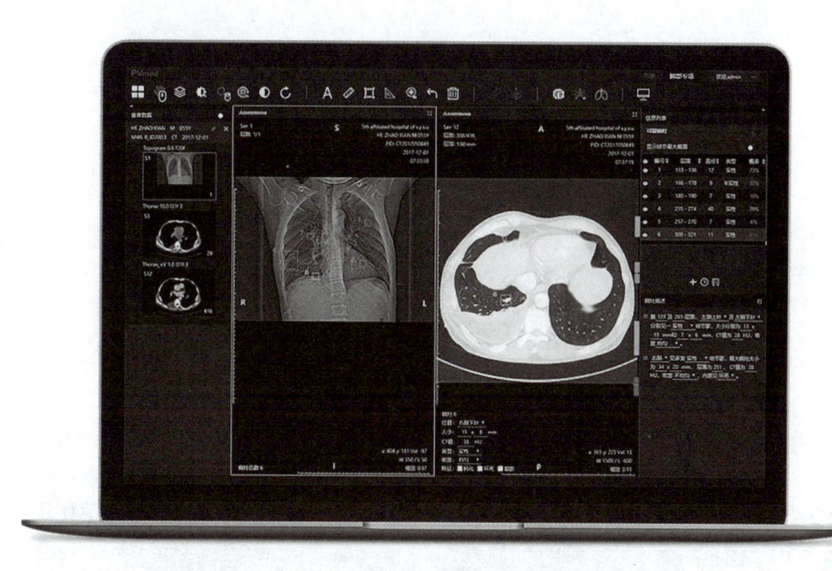

图 7－22　计算机视觉在医疗领域中的应用

7.4　计算机视觉应用案例——端到端智慧平安社区

计算机视觉的应用案例有很多，这里以端到端智慧平安社区为例进行介绍。

7.4.1　端到端智慧平安社区的技术突破

端到端智慧平安社区是视觉伟业智能科技有限公司“智慧社区”业务的典型代表。基于人防、车防、技防、服务四合一的安防与服务理念，通过车牌云摄像机、人脸抓拍摄像头、人脸识别门禁一体机、人脸支付终端、智能遥控车位锁等硬件设施，以及手机 APP、小程序等，通过智能开放云平台的技术支撑，实现车牌识别、人脸识别、人车黑名单布控、人车行为检测、车位分时共享、车位认证、人脸支付等多种安防和服务功能。

本产品运用大数据、人脸识别等技术手段，整合利用资源，将人员进出的区域、类型、规律和行为进行识别、分析、定位。建立有效的预警措施、区域管理和安全规范，提供社区人员精细化管理和决策数据，提升社区管理水平。

通过深度学习的智能开放云平台，社区管理全面实现数据化、可视化、集中化、智能化，管理者通过高度集成的屏幕，即可实现人群动态可视联动、管控人员动态跟踪、异常状态实时报警、到访人员分级授权等各类管控，极大提升了小区人口管理及安防预警工作效率。同时，通过车位分时共享、周边商业人脸支付等服务内容，让小区管理方与业主共同获益。

7.4.2　端到端智慧平安社区的应用介绍

视觉伟业端到端智慧平安社区的核心内容包含人脸识别门禁一体机和智慧社区管理平台。人脸识别门禁一体机如图 7－23 所示，除了常规的“刷脸”开门、手机开门、密码开门、刷卡开门、远程开门、视频语音开门、图像存储等功能外，还融合了人脸识别等人工智能先进的技术，通过接入其他摄像机，对门内外环境进行录像，防止尾随人员进入。

图 7－23　人脸识别门禁一体机

智慧社区管理平台如图 7－24 所示，对社区的管理主要体现在以下几个方面。

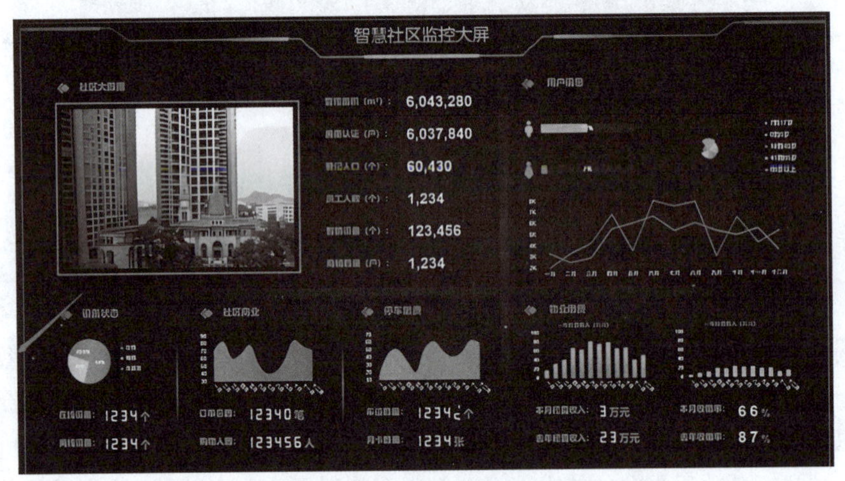

图 7－24　智慧社区管理平台

1. “一人一档”的人口管理

包含人员照片、基本信息、标签信息，以及与此人关联的房屋、车辆、人脸抓拍、开门记录、告警事件等，有效协助社区民警对于小区人员各类信息的全面掌控及动态跟踪。

2. “一屋一档”的房屋管理

展示某一户的综合信息，包含该户所住的所有人员列表、每人与户主的关系、该户的车辆信息等。

3. “一车一档”的车辆管理

建立车主信息图谱，包含时间跨度、抓拍次数、无抓拍天数等，提供预警预判信息情况与人口、房屋等信息深度关联，社区停车资源信息发布，停车诱导逐级发布，潮汐停车诱导管理。

4. 特殊人群的管理

社区的数据后台接入公安执法机关的人口信息数据平台，所采集到的社区数据，同步实现数据的详细分类，并针对不同人群结合不同的警务需求做应用级的深度定制，系统绘制特殊人群活动轨迹，自动分析人员活动规律，一旦发现异常，及时预警。

5. 社区立体化管理

利用高空视频机、视频门禁、小区原有的视频监控联动互补，实现立体化视频防控体系管理，真正做到让小区的视频全覆盖，无盲区、无死角。

目前，视觉伟业端到端智慧社区已进入中国 25 个省份、全球 125 个城市，服务过亿人口。视觉伟业端到端智慧平安社区解决方案得到了来自公安、金融等多机构客户的充分认可，已在湖南长沙与招商银行长沙分行全面展开智慧平安社区建设工作。在深圳福田、罗湖两个区，视觉伟业端到端智慧社区已在多个社区实行试点。未来计划中，视觉伟业将全力配合广东省公安厅、深圳市公安局对深圳 1 427 个城中村、20 余万栋小区以及珠海、汕头两市部分社区进行视频门禁改造，助力智慧平安社区建设。

视觉伟业研发的端到端智慧平安社区相关软、硬件产品基于人工智能人脸和车牌识别算法、物联网、视频分析以及大数据技术，针对社区人员进出管控、车辆进出管控以及特殊事件处理提出的针对性解决方案，最大限度地整合社区资源，使得社区管理的智能化程度大大提高。相关产品自大面积推广上线以来，已成功服务于上千个社区，使社区的管理水平得到有效提升。

小　　结

计算机视觉就是使用光学非接触式感应设备自动接收并解释真实场景中的图像，以获得信息来控制机器或流程的技术。简单来说，计算机视觉就是利用计算机或其他机器设备来模拟人类的视觉功能进行测量和判断，实现对客观世界三维场景的感知、识别和理解，最终用于实际检测、测量和控制的技术。在某些场景下，计算机视觉有超越人眼功能的优势。

计算机技术、数字技术的迅猛发展及图像处理与识别理论的完善，给计算机视觉技术提供了先进的技术手段和理论支持，促进了计算机视觉理论的发展，具有数据量大、运算速度快、算法严密、可靠性强、集成度高、智能性强等特点的计算机视觉系统在社会生产和生活中的应用越来越受到人们的重视。

随着人类对视觉认识的逐步深入和计算机的飞速发展，让计算机代替人类进行视觉分析成为未来的发展趋势，而且在将人类的识别功能赋予计算机的这一过程中，研究人员必然要对人类的视觉进行更加深刻的研究，从而帮助我们理解更多的人类视觉成像原理，推动人类科学的发展和变革。

本任务主要学习了何为计算机视觉、计算机视觉的工作原理，以及计算机视觉的经典问题和应用领域。

习　　题

1. 计算机视觉的研究起源于（　　）。

A. 20 世纪 50 年代　　B. 20 世纪 60 年代

C. 20 世纪 70 年代　　D. 20 世纪 80 年代

2. 计算机视觉系统框架不包括（　　）。

A. 图像数据层　B. 特征描述层　C. 知识获取层　D. 图像模拟层

3. 以下不是计算机视觉优势的是（　　）。

A. 降低废品率　B. 增加车间占用空间

C. 提高生产率　D. 降低生产成本

4. 以下因素不会影响计算机视觉技术的稳定性的是（　　）。

A. 图像多义性　B. 环境　C. 数据量　D. 生理条件

5. 下列说法中，错误的是（　　）。

A. 图像增强和复原的目的是提高图像的质量

B. 图像增强是指当无法得知与图像退化有关的定量信息时，强化图像中的某些成分

C. 图像复原指与图像增强一样，不需要已知图像退化的原因，可通过复原技术进行图像校正

D. 图像分割的主要目的是对图像中有意义的特征部分进行提取

任务记录单

任务名称	
实验日期	
姓名	
实施过程：	
任务收获：	

任务 8

体验自然语言处理产品

（学习主题：自然语言处理）

任务导入

任务目标

1. 知识目标

能够阐述自然语言处理的含义、应用、流程、研究内容；

能够阐述自然语言处理的难点和发展前景；

能够阐述自然语言处理的七大技术。

2. 能力目标

能够在生活中识别出自然语言处理产品；

能够在生活中更好地使用自然语言处理产品。

3. 素质目标

提升语言表达能力；

提升自我展示意识；

提升探索兴趣。

任务要求

登录百度 AI 开放平台，选择“开放能力”模块下的“语言与知识”技术模块，或直接输入以下网址 https://ai. baidu. com/tech/nlp_apply，在文章标签、文章分类、文章标题生成、新闻摘要、同义词推荐、智能写诗、智能春联、祝福语生成中选择一项进行自然语言处理产品体验。图 8 - 1 所示是百度“智能春联”功能。

记录体验的产品名称，以及体验过程与体验效果，并将体验过程以图片或视频方式进行记录。

提交形式

视频或音频文件以及任务记录单。

图 8－1　百度“智能春联”功能

语言，是人类相互之间进行信息交流的主要手段和媒介，是人类相互沟通的桥梁，是人类用来沟通和交流的主要社会属性。因此，各种语言间的相互转换和理解，在当今社会全球化的状况下显得尤为重要。人类的各种智能都与语言息息相关，所以语言也是人工智能研究领域中的一个核心部分。自然语言处理技术的出现，不仅解决了人机对话的问题，并且也使聋哑人能够“听懂”和“读懂”视频。

8.1　自然语言处理原理

自然语言
处理原理

自然语言是指各个民族在长期共同的社会生活中形成的语言，如汉语、英语、法语、俄语和德语等，这是人类几百万年以来智慧的结晶。自然语言是人类所特有的交流及表述思维的工具，是人类知识传承的重要载体。人类知识的 80% 是由自然语言承载的，因此，让机器具有人类自然语言理解能力是人工智能领域的核心问题，只有当计算机真正具有理解自然语言的能力时，其才真正具有智能。

8.1.1　自然语言处理的定义

自然语言处理（Natural Language Processing，NLP）是通过计算机技术利用机器处理人类语言的理论和技术，其将自然语言作为计算对象来研究相应的算法，目的是将人类语言转换为机器可以识别并理解的机器语言，使得人类能够以自然语言的形式与计算机系统进行交互，从而更高效、快捷地进行信息管理。需要注意的是，自然语言处理并不是简单地去研究人类所使用的自然语言，而是着重于人和计算机系统的交互。

计算机要想具有自然语言处理能力，必须从多方面出发，主要分为三部分，分别是认知、理解和生成。首先，其应能接收人类的自然语言；其次，其应能通过信息提取，将自然语言转换成有意义的符号和联系，然后根据目的对其进行处理；最后，其应能通过分析数据得出结果并输出。三者互相作用，使得用户可以通过自然语言与计算机进行交互，这样用户就不必在学习和理解枯燥难懂的计算机语言上花费巨大的精力了。

自然语言处理目前主要采用两种技术手段来实现：一是基于统计的方法；二是基于规则

的方法。前者因计算机硬件性能的提升和网络技术的快速发展更便于实现，已逐步成为自然语言处理领域的主流，但它很难做到深层次的语义理解；后者则是对大量语言现象进行抽象与总结，归纳出相应的语言规则并形成一套复杂的规则集，通过对自然语言的语法、句法、语义等进行分析而处理或生成语言，在小范围内实用性强。

自然语言处理属于语言学、概率统计学、计算机科学等多学科的交叉领域，涉及语言认知、语言理解、知识库构建和常识推理等诸多技术，由于深度学习的引入，其作为人工智能的一个重要分支，研究内容十分广泛。自然语言处理在网络信息时代有着极其广阔的应用前景，例如，机器翻译、语音识别和信息检索等领域都应用了自然语言处理，这也使得用于自然语言处理的云平台得到了广泛应用，促进了相关行业发展。

由于理解和生成人类的自然语言是目前比较迫切的任务，网络中新增的文本数据量已经完全超过了人类本身能够处理的数量，所以，依靠深度学习的自然语言处理技术得到了人们的重视。

随着计算机运算能力的提高和大量语料库的出现，计算机使用数据驱动的方式进行语义自动化分析的能力得到了很大提升。与以往基于规则与逻辑的处理方法不同，深度学习被证明能表现出更强大的学习能力与拟合能力，在自然语言处理等领域甚至超过了人类的能力，近年来，神经网络语言模型（Neural Network Language Model，NNLM）逐渐取代了传统的机器学习语言模型，其在性能和适用范围上都表现优异。

目前，以Google、阿里巴巴、百度为代表的大批互联网企业对自然语言处理方向人才的需求量日益剧增，国内外许多高校也相继开设了自然语言处理课程，旨在为社会输出高质量的自然语言处理人才。

8.1.2 自然语言处理的流程

自然语言处理的具体流程可以概括为以下几部分：对语言的形式化描述、具体算法的构建、算法的成功应用、对语言形式化处理的分析研究。由于在自然语言处理流程中，需要对自然语言在语言的结构、语义的归纳和语音的解读等方面进行分析以及对自然语言自身规律进行归纳总结，并以数学化的描述方法和计算机能够处理的语言形式进行研究，因此，需要对自然语言进行数学模型的构建，并以计算机能够理解和认同的方式进行计算机的操作，最终使得构建的算法对构建的基础数学模型能够准确地进行解读、翻译，进而对结果进行评估。

8.1.3 自然语言处理的应用

在人工智能相关领域中，让机器理解、翻译人类的自然语言，如汉语或者英语，是一项重要且艰巨的任务。日常手机系统中的语音助手，如Siri等，都是从自然语言处理的应用中衍生而来的。自然语言处理相关技术已经被应用到许多任务中，如文本检索、信息抽取、文本分类、序列标注、问答系统等。日常生活中也常使用到与其相关的应用，如搜索引擎、智能语音助手、文本翻译软件等。如图8-2所示的智能车载输入法，应用语音识别、手写技术为车载提供专业的车载输入法，实现流畅手写输入，配合麦克风阵列技术，更能释放双手，轻松语音准确输入。

图 8-2　智能车载输入法

8.1.4　自然语言处理的研究内容

自然语言处理主要有两个研究内容：自然语言理解（Natural Language Understanding，NLU）和自然语言生成（Natural Language Generation，NLG）。NLU 的目的主要是让机器像人一样能够理解文本的含义，具体到每个单词和结构；NLG 主要是为了扫清人类与机器之间沟通的障碍。NLU 负责输入内容，而 NLG 负责输出内容。自然语言处理的研究内容如图 8-3 所示。

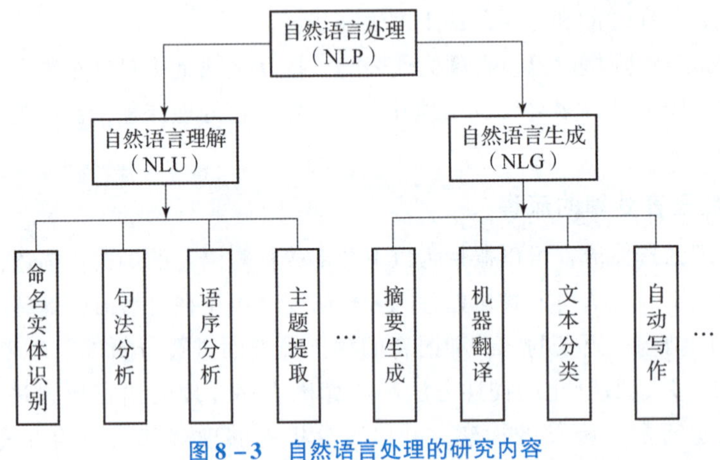

图 8-3　自然语言处理的研究内容

NLU 作为上游任务，主要实现对非结构化数据（如文本内容）进行数据处理操作，包括命名实体识别、句法分析、语序分析、主题提取等。NLU 旨在让机器理解自然语言形式的文本内容，实现机器的“阅读理解”。而 NLG 作为下游任务，主要完成摘要生成、机器翻译、文本分类、自动写作等，输出为文本内容。NLG 旨在使用计算机将结构化数据转换为文本并用人类语言特点编写出信息。

8.2　自然语言处理发展史

最早的自然语言理解方面的研究工作是机器翻译。1949 年，美国人威弗首先提出了机器翻译设计方案。其发展主要分为三个阶段：早期自然语言处理、统计自然语言处理、神经网络自然语言处理。

8.2.1　自然语言处理的发展历程

早在 20 世纪 50 年代，自然语言处理概念就已经被提出。1950 年，艾伦·图灵发表论文《计算机器与智慧》，文中提出了著名的“图灵测试”——一种用来检验计算机是否具有人类智能的测试。值得一提的是，在人工智能这一研究课题被提出来时，人们就把国际象棋和机器翻译视为体现计算机智能的两大任务。而 1997 年，IBM 公司发明的深蓝超级计算机打败了国际象棋的世界冠军卡斯帕罗夫，而机器翻译的水平到现在都无法与人工翻译相媲美，可见自然语言处理是一项非常困难的任务。

1954 年，美国乔治敦大学与 IBM 公司合作，成功地将 60 句俄语全部自动翻译成了英语。虽然当时机器翻译的系统比较简单，但是研究人员仍然十分激动，并且声称能在 3 ~ 5 年内解决机器翻译的全部问题。不过，实际上其进展远低于预期。1966 年的报告显示，他们的研究在 10 年内没有取得预期成果，导致机器翻译的研究经费被大幅缩减。

20 世纪 60 年代出现了一些较为成功的自然语言处理系统，如 SHRDLU，该系统能够对用户的命令进行分析，辨别积木的形状并完成移动工作。又如，1964—1966 年，约瑟夫·维森鲍姆模拟“个人治疗中心”设计了 ELIZA，其几乎未运用人类的思想感情的信息，却能实现类似于人与人之间的交互方式。但是当使用者提问的内容超过 ELIZA 的知识范围时，会得到一些很空泛的回答。

20 世纪 70 年代，语音识别算法研制成功，隐马尔科夫模型（Hidden Markov Model，HMM）被提出并得到了广泛应用。首先，概率方法被大规模应用。其次，计算机的计算速度和存储量大幅提高，促使该领域的物质基础得到了改善。最后，网络技术的发展为该领域带来强大推动力。在 20 世纪 80 年代前，大部分自然语言处理系统都基于人工制定的复杂规则，自然语言处理技术的发展也一度陷入停滞。

20 世纪 80 年代末期，机器学习算法引入，自然语言处理技术得到进一步的发展。随着计算机制造成本的下降和计算机计算能力的提升，研究者逐渐将机器学习算法作为自然语言处理技术研究的重点，开始倾向于建立自然语言处理的语料库，这是用机器学习处理自然语言方法的基础。同时，人们意识到机器翻译必须保证译文和原文在语义上表述准确无误，因此，语义分析逐渐成为自然语言处理的核心研究问题。研究表明，对大量的语言文本数据进行学习和统计，可以更好地解决用计算机处理语言的问题，这一方法被称为统计学习模型。至此，自然语言处理又进入飞速发展的阶段。

20 世纪 90 年代后期属于自然语言处理技术发展的繁盛期。机器翻译中引入了建立大规模语料库的方法，使其性能得到了很大提升。随着计算机计算量、计算速度的发展，数据挖掘和信息检索的需求越来越大，自然语言处理技术也因此在更多方面得到发展。

迈进 21 世纪，互联网的出现让信息量呈现爆炸式增长，得益于大数据、云计算、知识图谱、5G 通信等各种新技术，自然语言处理的发展迎来加速，在日常生活中扮演着越来越重要的角色，走上更加丰富的应用舞台。如今，搜索引擎已经成为人们获取信息的重要工具，机器翻译越来越普及，聊天机器人层出不穷，智能客服开始服务于人类，各类智能机器人不断涌现。近年来，热度渐升的亚马逊 Alexa、百度公司推出的手机虚拟 AI 助手度晓晓等，其核心也是一款自然语言处理产品，如图 8 - 4 所示。

图 8 - 4　百度公司推出的手机虚拟 AI 助手度晓晓

与之相对应，不管是在学术界还是在企业界，人们对自然语言处理的讨论越来越多，部分国家还将自然语言处理提升到国家战略层面。

8.2.2　自然语言处理的难点

自然语言处理的难点有很多，但造成难点的根本原因是自然语言的文本和对话中广泛存在的歧义性（或多义性）。歧义性指在语义分析等语言处理过程中存在的歧义问题，即不同环境下的同一个词语会有不一样的意思，如“一行行，行行行，一行不行，行行不行”，同样是“行”字，读音不同时，就会有不同的意思，因此，就会增加自然语言的处理难度，而消除歧义则需要大量知识。当进行机器翻译时，翻译的机器需要具有一定的语言学知识和

背景知识，才能精准地翻译出对话。

自然语言处理中，承载语义的最小单位是单词，因此，自然语言处理中的分词问题是急需解决的。在口语表述中，词和词之间是连贯的，由于汉语不像英语等语言具有天然分词特性，因此，对汉语的处理就多了一层障碍。在自然语言处理中，会通过分隔符来进行词语的处理，但有时句子存在歧义，就会加大分词难度。例如，对于“南京市长江大桥”这一短语，在不同地方使用分隔符，其就会变成不同的意思，如在“市”后面进行分隔，这一短语就可以理解为位于南京的长江大桥；但如果在“长”后面进行分隔，这一短语的意思就会变成南京市市长的名字叫江大桥。因此，如何正确分词是自然语言处理的难点。要想实现正确分词，需要结合语境，充分理解文本语义，显然，这对计算机来说是一个挑战。

上下文内容的获取问题对自然语言处理来说也是一个挑战。人们在理解一句话的时候，通常会根据句子所处语境来推理其准确含义。以代词为例，要理解代词指代的是什么，就要靠前一句说了什么来推断，如“我从小亮手里拿走一块糖果给小明，他可高兴了。”在这后半句话中，要想知道“他”指代的是小亮还是小明，就要先理解前半句话，因为小明得到糖果而小亮失去了糖果，所以高兴的应为小明，“他”指代了小明。

自然语言非常灵活、多变、复杂，而且充满歧义，这些因素让计算机很难对其进行量化解释，就如程序语言为计算机而生，人类也很难自然地理解程序语言一样。并且自然语言所表达的含义都必须建立在使用场景、文化背景、地域分布等知识之上，而人类在交流过程中都对这些知识进行了精简，这给自然语言处理带来了巨大的挑战。

8.2.3　自然语言处理的发展前景

近年来，随着技术的发展，人们意识到传统的基于句法－语义规则的理性主义方法太过复杂，基于统计的经验主义方法也只能有限地获取数据。而随着语料库的建设，大规模的语言数据处理成了自然语言处理的主要发展趋势。与此同时，统计数学方法越来越受到重视，自然语言处理中机器自动学习、获取语言知识的方法也应用得越来越广泛。另外，自然语言处理越来越重视词汇的作用，并出现了“词汇主义”，词汇知识库的建立已经成为自然语言处理发展中的热点问题。

目前，自然语言处理的研究领域已经从文字拓展到语音识别、句法分析、机器学习和信息检索等多方面，在自然语言处理不断被应用的同时，它促进了其他新兴学科（如生物信息学）等的发展。提升计算机处理语言的能力，已经成了未来研究的焦点。

8.3　自然语言处理的七大技术

自然语言处理的七大技术

自然语言处理技术是所有与自然语言的计算机处理有关的技术的统称，其目的是使计算机理解和接受人类用自然语言输入的指令，完成从一种语言到另一种语言的翻译功能。自然语言处理技术的研究，可以丰富计算机知识处理的研究内容，推动人工智能技术的发展。下面就来了解和分析自然语言处理的七大关键技术。

8.3.1　语音识别

增强现实（Augmented Reality，AR），也被称为扩增现实。是促使真实世界信息和虚拟世界信息内容之间综合在一起的较新的技术内容。其将原本在现实世界的空间范围中比较难以进行体验的实体信息在电脑等科学技术的基础上，实施模拟仿真处理，将虚拟信息内容在真实世界中加以有效应用，并且在这一过程中能够被人类感官所感知，从而实现超越现实的感官体验。真实环境和虚拟物体之间重叠之后，能够在同一个画面以及空间中同时存在。

语音识别（Speech Recognition，SR）技术用于将用户输入的语音信息转换为机器可以识别处理的文本信息。语音识别的任务之一是将人类语音转化为对应的文字，该任务是将通信领域信号处理原理推广到自然语言领域的一个成功的尝试。简单来说，语音识别根据声音的底层特征，如语调、音速、音节、音位等声学特征，通过特定的处理方法，将其抽象为一个状态序列。或者说，声音本身也是一种信号的形式，它具有特定的频率特征。采用对应的特征处理方法，语言可以被转化为特定的信号序列形式。通过合理的模型设计和大规模的语音语料训练，计算机可以正确地识别出语音信号序列的形式，从而达到预测语音信号、实现语音辨识的目的。语音识别原理图如图 8－5 所示。

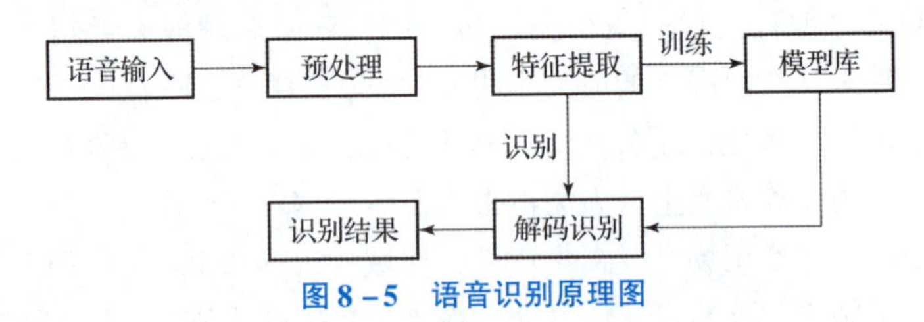

图 8－5　语音识别原理图

其中，语音预处理是通过对语音输入的预处理工作，消除高次谐波失真、高频等因素对语音信号质量的影响；特征提取是通过对频谱的分析，获得时域与频域的特征参数，最常用的特征提取方法为梅尔频率倒谱系数；解码识别是将提取的特征与模型库对比，得到最为相似的模板，之后通过查询得到识别结果。

目前，处于语音识别研究第一梯队的国内研究队伍有中国科技大学科大讯飞团队、百度语音、腾讯语音等。当前的技术水平已经可以较好地完成语音识别任务：科大讯飞团队开发的语音识别工具包甚至可以实现对中国方言近乎百分之百的识别；在百度公司、腾讯公司推出的各种互联网产品中，语音识别技术也已经非常普遍。

通过不断使用智能技术，人类可实现智能家居生活，家用电器可以通过红外遥控器进行控制，但是空间位置通常会影响红外辐射的传输；集成设备自动切断电源并自动管理通道，实现了多个远程控制设备的集中化，并且可以通过语音控制实现通用功能。在智能技术的实际应用中，可以实现与智能扬声器的语音交互，并执行各种操作，例如远程控制和在线购物；淋浴期间，可以使用声音调节水温和室外空调的温度；在开车时，手机会不断显示地图并通过智能扬声器拨打电话，这可以减少对驾驶员的干扰。

8.3.2　机器翻译

机器翻译（Machine Translation）指的是通过计算机技术，将一种语言转换为另一种语言的过程。语言的翻译和转化是自然语言处理技术的重要应用之一，机器翻译这一方向的发展更能体现出自然语言技术的本质。

机器翻译具有强大的自动化功能，在计算机技术的支持下，它将源语言转换为目标语言。谷歌翻译每天翻译1 000亿字；Facebook使用机器翻译自动翻译帖子和评论中的文字，以打破语言障碍，让世界各地的人们相互交流；阿里巴巴使用机器翻译技术来实现跨境贸易，连接世界各地的买家和卖家。

随着跨境电子商务的飞速发展，网站上跨境电子商务的发展与网站和应用程序的多语言化紧密相关，用户倾向于在搜索过程中使用自己的语言，但是对于跨境电子商务网站，就不可能进行大量投资来满足用户的独特搜索引擎需求。用户想要找到的类别可以通过网站的内部导航来阐明他们需要的产品。通常，在查看标题后，用户会仔细阅读特定的说明和相关的注释，以获得对产品的更完整的了解。如果语言受到影响，用户将无法访问，他们会毫不犹豫地关闭页面，这将导致用户流失。随着大量信息的产生，信息交互的需求已大大增加。大数据可以用机器翻译，每天在线翻译的实际量超过1万亿个单词。

机器翻译的方法有基于实例、基于统计和基于机器学习三种方法，其中，基于统计和基于机器学习的机器翻译方法已成为目前的主流研究方法。目前，谷歌翻译、百度翻译、金山词霸均引入了基于深度学习的自然语言处理技术，显著提高了语言翻译的准确度。如图8－6所示，利用微信“扫一扫”功能进行翻译的中英文对照，已经非常智能。

Li Wenwen, born in 2000, showed her supremacy (最高地位) in the women's weightlifting +87 kg division (分级). She set three new Olympic records. Li has knee pain and just went through the death of her grandfather, but she didn't let these things get her down. Every time she went to lift, she shouted to cheer herself up.

2000年出生的李雯雯在女子举重+87公斤级比赛中展示了她的最高地位，她创造了三项新的奥运会纪录。李有膝盖疼痛，刚刚经历了祖父的去世，但她没有让这些事情让她失望。她每次去举的时候，都喊着让自己振作起来。

图8－6 中英文翻译对照

8.3.3 问答系统

问答系统是一种涉及构建能够用自然语言自动回答人类提出的问题的系统，能够直接从文档、对话、在线搜索和其他地方提取信息，来满足用户的信息需求。问答系统不是让用户阅读整个文档，而是更喜欢简短而简洁的答案。如今，问答系统可以非常容易地与其他自然语言处理系统结合使用，一些问答系统甚至超越了对文本文档的搜索，并且可以从图片集合中提取信息。

事实上，大多数自然语言处理问题都可以视为一个问题，回答问题，即我们发出查询指令，机器提供响应。通过阅读文档或一组指令，智能系统应该能够回答各种各样的问题。强大的深度学习架构已针对问答问题进行了专门开发和优化。给定输入序列、知识和问题的训练集，它可以形成情节记忆，并使用它们来产生相关答案。该体系结构具有以下组件：

1. 语义内存模块（类似于知识库）

用于存放词语所代表的概念，以揭示概念与概念之间以及概念所具有的属性之间的关系为主要内容的常识知识库。

2. 输入（input）模块

处理与问题有关的输入矢量，称为事实。

3. 问题模块

逐字处理疑问词，并且使用输出相同权重的 GRU 输入模块的向量。事实和问题都被编码为嵌入。

4. 情景记忆模块

接收从输入中提取和编码的嵌入事实与问题载体。这使用了一个受大脑海马体启发的想法，它可以检索由某些反应触发的时间状态，如景点或声音。

5. 答案生成模块

通过适当的响应，情景记忆应该包含回答问题所需的所有信息。

8.3.4 注意力机制

注意力（attention）机制是基于人类的视觉注意机制。人类的视觉注意力虽然存在不同的模型，但它们都基本上归结为能够以“高分辨率”聚焦于图像的某个区域，同时以“低分辨率”感知周围的图像，然后随着时间的推移调整焦点。

想象一下，你正在阅读一篇完整的文章，不是按顺序浏览每个单词或字符，而是潜意识地关注一些信息密度最高的句子并过滤掉其余部分。你的注意力有效地以分层方式捕获上下文信息，这样就可以在减少开销的同时做出决策。

注意力机制已经被广泛地使用在图像处理、自然语言处理等不同领域中。由于人类并不会对视野中的所有信息赋予相同的关注度，而是根据自己的任务目标不同，将注意力投放在不同的重点之上，所以，可以通过算法模拟人类的注意力机制，增强模型的观察能力。在众多自然语言处理的深度学习模型中，实验证明，注意力机制的引入可以显著提高语言模型的性能，注意力机制逐渐成为模型的核心组成部分之一。随着注意力技术的发展，许多改进的模型被提出，如全局、局部注意力与自注意力等。图 8－7 所示的图像描述模型中的视觉注意力机制指示在生成“飞盘”时所关注的内容。

图 8－7　图像描述模型中的视觉注意力机制指示在生成“飞盘”时所关注的内容

8.3.5 语义分析

语义分析是目前自然语言处理领域的重点研究方向，也是制约机器智能的一大技术“瓶颈”。从任务角度出发，语义分析的主要任务涉及语义分类问题、信息配对类问题、机器翻译类问题、结构化信息处理问题和对话类问题。

对于不同的语言单位，语义分析有着不同的意义。在词的层面上，语义分析指词义消歧；在句的层面上，指语义角色标注；在篇章的层面上，指共指消解。语义分析是目前 NLP 研究的重点方向。

中文自然语言单单依靠分词无法完成句意转化。语义分析通过连接句法和一个句子中所包括的单个词语含义，将句意以一种特殊形式翻译成计算机语言。语义分析的发展尚不完善，现在主要基于统计学进行研究。语义分析常见的研究方向有：

1. 词义消歧

词义消歧的基本方式是对一个选定的多义词结合上下文进行分析，在多个词义中选择出最符合逻辑的一个。

2. 浅层语义分析

浅层语义分析即语义角色标注，是在确定句子谓语的前提下，将句中其他成分挑选出来成为谓语的语义成分的过程。语义成分一般与句法中的成分相对应，用于反映句中成分彼此之间的关系。语义角色标注方法主要分为三部分：剪枝、识别、分类。

3. 篇章分析

篇章分析是对整篇文章进行分析的研究。作为语义分析的延伸，篇章所具有的连贯性既是研究的挑战，也对计算机更好地理解单一句子的内涵有一定的帮助。

8.3.6　情绪分析

情感分析是一种有趣的自然语言处理和数据挖掘任务，用于衡量人们的观点倾向。例如，可以对电影评论或由该电影引起的情绪状态进行分析。

情感分析有助于检查顾客对商品或服务是否满意。传统的民意调查早已淡出人们的视线，人们不愿意花时间填写问卷。然而，人们愿意在社交网络上分享他们的观点。搜索负面文本和识别主要的投诉可以显著地帮助改变概念、改进产品和广告，并减少不满的程度。反过来，明确的正面评论会提高收视率和需求。

人际交往不仅仅是文字和其明确的含义，它还是微妙且复杂的。即使在完全基于文本的对话中，也可以根据单词的选择和标点符号去判断人的情绪。例如，可以在评论者没有直接表达是否喜欢该商品的条件下，通过阅读商品在购物平台的评论，来了解评论者是否喜欢或不喜欢它。为了使计算机真正理解人类每天的交流方式，它们需要理解的不仅仅是客观意义上的词语定义，还需要了解人类的情绪。情绪分析是通过较小元素的语义组成来解释较大文本单元（实体、描述性术语、事实、论据、故事）的含义的过程。

用于情感分析的现代深度学习方法可用于形态学、语法和逻辑语义，其中最有效的是递归神经网络。递归在消歧方面很有用，有助于某些任务引用特定的短语，并且对于使用语法树结构的任务非常有效。

在合理运用深度学习方式分析情感的过程中，需要建立相应的情感分析模型，并且借助深度神经网络的训练部分，有效完成标注相关情感标签句子的任务，同时，参考相应的规律和上下文的特点，可以达到预测所标注外句子情感特点的效果，然后进一步深入分析文档级、语句级等方面的情感色彩情况。显然，此项措施可以发挥出高级情感分析的良好功效，通过有效利用深度学习方法，提升了自然语言处理的整体效率。

8.3.7 文本分类

文本分类用机器对文本集、其他实体或物体按照一定的分类体系或标准进行自动分类标记。通过使用 NLP 技术，文本分类器可以自动分析文本，然后根据其内容分配一组预定义标签或类别。也就是对指定的文本划分所属的类别，其具体应用领域包括垃圾邮件识别、语音分类识别、文本主题分类等。文本分类是自然语言处理技术的基础研究领域，但其意义却十分重要。

目前，文本分类常用的方法有基于词的匹配方法、知识工程方法和基于统计和机器学习的方法。近年来，随着深度学习技术的不断进步，文本分类的准确性和速度均有了极大的提升，为人们的学习工作提供了更多的便利。

文本的分类是一种监督学习的过程，需要人类实现对数据进行一定的区别和分类，从而在这个基础上使计算机系统能够通过机器学习来对数据进行一定的分类。聚类则是一种非监督学习的系统，在不进行人为引导的情况下，由计算机系统或软件自主对未知数据进行一定的区别并达到分类的目的。

8.4 自然语言处理应用案例——同声传译机

自然语言处理的应用有很多，比如机器翻译、语音识别、问答系统、拼写检查等，这里以同声传译机为例进行介绍。

8.4.1 同声传译机案例背景

在 2021 年国际口语机器翻译评测比赛（简称 IWSLT）上，科大讯飞与中国科学技术大学语音及语言信息处理国家工程实验室（USTC - NELSLIP）联合团队在同声传译（simultaneous speech translation，简称同传）任务中包揽三个赛道的冠军。这是继 2018 年在 IWSLT 中获得语音翻译端到端的冠军之后，科大讯飞再次以实际行动证明了其在语音翻译和机器同传领域的国际领先地位。

同声传译机将音频流实时翻译为不同语种的文本，并输出多语种的音频内容，广泛应用于国际论坛、智能会议、智慧教育、跨国交流等场景。图 8 - 8 所示为科大讯飞同声传译机。

图 8 - 8　科大讯飞同声传译机

8.4.2 关键技术

科大讯飞创新性地提出 Cross Attention Augmented Transducer（CAAT）同传架构，针对同传任务中翻译质量和延迟这两个评价目标，借鉴语音识别中部分模型的优化方式，它实现了将动态的同传策略和翻译模型联合优化，从而在延迟－翻译质量之间找到了更好的平衡。

相比目前主流的机器翻译技术，CAAT 避免了固定延迟导致的延迟过大或翻译质量下降的问题，在相同延迟下取得翻译质量的明显提升。除了这一模型结构的创新外，针对任务中语音翻译数据量有限这一问题，科大讯飞还从模型融合、数据增强等策略上进一步优化。

8.4.3 产品优势

1. 中英双向同传

目前支持中－英互译，所支持语种将持续上线，可实现语种自动识别，并满足复杂语言环境的场景需求。

2. 流式接口，快速精准

采用流式传输接口，多分片并行请求，实时翻译和转化，可返回高准确率、高流畅度的翻译结果。

3. 格式转化，标点预测

对数字、日期、时间等返回格式化文本，根据对话语境，智能断句并匹配标点符号。

4. 语义理解，智能纠错

针对上下文进行语义理解，将中间结果进行智能纠错，确保识别的高准确率。

8.4.4 应用场景

1. 国际论坛

适用于嘉宾演讲或参会行业论坛/发布会/学术会议，实现多语种音频输出的惊艳效果。

2. 智能会议

适用于公司内部会议，将每个人的话实时翻译成指定语言，帮助中外员工理解会议。

3. 智慧教育

适用于外教授课或视频课，将老师说的话转录成文字并翻译，帮助学生理解课堂。

4. 跨国交流

适用于出国旅游、行业交流等场景，打破语言障碍，让跨国沟通变得轻松简单。

小　　结

我们目前已进入一个以互联网为主要标志的海量信息时代，而这些海量信息大部分是以自然语言表示的。一方面，有关的海量信息可为计算机学习自然语言提供更多的“素材”；另一方面，也为自然语言处理提供更加宽广的应用舞台。

本任务主要学习了何为自然语言处理、自然语言处理的七大技术，以及自然语言处理的应用。

习　题

1. 自然语言处理的缩写是（　　）。

A. NIP　　B. NLP　　C. IPL　　D. ILP

2. 自然语言处理是通过计算机技术利用机器处理（　　）的理论和技术。

A. 编程语言　　B. 图像　　C. 人类语言　　D. 视频

3. 自然语言处理主要分为（　　）两个流程。

A. 自然语言理解和自然语言生成　　B. 自然语言识别和自然语言分析

C. 自然语言提取和自然语言生成　　D. 自然语言理解和自然语言分析

4. 可利用声音调节水温或室温的技术是（　　）。

A. 机器翻译　　B. 情绪分析　　C. 注意力机制　　D. 语音识别

5. 将一种语言转换成另一种语言的过程属于（　　）技术。

A. 机器翻译　　B. 文本分类　　C. 语义分析　　D. 语音识别

任务记录单

任务名称	
实验日期	
姓名	
实施过程：	
任务收获：	

任务 9

测试生物特征识别技术

（学习主题：生物特征识别）

任务导入

任务目标

1. 知识目标

能够阐述何为身份识别；

能够阐述常见的生物特征识别技术的工作流程；

能够阐述常见的生物特征识别技术的特点。

2. 能力目标

能够识别出常见的生物特征识别技术；

能够阐述常见的生物特征识别技术的应用场景。

3. 素质目标

提升逻辑思维能力；

提升提出问题、分析问题、解决问题的能力；

提升公共资源应用能力。

任务要求

登录百度 AI 开放平台，选择“开放能力”→“人脸与人体”→“人脸对比”技术模块，或直接输入以下网址 https://ai.baidu.com/tech/face/compare。在功能演示部分，上传两张自己不同角度的照片，用于测试“人脸对比”功能，如图 9－1 所示。可以采用不同角度、带有遮挡的照片进行多次测试，用截图与视频记录测试过程和测试效果。

提交形式

测试过程的视频或截图文件。

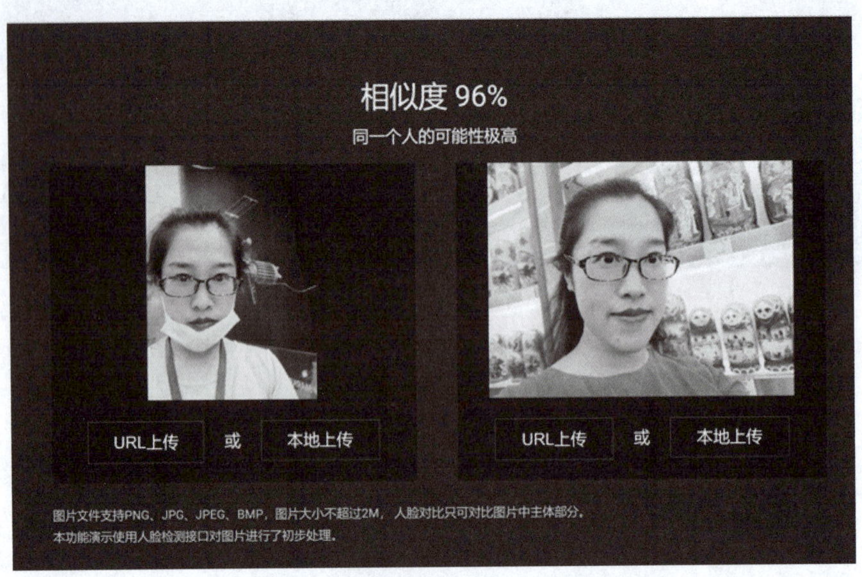

图 9－1　百度“人脸对比”功能

思考：什么是身份识别？身份识别方式有哪些？

随着社会的不断发展，电子信息技术的不断进步，用户的隐私数据也越来越多并且越来越分散，人们对个人信息的安全性更加重视，如何有效保护用户隐私数据的安全成为大家研究的热门话题，各行各业都为此做着不同的努力，安全防护措施也不断出现，从最初的密码识别、数字证书、U 盾到基于生物特征的指纹、虹膜、人脸以及步态等，从用户主动身份验证到后台系统非干扰感知用户身份，为用户保护隐私数据提供了更多的安全措施，为用户隐私数据的安全提供了更多的保护维度。

9.1　走进身份识别技术

走进身份识别技术

随着计算机技术不断地提高着人类的工作效率，影响着人们生活的方方面面，计算机技术和网络技术的发展使我们的日常生活越来越追求信息化与智能化，智能化的身份识别有着广泛的应用场景，也日益受到更多的重视。

9.1.1　何为身份识别技术

为了能进一步了解人工智能，我们首先从概念入手。以下是一场关于人工智能的讨论，你认为他们对人工智能的理解是否正确？

每个人都是独特的个体，具有独一无二的生物特征，生物特征识别技术正是利用这一特点逐步发展起来的。生物特征识别就是使用某个人所特有的生物特征对其进行模式识别的技术。我们在日常中经常接触到的生物特征一般可以分为两类：一类是生理特征，另一类是行为特征。生理特征一般是人与生俱来、具有先天性的特征，包括虹膜、人脸、指纹和声纹等；行为特征则是后来因长期习惯所形成的特征，包括签名、步态等信息。

生物特征识别技术是通过计算机与各种声学、光学、生物传感器和生物统计学原理等手段相结合，利用人体固有的生理和行为特征进行验证、识别的各种方法。但并非所有的生理和行为特征都可作为生物识别特征，用于身份识别生物特征的选取常从以下几方面考虑：普遍性，即人人具有；可区分性，即具有唯一性；稳定性，即在一段时间内，相对于匹配准则特征是不变的；可测性，即人体的特征能够被测量并量化。在实际应用中，可能还需要考虑可接受度，即人们是否愿意接受；反欺诈性，即人体特征是否会被一些欺骗手段所蒙蔽；还需考虑性能及其他的指标，如算法正确识别率、算法识别的速度、可操作性和环境因素的影响等。

目前，常用于身份识别（Identity Recognition）的生理特征有人脸、指纹、步态、虹膜、声音、耳朵和DNA等，如果这些生理特征是通过对人体特征的直接测量而得的，则多为先天性的；而如果用于身份识别的是行为特征，如步态、笔迹、语音和脚步声等，是人们日常习惯特征的间接测量，则多为后天形成的。

生物识别过程一般可以分为两步：先注册，后识别。注册这一步首先需要通过传感器获取待注册人员的生物特征，之后进行特征提取，将提取到的该人员的生物特征加入数据库。识别则是对待识别人员进行身份识别的过程，其特征提取过程与注册过程类似，也是先通过传感器采集待识别人员的生物特征。特征提取后，与事先注册建立的生物特征数据库进行比对，根据比对结果确认待识别人员的身份。生物特征识别的基本流程如图9－2所示。

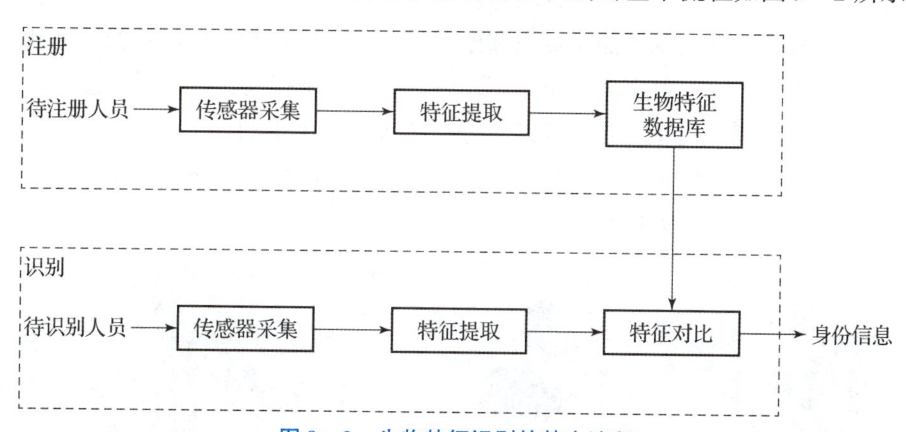

图9－2 生物特征识别的基本流程

基于生物特征的身份识别技术已经在人们生产生活中得到广泛应用。指纹识别已经在众多国家的公民信息采集中得到应用；人脸识别常用于门禁和签到系统；虹膜识别作为目前识别准确率最高的生物特征识别技术，主要应用于高级安保领域。此外，声纹识别、签字识别和虹膜识别等技术也被用于司法鉴定等领域提供法律依据证明。

9.1.2 身份识别技术的特点

现代社会中，个体的不良行为如偷盗、网上犯罪或贩毒等，对他人和公共社会安全造成了消极的影响，为减少甚至避免这些消极影响，对个人身份验证要求也越来越强烈，有些场合几乎达到了苛刻的程度。身份鉴别是存在于很多场合的问题，传统的身份鉴别方法是通过鉴别身份证、IC卡、密码、钥匙等来间接鉴别一个人的身份，相当于将对人的身份鉴别问题转换为鉴别一个人是否拥有能证明其身份的身外之物的条件，通过是否具备这些条件来证明此人的身份。

传统的辨识身份方法存在着丢失、遗落、泄密、易受攻击等缺陷，如密码（基于记忆信息）作为最常用的传统身份辨识手段，可能遗忘，因偷窥等而被他人盗用；IC卡（基于特定的输入信息）也存在上述问题，如在银行的自动取款机上，多次出现银行卡被复制和密码被盗用后，存款被提走的犯罪事件。大大降低了安全性和普适性，生物特征（指纹、脸像、虹膜等）由于具有唯一性、终生不变性、随身携带、不易丢失和冒用、防伪性能好等特点，正在成为身份认证的一个新的介质，受到了研究者的普遍关注，具有广阔的应用前景。

近年来，由于对于快速有效的自动身份验证的需求，生物特征识别技术得到了飞速的发展。生物特征因为是人的自身内在特征，区别于传统的识别条件，具有更高的特异性和稳定性，成为身份验证尤其是自动身份验证更加理想的依据。其优点体现在，可以减少、消除身份假冒，有助真实身份的确认；降低了管理成本，取代了身份人工认证过程；方便了使用者，因为本人就是身份标识，消除了携带卡、钥匙或者记忆密码等麻烦，避免了丢失情况出现。

9.1.3 身份识别技术的应用场景

随着深度学习的发展和硬件性能的提升，身份识别精度取得了飞跃性的增长，身份识别相关算法已经融入生活的方方面面，在许多场景已经有所应用。在生活场景下，便利店和无人超市可以对身份进行识别，进而完成自助结账。在安防领域中，身份识别功能已经在许多公司、学校和居民住宅的门禁中应用，防止陌生人随意闯入其中。同时，身份识别可以实现人群中特定人的检索，可实现抓捕嫌疑犯和搜寻丢失儿童等功能。在信息安全领域，电子商务的交易可采用人脸进行身份比对，防止密码泄露导致经济损失，保证了信息的安全性。在工作场景下，身份识别可以实现考勤签到，替代传统意义上的打卡签到。在交通安全方面，许多城市上线了行人闯红灯曝光台系统，该系统对闯红灯的行人身份进行识别并曝光在大屏幕上。身份识别的应用实例如图9－3所示。

图9－3　身份识别的应用实例

9.2　人脸识别技术

人脸识别技术开始于20世纪60年代，是一种根据人的面部特征进行识别分析和比较的一项热门的计算机技术，属于生物识别技术研究领域。人脸识别包括人脸图像采集、人脸追踪侦测、人脸图像处理、自动调整影像放大、人脸特征提取、夜间红外探测、自动调整曝光强度、人脸识别与匹配等技术。

9.2.1　认识人脸识别技术

人脸识别是基于人的脸部特征信息进行身份识别的一种生物识别技术。用摄像机或摄像头采集含有人脸的图像或视频流，并自动在图像中检测和跟踪人脸，进而对检测到的人脸进行脸部识别的一系列相关技术。

人脸识别技术主要指通过人脸信息与数据库中已有数据信息进行比对，从而实现身份确认或者身份查找的技术。通常包括人脸检测（detection）、人脸预处理、特征提取及特征匹配四个部分。人脸识别技术的工作流程如图9－4所示。

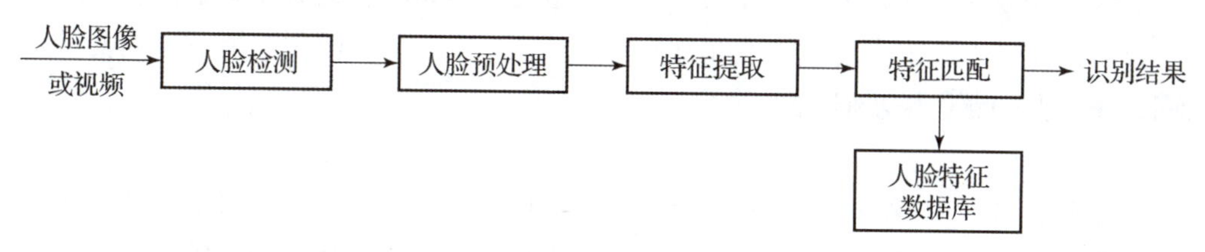

图9－4　人脸识别技术的工作流程

1. 人脸检测

首先从采集设备中获取图像或视频，然后判断其中是否包含人脸，如果包含人脸，则根据图像进一步标记出每个脸的位置、大小、形状及各个主要面部器官的位置信息和特征信号。

2. 人脸预处理

是人脸识别的开始阶段，也是十分重要的一步。包括对检测出来的人脸进行切割、平滑以及姿态矫正等。

3. 特征提取

指通过一些具有特殊规则的数字来表征人脸信息，这些数字就是要提取的特征。在识别领域指眼睛、鼻子、嘴、眉毛等面部特征之间的几何关系，如距离、面积和角度等，如图9－5所示。

4. 特征匹配

从图像中采集人脸特征信号后，与数据库中人脸的特征进行对比，根据相似度判别分类，最终确定身份。一种是确认，是人脸图像与数据库中已存的该人图像比对的过程，明确目标与具体身份进行单项匹配；另一种是辨认，是人脸图像与数据库中已存的所有图像匹配的过程，选取相似度最高的图像来确定身份。

图 9-5　特征提取

9.2.2　人脸识别技术的影响因素

人脸识别是以人的面部各类特征为识别依据进行身份识别，具有非接触性、用户友好等特点，迄今为止，人脸识别技术已经非常完善，然而，在一些非限制环境下识别度不高，需要针对以下这些问题进一步研究。

1. 光照影响

由于人脸特有的3D结构，光照到脸上产生的阴影不同，对人脸识别的结果影响较大，而且即使同一光源，不同的角度和背景距离也会出现识别率不同的问题，因此，对不同光照有鲁棒性的算法需要值得研究。光照变化作为影响人脸识别的重要因素，它的解决程度对人脸识别成功应用到实际中至关重要。

2. 遮挡问题

遮挡问题是影响识别率的一个非常关键因素。生活中，人们不可避免地戴一些装饰物品，监控下的非法分子也会通过戴墨镜和口罩逃避监控系统的追踪。这样有可能导致拍摄到残缺的人脸图像，不利于后续特征提取，严重的还可能会导致人脸检测算法失败。

3. 单样本和低分辨率问题

现实场合如火车站身份核实和护照等，都只能从身份证上采集每人的一张图像，另外，安装摄像头的位置和人群有很长的距离，导致摄像头拍摄到的人脸都是尺寸小、分辨率低的。在这两种限制条件下，更高准确率地识别人脸是一个具有挑战性的任务。

4. 人脸表情、多姿态和跨年龄问题

人脸识别主要是根据人的脸部表象特征来完成识别，那么怎样识别由姿态和表情变化引起的脸部变化就成了人脸识别的难点之一。姿态问题包括人低头、抬头或者左右偏转造成的脸部变化，其中大幅的左右偏转会造成部分面部信息的缺失，为人脸识别增加了很大的难度。脸部大幅的表情变化和由于年龄增长导致面部特征发生普遍变化例如皱纹增加等也会影响人脸识别的准确率。

尽管人脸识别技术成熟，但仍然需要增强其鲁棒性，以适应更多的复杂环境。

9.2.3　人脸识别技术的应用

1. 证件验证

在海关、机场或一些机密部门等场合，证件验证是检验某人身份的一种常用手段，而身份证等很多其他证件上都有照片，使用人脸识别技术，就可以由机器来完成身份信息的验证识别工作，从而实现自动化智能管理。

2. 移动支付

随着智能手机的普及，全国各大互联网公司先后在各自的软件中加入了刷脸技术，避免了传统输入账户和密码的麻烦，节约了客户的时间。一些商场中也将消费者的会员信息和人脸录入数据库中，在收银台通过摄像头拍摄顾客的人脸，与系统后台存储的信息进行对比，匹配成功后显示出消费者的信息，消费者只需单击“确定”按钮即可完成交易，节省了消费者结算时间和用工成本。

3. 视频监控

在诸如银行、商场等公共场所，各处都设有 24 小时的视频监控。当有异常情况或有陌生人闯入时，可以通过对采集到的视频图像信息利用人脸检测、人脸识别技术进行分析，来实现实时跟踪、监控、识别和报警等功能。

4. 智能门锁

门锁是家庭人员和财产安全的保障，其可靠性非常重要。传统的门锁是通过 IC 卡、钥匙等方式进行身份的识别，但是很容易被他人盗取，严重危机家庭安全。目前，人脸识别门禁系统已经应用在家庭、学校，只有注册的人才能进入，避免了对家庭和学校的危害。

5. 刑侦破案

公安部门在进行刑侦工作时，当在作案现场的监控或通过其他途径获得某一嫌疑犯的照片或其面部特征的描述之后，可以从公安部门的人脸信息数据库中迅速查找确认来获取嫌疑人的身份信息，大大提高了刑侦破案的准确性和效率。

6. 入口控制

入口控制的范围很广，既包括了在楼宇、住宅等入口处的安全检查，也包括了在进入计算机系统或情报系统前的身份验证。通过人脸识别来实现入口控制可大大提升控制系统的工作效率和智能化水平。

7. 人脸建模

脸部建模是计算机图像和视觉领域的热门话题，可广泛应用于动画、艺术设计等，通过图片识别技术实现人脸的建模可大大提升这些领域的工作效率。

人脸识别技术还在医学、档案管理、视频会议等方面也有着巨大的应用前景。

9.3　指纹识别技术

指纹如同人类的 DNA，具有独特的唯一性和极高的不变性，这使指纹识别技术成为当前研究和使用非常普遍的识别与身份认证技术。该技术普及学校、公安、银行、企业等各个领域，指纹识别的理论研究意义和具体实用价值非常高。

9.3.1 何为指纹识别技术

指纹所在的肤块在我们人体皮肤的总面积中占比很小，但是通过指纹所传达出来的生物信息的量却是非常巨大的。在指纹纹路中的断点、交叉点和奇异点有其各自的形态，差异万千，各不相同，这在信息处理中将它们称作“特征”。从指纹图像提取出来的这些互不相同的特征具有唯一性和稳定性，即终身不变，终身相随。所以，一个人和他的指纹是一一对应，相互认证绑定的。两枚指纹的类型可能相似，但任何两个来自不同手指的指纹细节点特征不可能全部重合。所以，人们根据指纹的全局特征来进行粗分类，然后通过统计局部细节点特征是否相同来识别用户身份。

指纹识别技术的鉴别过程为：首先，在指纹采集模块中，由指纹采集设备来收集指纹图像，得到的是数字化的指纹图像；接下来，对得到的数字指纹图像进行预处理，可以采用的手段有图像的增强、图像分割、图像平滑、图像细化等，这样获得便于指纹特征提取的图像；然后，继续提取细化之后的指纹图像的细节特征点；最后，将待识别的指纹图像提取到的特征与特征数据库中的特征数据进行匹配，给出指纹识别的结果。指纹识别技术工作流程如图 9 –6 所示。

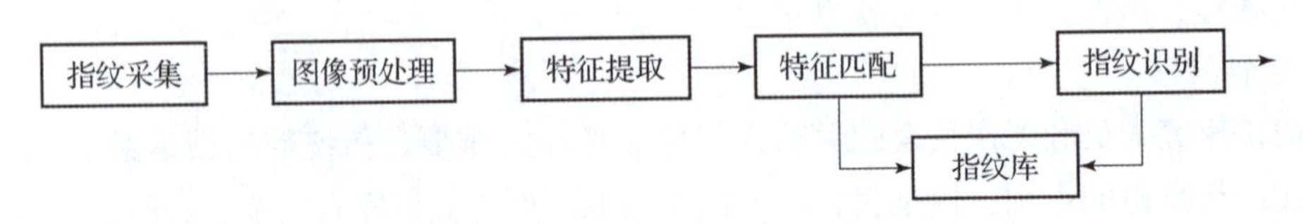

图 9 –6　指纹识别技术工作流程

指纹识别是目前运用最广、成本最低、技术最为成熟的生物识别技术。其应用领域广，技术适配程度高，民众接受度高，信息通用度高。不管是在支付系统还是门禁系统，不管是在手机还是门禁中，都能够看到指纹识别技术的应用。

9.3.2 指纹识别技术的特点

目前，指纹识别的市场占有率最高，达到 58%。其中主要贡献（contribution）在于各国公民信息采集，指纹特征已经成为人类身份识别的最有力依据，这是因为指纹识别具有全球唯一性、长期不变性、不易撤销性、易采集性、非侵入性、高频使用性、不易模仿性和不易伪装性的特点，是目前人类技术所及最可靠且理想的生物特征之一。

1. 指纹识别的稳定性相对较高

人体的指纹从他出生时开始到死亡为止，其指纹纹线的类型、结构、统计特征的总体分布始等关键信息没有明显的变化。尽管随着年龄的不同，指纹在大小、纹线粗细等方面可能有某些细微的改变，局部纹线上也可能伴随着后天环境出现新的特征，但是从总体上来看，指纹还是非常稳定的。

2. 具有独特的唯一性

如同 DNA 一样，每个人的每个指纹都是独一无二的。现代科学界的研究结论是按全球人口计算，出现两枚一模一样指纹的概率几乎为 0。图 9 –7 所示为不同形状的指纹。

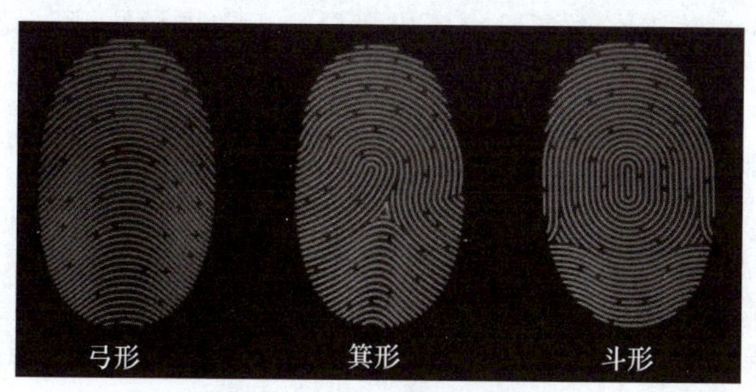

图9-7　不同形状的指纹

3. 指纹信息采集方便，实用性强

目前标准的测试指纹库已经普遍存在，比如有成熟的指纹信息图像采集芯片等，这极大地方便了指纹算法的研究工作与指纹识别系统的开发工作，而且信息采集的硬件实现容易，与虹膜等技术比较而言，用户接受度高，并且成本低。

但近年来，随着指纹识别技术的普及，指纹特征的半主动性给协助侦查和安防领域中的身份识别带来极大阻碍，犯罪分子可以采取戴手套等方式避免留下指纹信息，甚至可以在一定程度上借助工具模仿他人的指纹特征，这些现象给指纹识别技术的应用带来了前所未有的挑战。

并且由于手指在日常生活中运用较多，容易受到物理伤害，如果伤及真皮层，纹理会被破坏，需要重新存储所有的个人指纹信息。同时，指纹具有一定的可复制性，一些指纹印痕可以被采集下来进行使用。需要通过物理接触进行数据采集，使用时留下的印痕存在被复制的可能性。

9.3.3　指纹识别技术的应用领域

指纹是人体独一无二的身体特征之一，同时也是成熟的生物特征识别技术，成本较低，应用广泛，并且技术成熟。

1. 企业考勤

考勤对于企业是非常重要的，也正在被看作管理手段高低的参考指标。采用指纹识别考勤设备能够最大限度地提高出勤数据的真实性和有效性，避免出现代刷卡等相关问题，可以改善一个公司的工作风气，减轻公司管理者的压力。当前，有许多中小企业和许多私人公司等选择该技术作为其考勤的手段，主要是因为其价格低，操作简单，数据可信度高等。

2. 智能小区

当今社会，财产安全受到了更加强烈程度的重视，人们出于安全角度，更愿意相信智能小区，倾向于在那里居住和生活。因此，很多技术成熟，科技含量高，安全性高的指纹识别成为许多智能小区钟爱的产品。不仅给小区居民的生活带来极大的便利，而且使小区的管理水平得到提高，提高了住户的住行和活动舒适性。

3. 指纹安全锁

随着指纹识别技术的不断进步，产生的一个新的飞跃就是将其用在普通的铁锁之中，这是科技发展的一个巨大改变，这种改变正在从专业领域一步步跨入百姓市场，并普及开来。传统而陈旧的铁锁正在逐渐退出历史舞台，正在被指纹锁取代而成为保障居家安全的首选。

9.4 步态识别技术

身份识别技术应用案例——步态识别

当今社会，随着经济的高速发展，安全问题变得越发重要和严峻。步态作为一种人类的行为特征，描述人行走时候的身体姿态变化，它不同于人脸、指纹、虹膜等生物识别方法，步态识别的特殊性和优异性在于其可在远距离和非受控状态下完成识别任务。研究表明，个人的步态都存在一定的差异性和不可伪装性，这就可以帮助我们利用步态进行身份识别。

9.4.1 何为步态识别技术

作为一种新兴的生物特征识别技术，基于步态的身份识别，是通过人们走路的姿势来识别人的身份。步态是一种行为（behavior）特征，它表现为人行走时协调的、周期的姿态，是人们思想意识等各种内部控制，由身体肌肉、骨骼等协调配合执行，在外部的具体表现形态。

步态的特征主要表现为移动特性、周期性运动和身体协调性运动。移动特性指不是原地运动，而是位置有变化；周期性运动指步态是一种身体姿态重复性的运动；身体的协调性运动主要指肌肉、关节、骨骼以及人的思维控制间相互配合运动，以便身体的最小能量化（省力）及平衡结果。一些运动姿态如跑步、慢走、正常走、上下楼的姿态等既是周期的，又是身体协调的走动，属于步态识别范畴；像做俯卧撑运动的姿态，虽然是身体协调、周期的，但身体的位置并没有移动，并不属于步态范畴；人的一次性动作如坐下、站起、拾取、放下物体等，是身体协调的运动，但不是周期性的运动，没有位置改变，因此也不属于步态的范畴。

步态识别主要针对步态视频或者步态图像序列进行分析处理，一般包括运动目标检测、提取步态周期、步态特征提取以及分类识别等几个阶段，涉及视频/图像处理、计算机视觉、模式识别和机器学习等方面的技术。步态识别的一般工作流程：首先要对视频或者图像序列的运动目标进行检测和跟踪，分割出步态运动区域，通过分析步态序列中运动区域的变化情况检测步态周期，并在此基础上提取其步态特征，最后利用分类器对存储的特征样本数据库进行匹配分析，最终实现对人体步态的分类识别。步态识别技术工作流程如图 9－8 所示。

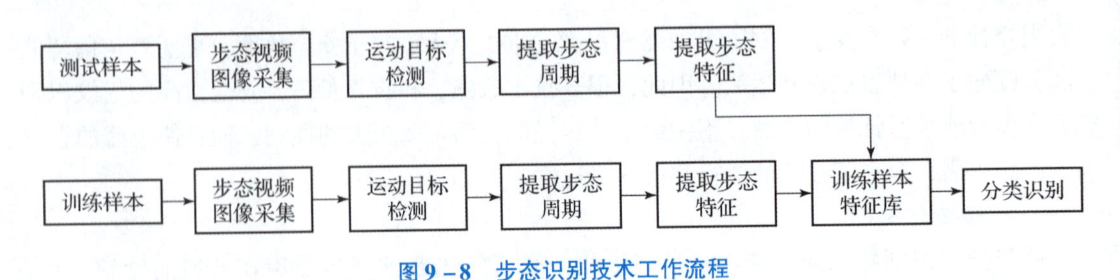

图 9－8 步态识别技术工作流程

9.4.2　步态识别技术的特点

由于人的步态在一定时间内具有稳定性，不容易发生改变。而且医学表明，每个人的步态都有其个体独立性，可以作为个体的识别特征。因此，可以将步态作为识别人体的重要特征。步态识别作为一种远距离、非接触、非面部敏感性的识别方式，可以不需要被测试者暴露诸如人脸、指纹、虹膜等过多的信息就可以开展识别工作。

1. 远距离

步态识别可以在距离较远处就拍摄到被检测人的步态信息。

2. 非接触

步态识别不需要传感器与行人产生接触。这种特性既可以获取得到足够的步态信息，又能让被检测人的不适性降到最低。

3. 非面部敏感性

目前已知的较为简便的非接触的人体识别方式是人脸识别，这在火车站等场所入口处随处可见。

与指纹一样，人体步态特征具有全球唯一性、长期不变性、不易撤销性、易采集性、不可模仿性、不易伪装性、非侵入性、非主动性和高频使用性等特点，是目前最适合大范围多领域普及的生物特征。

9.4.3　步态识别技术的应用领域

已经部分商用化的指纹、人脸等生物特征的信息采集要求近距离或接触性，并且得到图像的分辨率要求比较高，这在一定程度上限制了其应用范围。在一些特定的场合中，这些生物特征较难获取，并且容易伪装或隐蔽，也可能具有强迫性而让人无法接受。而步态作为一种行为生物特征，由于可以在远距离非接触条件下进行，无须人们的配合，并且易于采集，成为生物特征识别领域新的研究热点。

由于步态特征的难以伪装和模仿性，可辅助虹膜特征进行混合生物特征识别，以提高安全性能，给金融和军事等领域带来更强的安全保障。在智能制造及智能家居中，具有非主动性的步态识别技术可以顶替依赖受试者配合的人脸识别技术，从而实现真正意义上的智能识别。此外，在门禁开关系统、智慧城市建设、自助办理通关等领域中，成熟的步态生物识别技术都能产生巨大的价值。

9.5　其他识别技术

9.5.1　虹膜识别

人的眼睛由巩膜、虹膜（iris）和瞳孔三部分组成。虹膜是巩膜和瞳孔之间的环状区域，在这个区域中包含许多交错的斑点、细丝、皱纹和隐窝等细节特征，这些特征从人出生到死亡一直保持不变，只关乎于胚胎期的发育。虹膜的图案是独一无二的，即使是同卵双胞胎，也不能具有相同的虹膜图案。除此之外，虹膜不容易受到损伤，难以直接获取，具有活体检测的特性，是生物特征识别技术比较安全的身份识别方法。虹膜识别系统主要包括以下四个部分：人眼图像获取、虹膜图像预处理、虹膜特征提取和特征模式匹配。人眼图像获取就是使用拍摄装备拍摄人眼部分的图像。虹膜图像预处理是去除眼部图像的噪声，以及由于图像清晰度的不足，对眼部图像进行边缘检测或者图像分离等操作。虹膜特征提取是通过眼部图像提取出虹膜的特征。特征模式匹配将提取的特征与数据库中的巩膜图像进行比对，从而确定被检测者身份。图 9－9 所示为人脸识别、指纹识别、虹膜识别的对比。

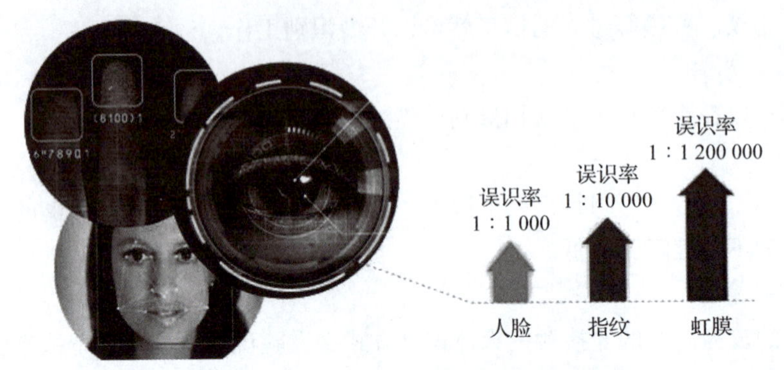

图 9－9　人脸识别、指纹识别、虹膜识别的对比

9.5.2　声纹识别

声纹识别是从说话人发出的语音信号中提取说话人的信息，并对说话人的身份进行识别的研究。声纹（voiceprint）类似于指纹，每个人的发音器官都存在先天生理上的差异，在后天养成过程的保护程度不同，也会造成声纹的差异。因此，声纹识别的难度比较大，一方面易受背景噪声的影响。另外，声纹存在说话人自身的影响因素，如情绪的起伏和身体劳累程度等。但是，声纹识别数据采集方便，识别方法比较隐蔽，不受方言和说话腔调的影响，适用于所有人。

9.5.3　人耳识别

研究表明，人耳是一种与人脸、虹膜、指纹等一样具有唯一性和稳定性的人体特有生物特征体。由于人耳独特的生理特征结构和生理位置，以及其不受外界环境（刺激）和内心活动对生物特征体影响的特点，使人耳识别可望成为一种与人脸识别、虹膜识别、指纹识别同样重要、可相互补充和结合的新的生物特征识别技术。目前，国内外对人耳识别的研究很少。人耳识别的关键性问题包括人耳特征的描述、人耳特征信息的提取、人耳图像的遮挡与缺损。

9.5.4　静脉识别

静脉识别是通过静脉识别仪取得个人手指静脉分布图，从而将特征值存储。比对时，实时采取静脉图，提取特征值进行匹配，从而对个人进行身份鉴定。该技术不受表皮粗糙、外部环境（温度、湿度）的影响，克服了传统指纹识别速度慢，手指有污渍或手指皮肤脱落时无法识别等缺点，提高了识别效率，适用人群广，准确率高，不可复制、不可伪造，安全便捷。

静脉识别分为指静脉识别和掌静脉识别。掌静脉由于保存及对比的静脉图像较多，识别速度方面较慢；指静脉识别，由于其容量大，识别速度快。但是两者都具备精确度高、活体识别等优势，在门禁安防方面各有千秋。总之，指静脉识别反应速度快，掌静脉安全系数更高。

目前常用的生物特征识别方法各自具有不同的特性，应该依据其特点选择适用的不同领域。几种生物特征识别技术性能比较见表9-1。

表9-1 几种生物特征识别技术性能比较

生物特征	通用性	唯一性	采集难度	识别精度	接受度	防欺诈
人脸	高	低	低	低	高	高
指纹	中	高	中	高	中	中
步态	中	低	低	中	高	中
虹膜	高	高	中	高	低	高
声纹	中	低	中	低	高	低
人耳	中	中	中	低	高	中
静脉	中	高	中	中	中	高

9.6 身份识别技术应用案例——步态识别

9.6.1 案例背景

2020年8月31日消息，中国人工智能企业、步态识别领导者之一银河水滴宣布，公司步态识别技术再次取得重大突破，各项关键指标再次刷新CASIA-B步态数据集历史记录；在技术实力继续引领行业的同时，银河水滴步态识别技术实战能力也得到了有效证明，步态识别相关产品已经开始规模化部署。

银河水滴表示，目前，步态识别在实验室中的识别精度已经达到了非常高的水平，继续刷新数据已经没有任何实际意义，众所周知，现阶段，人工智能最大的难点在于落地应用，据有关专家透露，现实场景与实验室场景有着天壤之别，实验室条件下的数据信息获取是在光照稳定、高清晰度、背景干净下单人的行走数据，数据量为千人左右。而实战场景的视频质量有多重干扰因素，如像素、光照、距离、复杂背景、人物遮挡等，并且实战环境中的数据对比量可达千万人次。因此，测试数据库得到的高识别率无法在实战场景中取得应有效果。

9.6.2 发展现状

2019年年底，银河水滴步态识别互联系统在湖北某公安分局成功规模化部署，通过自主研发的前后端配套产品，在不改变前端摄像头的前提下，实现了高效率、低成本的大规模智能视频分析，支持分局3 000路普通摄像头的并发处理。截至目前，在犯罪嫌疑人夜间作案并进行面部遮挡、刻意伪装的情况下，协助当地警方接连侦破入室盗窃等多起案件。同时，在广州、深圳等地，银河水滴也协助警方高效完成了数百起案件的串并工作，大大提高了疑难案件的侦破效率。

截至目前，银河水滴已经推出了一系列填补国内外空白的创新性产品及解决方案：步态识别互联系统、步态检索一体机、大规模步态库建设方案、智能步态人脸双目抓拍机、发热人员智能筛查与轨迹追踪系统等。

银河水滴步态识别产品已经广泛应用于刑侦等安防相关领域，适用于多种场景下的实战需求。2019 年，银河水滴在华中地区某市部署了步态识别系统，实现对数千路相机实时步态分析，支持上传和处理未接入系统的离线视频数据，提取、保存、检索视频资源中的步态特征，系统建成后，曾在一个月内帮助该市警方侦破数十多起疑难案件，其中包括多起未采集到人脸信息的刑事案件，通过步态识别技术，大大降低了警方侦查难度。目前银河水滴步态识别产品已经在全国近 30 个省级行政区域部署，并已成功帮助公安机关侦破近千起嫌疑人面部被遮挡的入室盗窃、户外扒窃、溺水身亡等疑难案件。

未来，银河水滴将继续以先进的人工智能技术、步态识别产品助力警方守护公共安全，为国家建设平安城市、智慧城市保驾护航。

9.6.3 产品介绍

1. 银河水滴步态实战平台——远见

由银河水滴团队自主研发，是一个应用步态识别技术进行侦查实战的大数据平台，集步态建库、步态识别、步态检索、步态比对、大范围追踪等功能于一体，支持上万路摄像机并发，既可节省看视频的人力和时间，提升破案效率，又能解决人脸识别、视频结构化等手段无法处理的场景。基于“远见”平台，客户可以在海量视频中快速进行人物检索和身份识别，快速实现目标人物查找和追踪。图 9 – 10 所示为“远见”平台界面示意图。

图 9 – 10 “远见”平台界面示意图

2. 银河水滴步态采集平台——神采

“神采”平台可以为客户提供专业化的步态特征采集方案，快速建立高质量的步态特征数据库，将步态大数据平台与步态识别有效连接起来，为步态实战应用提供有效数据支撑。步态数据库可同已建成的人脸库等协同工作，形成多特征身份识别体系，通过“步态+人脸”协同作战，充分利用人脸和步态各自优点，快速锁定目标人员身份。

9.6.4 原理和关键技术

视频的主要特点是具有动态连续性，监控视频画面不仅记录了人像的个体静态特征，同时也以动态方式记录了人像的动作行为过程。分析视频中人的动态特征，主要是分析视频中人像头部、四肢、腰部等部位的动态特征，其中最典型的是对视频中人的步态特征的分析和检验。与静态特征相比，视频画面中的动态行为特征受设备因素和外界环境因素的影响较小。在视频中，动态行为过程如摆臂、行走等，具有重复性和周期性。人的步态特征形成后，在一定时期内很难发生变化，具有相对稳定性，而不容易隐蔽和伪装。

如图9-11所示，步态识别一般原理是通过摄像机采集一个人的走路视频，对其进行检测、分割，提取出人在行进中的动态及静态特征，并转化成数字编码，然后和数据库中存储的数据进行比对，得出身份识别的结果。

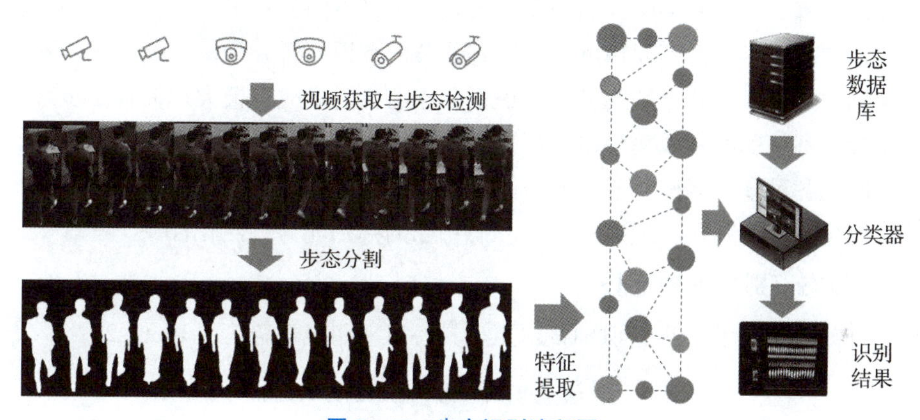

图9-11 步态识别流程图

步态识别的关键技术主要有步态跟踪技术、步态检测、步态分割、步态特征提取与比对。

1. 步态跟踪技术

步态跟踪技术使用深度卷积神经网络提取行人的表观特征，并结合行人运动轨迹的动态特征，共同得到人的运动轨迹和位置，并支持实时的多人同时跟踪，其算法实际在GPU上运行可达到毫秒级别。

2. 步态检测

步态检测是指在图像或视频中定位出行人位置的技术，其核心问题在于准确区分人形区域和非人形区域，以及对人形区域的精准定位，其原理与通用的目标检测方法是相通的。传统的目标检测方法通常使用手工设计特征Harr特征进行人脸检测，HOG特征进行行人检测。这些传统方法的精度都比较低，难以适应更复杂的实战场景。2012年以来，随着以AlexNet为代表的深度卷积神经网络方法在图像分类领域取得重大突破，目标检测领域也进入到了深度学习的新阶段。2015 年以来，通用目标检测算法如 Faster R－CNN、YOLO、SSD 等不断涌现，使得目标检测的精度和速度都得到了不断提升，步态检测技术已经取得了显著的进展。

3. 步态分割

步态分割的主要目的是在人形图像中准确分离人体和背景，从而获得步态剪影区域，为后续步态特征的提取做好准备。近年来，在深度神经网络技术特别是全卷积网络（Fully Convolutional Networks，FCN）的推动下，图像分割技术取得了巨大的进展。全卷积网络取代全连接层用卷积层，因此可以输入任意大小的图像，速度比基于单块分类的分割方法快很多，大大提升在实战场景下的使用价值。通过上采样等操作，全卷积网络最终能够获得和输入图像同样大小的输出图像。

4. 步态特征提取与比对

步态特征提取使用深度卷积神经网络作为基础结构，使用了多任务学习目标，同时，随机采取大量的时序步态数据进行模型学习。可用于监控场景中的步态特征提取，所提不同个体的特征有良好的区分性，同一个体的特征有良好的内聚性，其速度可达到毫秒级别。

特征提取是模式识别的关键，而步态与人脸、虹膜不同，除了静态特征之外，还有动态特征。步态识别的目标是在不同角度、不同着装条件下识别行人身份。近年来，随着深度学习与步态识别的结合，有效地解决了步态识别存在的各类挑战，极大地促进了步态识别的发展，使得步态识别精确度和效率得以快速提高。基于步态剪影图的方法在识别率上取得了大幅提升。同时，各种基于弱监督或无监督方法也取得了蓬勃发展，实际场景中，海量无监督信息的剪影图序列得以利用，快速提升了步态特征的判别能力和泛化性。

9.6.5 步态识别技术的优势

相比于其他识别技术，步态识别技术至少具备以下明显优势，见表 9－2。

表 9－2 步态识别相比其他识别方式性能

技术优势	指纹识别	虹膜识别	人脸识别	步态识别
识别距离	接触	1 m	10 m	50 m
识别角度	正面	正面	基本正面	全视角
光照	不依赖	红外光照	光照良好	光照不敏感
可伪装性	可复制 & 伪装	可复制 & 伪装	可遮盖 & 伪装	难以伪装
配合度	需配合	需配合	需适度配合	无需配合

1. 步态识别对识别距离要求不高

当视频采集设备与待识别目标距离较远时，人脸模糊不清，指纹更无法采集，但是人走路的姿态却清晰可见。除此之外，从预防的角度来说，适用于远距离的身份识别技术可以在很大程度上增加以安全为目标的智能视频监控系统，如图 9－12 所示。

图9-12　远距离、模糊场景下步态识别应用

2. 步态识别的非强迫性

与传统的生物特征识别技术（如指纹、虹膜等）相比，步态特征无须被识别者的配合即可获取步态特征。

3. 步态特征的不易隐藏、不易模仿性

不同于其他的生物特征，如可以用明胶做的橡胶手指以较高的成功率骗过指纹识别系统，步态特征是人身体各个部位的协调动作，在一定时间内具有稳定性，既很难改变，又很难被其他人模仿。

小　　结

生物特征识别技术是通过计算机与各种声学、光学、生物传感器和生物统计学原理等手段相结合，利用人体固有的生理和行为特征进行验证、识别的各种方法。

本任务主要学习了生物识别技术的概念，详细讨论了人脸识别技术、指纹识别技术、步态识别技术的工作流程和应用，并介绍了其他生物识别技术。

习　　题

1. （　　）是目前运用最广、成本最低、技术最为成熟的生物识别技术。

A. 人脸识别　　B. 指纹识别　　C. 虹膜识别　　D. 步态识别

2. 将人脸图像与数据库中已存的所有图像匹配，选取相似度最高的图像来确定身份的过程属于（　　）。

A. 确认　　B. 辨认　　C. 识别　　D. 提取

3. 下列生物特征识别技术唯一性最低的是（　　）。

A. 静脉识别　　B. 指纹识别　　C. 人脸识别　　D. 虹膜识别

4. 不是基于生物特征身份识别技术的是（　　）。

A. 密码识别　　B. 人脸识别　　C. 指纹识别　　D. 虹膜识别

5. 可在远距离状态下完成识别任务的是（　　）。

A. 步态识别　　B. 指纹识别　　C. 人脸识别　　D. 虹膜识别

任务记录单

任务名称	
实验日期	
姓名	
实施过程：	
任务收获：	

任务 10

寻找机器人

（学习主题：机器人技术）

任务导入

任务目标

1. 知识目标

能够阐述何为机器人；

能够阐述机器人的发展史；

能够阐述智能机器人的三大要素和六大关键技术。

2. 能力目标

能够区分现实中机器人的类型；

能够识别现实中机器人的关键技术；

能够在现实中更好地使用机器人。

3. 素质目标

提升开拓创新的能力；

提升主动探索的积极性。

任务要求

从以下两个任务中任选其一完成。

任务 1：人形机器人是机器人的一种，请你在日常生活中寻找一款人形机器人，并分析其为什么设计为人形。如果不设计成人形，是否能够实现相应功能，设计为人形的优势是什么？

任务 2：当前，仿生机器人（仿生机器人是指模仿生物、从事生物特点工作的机器人）领域也取得了很多重大突破，机器蜘蛛、机器蛇等实例有很多，请你寻找一款仿生机器人产品，并整理其相关资料，形成图片、文字、视频资料。

提交形式

图片、文字、视频文件。

从《变形金刚》中酷炫的汽车机器人，再到《流浪地球2》中的机械狗“笨笨”，人们在科幻中描绘机器人的未来。

当前，机器人技术的发展日新月异。在行动上，机器人从过去的笨拙缓慢变得灵巧敏捷；在智力上，人工智能的发展在深度学习和人工神经网络方面有很大的突破；在使用场景上，机器人不但可以承担工厂生产线上的工作，还可以走进家庭，扫地、浇水、做饭；从功能上，机器人不但可以替代手工操作，而且在逐步替代脑力劳动，如图10－1所示。

图10－1　机械狗模型

10.1　走进机器人技术

走进机器人技术

随着智能时代的到来，机器人越来越多地参与到我们的生活和工作中。因为机器人的出现和高速发展是社会和经济发展的必然，能够提高社会的生产水平和人类的生活质量，让机器人替代人类完成干不了、干不好的工作。比如，会对人体造成伤害的喷漆或重物搬运等工作；人类无法长时间完成的汽车焊接等精密工作；需要在恶劣环境下完成的工作；一些枯燥单调的重复性流水线工作等。这些都是机器人大显身手的地方，机器人会为人类做许多有益的事情，会推动产业的发展，给人类创造更多的就业机会。

10.1.1　初识机器人

1. 定义

机器人是自动执行工作的机器装置，会靠自身动力和控制能力来实现各种功能。它既可以接受人类指挥，又可以运行预先编排的程序。它的任务是协助或取代人类工作。

2. 机器人的认知解读

需要明确的是，机器人并不一定拥有酷似人类的外表。人工智能是机器人“体内”的“大脑”，机器人是人工智能技术的一个应用领域，人工智能技术能够在机器人这种具有实体和执行能力的对象上得到更全面的体现。人工智能技术的发展，也丰富了机器人的概念，机器人已经不局限于能够“摸得着、看得见”的实物，还有“看不见”且一直在帮助我们的机器人，如“翻译机器人”“语音应答机器人”等。图10－2所示为一款翻译机器人和教育陪伴机器人。

图10－2　一款翻译机器人和教育陪伴机器人

机器人就是一种自动化的机器，所不同的是，这种机器具备一些与人或生物相似的智能能力，如感知能力、规划能力、动作能力和协调能力，是一种具有高度灵活性的自动化机器。机器人技术综合了多学科的发展成果，代表了高技术的发展前沿，它在人类生活中应用领域的不断扩大正引起国际上对其作用和影响的重新认识。

10.1.2　机器人的分类

机器人分类有很多种方法，2020年11月，国家市场监督管理总局、国家标准化管理委员会联合发布《中华人民共和国国家标准——机器人分类》，如图10－3所示。该标准对各种类型的机器人进行详细梳理和分类，对机器人的命名要求进行深入研究，在此基础上制定机器人分类规范标准，可以填补中国机器人分类标准的空白，推动机器人标准化进程，对于提升中国机器人的技术水平有着深远的意义。

ICS 01.120
J 28

GB

中华人民共和国国家标准

GB/T 39405—2020

机器人分类

Classification of robot

2020-11-19 发布　　2021-06-01 实施

国家市场监督管理总局
国家标准化管理委员会　发布

图10－3　机器人分类

机器人按照功能分类，可以分为一般机器人和智能机器人。

1. 一般机器人

一般机器人指不具有智能，只能死板地按照人们给它规定的程序工作，不管外界条件有任何变化，机器人都不能对程序也就是所做的工作进行任何调整。如果要改变机器人所做的工作，必须由人类对程序做相应的改变才能够实现。

2. 智能机器人（Intelligent Robot）

智能机器人根据其智能程度不同，可分为以下三种：

1）传感型机器人

传感型机器人具有采集各种传感信息的能力，包括视觉、听觉、触觉等，受控于外部计算机。外部计算机处理由受控传感型机器人采集的各种信息，并根据传感型机器人本身的各种姿态和轨迹等发出控制指令，指挥传感型机器人工作。

2）交互型机器人

交互型机器人可以通过计算机系统与操作员或程序员进行人机对话，实现对机器人的控制与操作。虽然其具有了部分处理和决策功能，能够独立地实现一些诸如轨迹规划、简单的避障等功能，但是还要受到外部控制。

3）自主型机器人

自主型机器人本体自带各种必要的传感器、控制器，在运行过程中无外界人为信息输入和控制的条件下，可以独立完成一定的任务。

一般机器人与智能机器人的主要差别在于，一般机器人擅长从事受控环境下的任务，它没有学习能力，接收到下达的指令后，会按照指令老老实实地完成任务。而智能机器人有更强的移动能力、机敏性、灵活性和适应性，并具备智能学习及和人类互动的能力。

10.1.3 机器人的组成

机器人一般由执行机构、驱动装置、检测装置和控制系统等组成。

1. 执行机构

执行机构也就是机器本体。根据关节配置和运动坐标形式的不同，机器人执行机构可分为直角坐标系、圆柱坐标式、极坐标式和关节坐标式等类型。出于拟人化的考虑，常将机器人本体的有关部位分别称为基座、腰部、臂部、腕部、手部和行走部等。

2. 驱动装置

驱动装置是驱使执行机构运动的机构，按照控制系统发出的指令信号，借助动力元件使机器人进行动作。它输入的是电信号，输出的是线位移量和角位移量。机器人使用的驱动装置主要是电力驱动装置，如步进电机、伺服电机等，也有采用液压、气动等驱动装置。

3. 检测装置

实时监测机器人的运动及工作情况，根据需要反馈给控制系统，与设定信息进行比较后，对执行机构进行调整，以保证机器人的动作符合预定的要求。

4. 控制系统

集中式控制系统也就是机器人的全部控制由一台微型计算机完成。分散式控制系统就是采用多台微机来分担机器人的控制工作，若采用上下两级微机共同完成机器人的控制，主机常用于负责系统的管理、通信、运动学和动力学计算，并向下级微机发送指令信息；作为下级从机，各关节分别对应一个 CPU，进行补差运算和伺服控制处理，实现给定的运动，并向主机反馈信息。

10.2　机器人技术发展史

随着机器人技术的飞速发展和信息时代的到来，机器人所涵盖的内容越来越丰富，机器人的发展也不断得到充实和创新。

10.2.1　机器人的发展阶段

1. 第一代机器人

具有记忆、存储能力，按相应程序重复作业，但对周围环境基本没有感知与反馈控制能力。第一代机器人也被称为示教再现型机器人，这类机器人需要使用者事先教给它们动作顺序和运动路径，再不断重复这些动作。

2. 第二代机器人

具有类似于人的某种感觉，比如力觉、触觉、听觉。第二代机器人靠感觉来判断力的大小和滑动的情况，在工作时，根据感觉器官也就是传感器来获取信息，灵活调整自己的工作状态，以保证在适应环境的情况下完成工作。例如，有触觉的机械手可以轻松自如地抓取鸡蛋，具有嗅觉的机器人能分辨出不同的饮料和酒类。第二代机器人已进入实用化阶段，在工业生产中得到了广泛应用。目前我国已生产出部分机器人关键元器件，开发出具有弧焊、点焊、码垛、装配、搬运、注塑、冲压、喷漆等功能的工业机器人。一批国产工业机器人已服务于国内诸多企业的生产线上；一批机器人技术的研究人才也涌现出来。一些相关科研机构和企业已掌握了工业机器人操作机的优化设计制造技术，工业机器人控制、驱动系统的硬件设计技术，机器人软件的设计和编程技术，运动学和轨迹规划技术，弧焊、点焊及大型机器人自动生产线与周边配套设备的开发和制备技术等，某些关键技术已达到或接近世界水平。

3. 第三代机器人——是目前正在研究的智能机器人

随着人工智能与互联网、物联网、大数据及云平台等的深度融合，在超强计算能力的支撑下，智能机器人正逐步获得更多的感知与决策认知能力，变得更加灵活、灵巧与通用，开始具有更强的环境适应能力和自主能力，以便适配于更加复杂多变的应用场景。与此同时，智能机器人的应用范围从制造业不断扩展到外星探测、空天、陆地、水面、海洋、极地、核化、微纳操作等特种与极限领域，并开始渗透到人们的日常生活。总之，智能机器人与人工智能之间的关系已变得密不可分。

（1）第一代智能机器人，以传统工业机器人和无人机为代表的机电一体化设备。关注的是操作与移动飞行功能的实现，使用了一些简单的感知设备，如工业机械臂的关节编码器、AGV 的磁条磁标传感器等，智能程度较低。研发重点是机构设计，以及驱动、运动控制与状态感知等。代表性产品是六自由度多关节机械臂、并联机器人、SCARA 平面关节式机器人和磁条导引式 AGC 或 AGV。非制造领域的成功案例为各种循线跟踪式的无人机。这类机器人通过编程示教或循线跟踪，仅能在工厂或沿固定路线等结构化环境中替换某些工位或特定工种设定的简单及重复性作业任务。“机器换人”的替代率只有 5%。

（2）第二代智能机器人，也称为新一代机器人或机器人 2.0。其特点是具有部分环境感知、自主决策、自主规划与自主导航能力，特别是具有类人的视觉、语音、文本、触觉、力觉等模式识别能力，因而具有较强的环境适应性和一定的自主性。在机构设计方面，则须进一步发展安全、灵巧、灵活、通用、低耗以及具有自然交互能力的仿生机械臂与机械腿（足）等。核心是基于新一代人工智能技术的感知能力提升。在工业机器人领域，已有瑞士 ABB YuMi 双臂协作机器人（图 10 - 4）、美国 Rethink 机器人公司的 Baxer 和 Sawyer 机械臂以及丹麦 Universal 公司的 UR10 等。非制造领域的成功案例是 L3、L4 自动驾驶汽车（具有部分环境感知能力与一定的自主决策能力），达芬奇微创外科手术机器人，波士顿动力公司的大狗、猎豹、阿特拉斯、Handle（轮腿式）等系列仿生机器人（图 10 - 5），以及日本本田公司著名的 ASIMO 人形机器人（图 10 - 6）等。

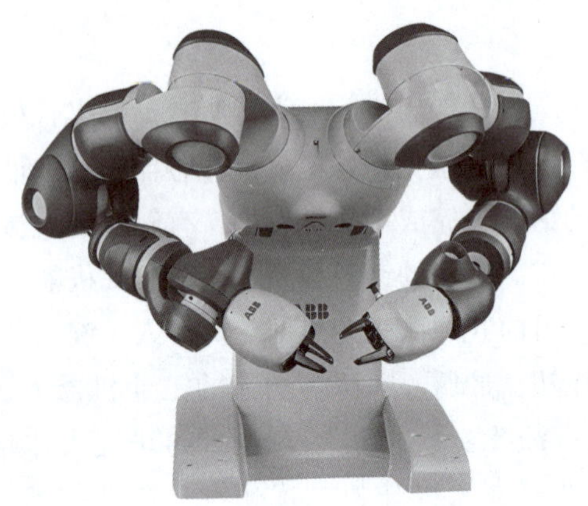

图 10 - 4　瑞士 ABB YuMi 双臂协作机器人

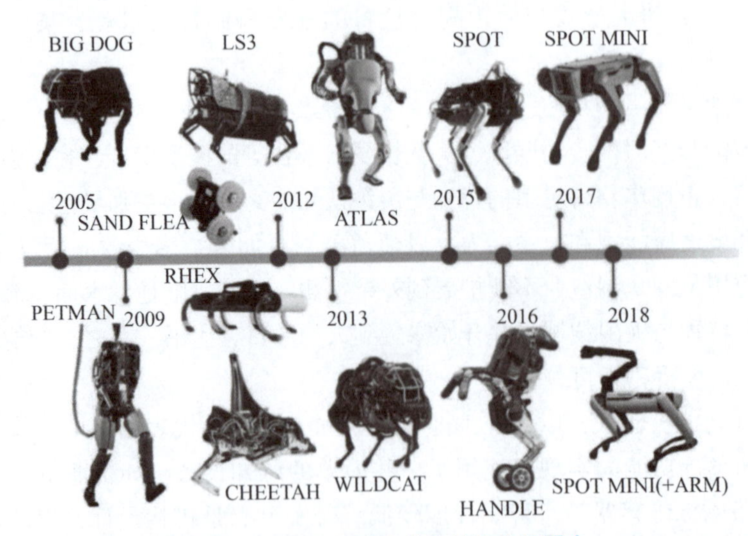

图 10 - 5　波士顿动力公司的仿生机器人

我国的优必选科技以大熊猫的形象为设计原型，为迪拜世博会中国馆专属定制的机器人优悠，于 2021 年世界机器人大会全球首发，如图 10－7 所示。

图 10－6　日本本田公司的 ASIMO 人形机器人

利用具有环境适应能力的第二代智能机器人，“机器换人”的可替换工序高达 60% 以上。生产线形成全机器人闭环后，甚至可实现 100% 无人的全自动化智能生产车间。随着以深度学习为主要标志的弱人工智能的迅猛发展，特别是开放环境中接近于人类水平的视觉与语音识别技术的应用落地及其实用化，面向特定制造业应用场景的大规模“机器换人”或将在未来 5 年之内出现，其对制造业的经济贡献将是传统工业机器人的数十倍。

图 10－7　优必选熊猫机器人优悠

（3）第三代智能机器人，除具有第二代智能机器人的全部能力外，还具有更强的环境感知、认知与情感交互功能，以及自学习、自繁殖乃至自进化能力。核心是开始逐步具有认知智能的能力。这方面目前仅有一些初期的典型产品，如 2014 年日本软银公司发布的第一款消费类智能人形机器人 Pepper，已具有基于人工智能的语音交互、人脸追踪与识别以及初步的情感交互能力。另外就是目前颇具争议的，首位被授予沙特公民身份的“机器人索菲亚”，也表现出第三代智能机器人研究工作中的一些特征，即更加重视理解判决与情感交互等认知功能的模拟和探索，尽管索菲亚的表现还十分原始。图 10－8 所示的是机器人“索菲亚”。

图 10－8　机器人“索菲亚”

总之，随着深度学习局限性日益凸显、原创性人工智能理论出现某种停滞，特别是由于人工智能产业落地速度不断加快，智能机器人挤掉部分泡沫，似乎又开始重新回到炽热的主赛道。

10.2.2 机器人领域的十大前沿技术

近些年来，机器人行业发展迅速，机器人被广泛应用于各个领域尤其是工业领域，不难看出其巨大潜力。与此同时，我们也必须认识到机器人行业的蓬勃发展，离不开先进的科研进步和技术支撑。以下是十大机器人最前沿技术。

1. 软体机器人——柔性机器人技术

柔性机器人技术是指采用柔韧性材料进行机器人的研发、设计和制造。柔性材料具有能在大范围内任意改变自身形状的特点，在管道故障检查、医疗诊断、侦查探测领域具有广泛应用前景。图 10－9 所示为柔性机器人关阀门。

2. 机器人可变形——液态金属控制技术

液态金属控制技术指通过控制电磁场外部环境，对液态金属材料进行外观特征、运动状态准确控制的一种技术，可用于智能制造、灾后救援等领域。图 10－10 所示为英国科学家通过编程控制液态金属。

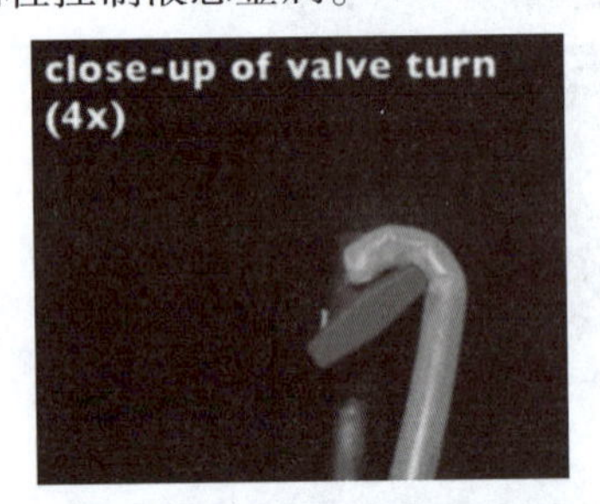

图 10－9　柔性机器人关阀门

图 10－10　英国科学家通过编程控制液态金属

液态金属是一种不定型、可流动液体的金属，目前的技术重点主要集中在液态金属的铸造成型上，液态机器人还只是一个美好的愿景。

3. 生物信号可以控制机器人——生肌电控制技术

生肌电控制技术利用人类上肢表面肌电信号来控制机器臂，在远程控制、医疗康复等领域有着较为广阔的应用。图 10－11 所示为意大利技术研究院研发的儿童机器人 iCub。

图 10－11　意大利技术研究院研发的儿童机器人 iCub

4. 机器人可以有皮肤——敏感触觉技术

敏感触觉技术指采用基于电学和微粒子触觉技术的新型触觉传感器，能让机器人对物体的外形、质地和硬度更加敏感，最终胜任医疗、勘探等一系列复杂工作。图 10 – 12 所示为触觉机械手“Gentle Bot”抓取西红柿。

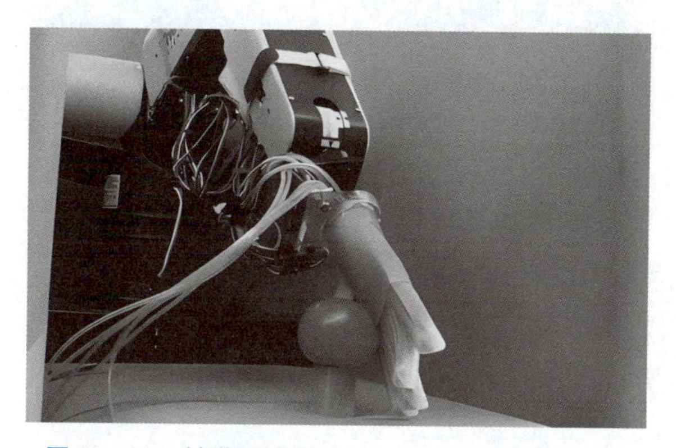

图 10 – 12　触觉机械手“Gentle Bot”抓取西红柿

5. “主动”交流——会话式智能交互技术

采用会话式智能交互技术研制的机器人不仅能理解用户的问题并给出精准答案，还能在信息不全的情况下主动引导完成会话。

苹果公司新一代会话交互技术将会摆脱 Siri 一问一答的模式，甚至可以主动发起对话。图 10 – 13 所示为曾经扬言要毁灭人类的 Sophia 机器人。2017 年 10 月 26 日，沙特阿拉伯授予香港汉森机器人公司生产的机器人索菲亚公民身份。

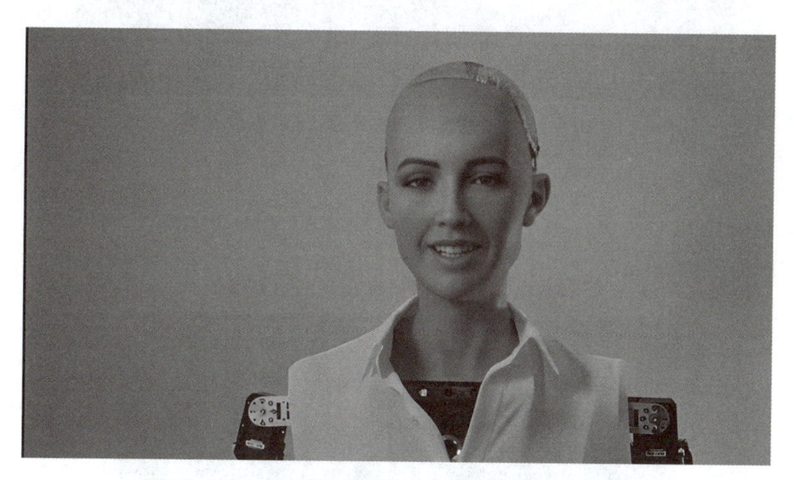

图 10 – 13　曾经扬言要毁灭人类的 Sophia 机器人

6. 机器人有心理活动——情感识别技术

情感识别技术可实现对人类情感甚至是心理活动的有效识别，使机器人获得类似人类的观察、理解、反应能力，可应用于机器人辅助医疗康复、刑侦鉴别等领域。

对人类的面部表情进行识别和解读，是和人脸识别相伴相生的一种衍生技术。图 10 – 14 所示为日本 SBRH 研发的 Pepper 对人的情感识别。

图 10－14　日本 SBRH 研发的 Pepper 对人的情感识别

7. 用意念操控机器——脑机接口技术

脑机接口技术指通过对神经系统电活动和特征信号的收集、识别及转化，使人脑发出的指令能够直接传递给指定的机器终端，可应用于助残康复、灾害救援和娱乐体验。图 10－15 所示为借助 Focausedu 实现用意念写字。

图 10－15　借助 Focausedu 实现用意念写字

8. 机器人带路——自动驾驶技术

应用自动驾驶技术可为人类提供自动化、智能化的装载和运输工具，并延伸到道路状况测试、国防军事安全等领域。图 10－16 所示为“阿尔法巴”智能驾驶公交系统。

图 10－16　“阿尔法巴”智能驾驶公交系统

9. 再造虚拟现场——虚拟现实机器人技术

虚拟现实机器人技术可实现操作者对机器人的虚拟遥控操作，在维修检测、娱乐体验、现场救援、军事侦察等领域有应用价值。图 10 - 17 所示为 mVR 虚拟现实手术规划系统处理脊柱的临床案例。

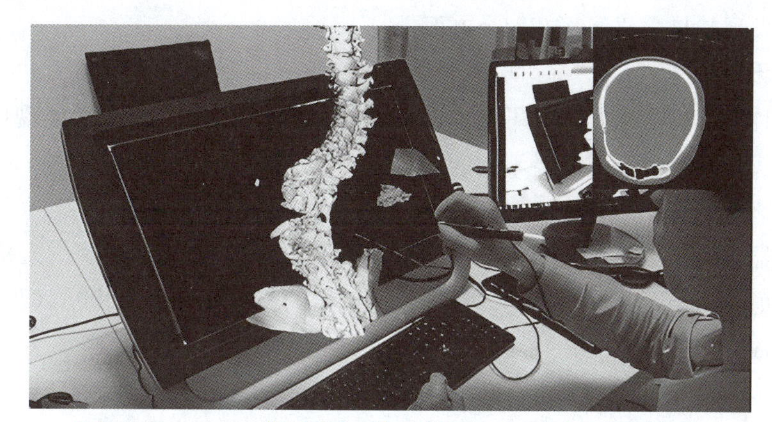

图 10 - 17　mVR 虚拟现实手术规划系统处理脊柱的临床案例

10. 机器人之间互联——机器人云服务技术

机器人云服务技术指机器人本身作为执行终端，通过云端进行存储与计算，即时响应需求和实现功能，有效实现数据互通和知识共享，为用户提供无限扩展、按需使用的新型机器人服务方式。图 10 - 18 所示为德国机器人展上的智能机械手。

图 10 - 18　德国机器人展上的智能机械手

10.2.3　机器人技术的未来发展趋势

机器人技术涉及机械、电子、控制、计算机、人工智能、传感器、通信、网络等多个学科和领域，是多种高新技术发展成果的综合集成。它的发展与上述学科发展密切相关。机器人在制造业的应用范围越来越广阔，其标准化、模块化、网络化和智能化的程度也越来越高，功能越来越强，并向着成套技术和装备的方向发展。

在人工智能技术取得越来越多进展的推动下，机器人技术应用正在从传统制造业向非制造业转变，向以人为中心的个人化和微小型方向发展，已经开始服务于人类活动的各个领域。总趋势正在从狭义的机器人概念向广义的机器人技术概念转移；从工业机器人产业向解决工程应用方案业务的机器人技术产业发展。机器人技术的内涵包括“灵活应用机器人技术、具有实在动作功能的智能化系统”。目前，工业机器人技术正在向智能机器和智能系统的方向发展，发展趋势主要体现在七个方面：

1. 机器人机构技术

开发出多种类型机器人机构，研究重点是机器人新的结构、功能及可实现性，目的是使机器功能更强、柔性更大，以满足不同的需求。

2. 机器人控制技术

实现了机器人的全数字化控制，重点研究开放式、模块化控制系统，人机界面更加友好，具有良好的语言及图形编辑界面。机器人控制器的标准化和网络化，以及基于 PC 机网络式控制器已成为研究热点。

3. 数字伺服驱动技术

实现全数字交流伺服驱动控制，绝对位置反馈，目前正研究利用计算机技术探索高效的控制驱动算法，提高系统的响应速度和控制精度，利用现场总线技术实现分布式控制。

4. 多传感系统技术

多种传感器的应用是提高机器人的智能和适应性的关键。目前视觉传感器、激光传感器等已在机器人中成功应用。下一步的研究热点集中在可行的多传感器融合算法，以解决传感系统的实用化比问题。

5. 机器人应用技术

主要包括机器人工作环境的优化设计和智能作业，实现机器人作业的高度柔性和对环境的适应性。

6. 机器人网络化技术

使机器人由独立的系统向群体系统发展，使远距离操作监控、维护及遥控“脑型工厂”成为可能，这是机器人技术发展的一个里程碑。

7. 机器人灵巧化和智能化

机器人结构越来越灵巧、控制系统越来越小、智能化程度也越来越高，并朝着一体化方向发展。

2023 年 1 月 19 日，工信部等十七部门印发《“机器人 +” 应用行动实施方案》。方案提出，到 2025 年，制造业机器人密度较 2020 年实现翻番，服务机器人、特种机器人行业应用深度和广度显著提升，机器人促进经济社会高质量发展的能力明显增强。聚焦十大应用重点领域，突破 100 种以上机器人创新应用技术及解决方案，推广 200 个以上具有较高技术水平、创新应用模式和显著应用成效的机器人典型应用场景，打造一批“机器人 +” 应用标杆企业，建设一批应用体验中心和试验验证中心。推动各行业、各地方结合行业发展阶段和区域发展特色，开展“机器人 +” 应用创新实践。搭建国际国内交流平台，形成全面推进机器人应用的浓厚氛围。

10.3　智能机器人

10.3.1　智能机器人的组成

智能机器人

计算机技术和人工智能技术的飞速发展使机器人在功能和技术层面上有了很大的提高，机器人的视觉和触觉等技术就是典型的代表。这些技术的发展推动了机器人概念的延伸。在研究和开发在未知及不确定环境下作业的机器人的过程中，人们逐步认识到机器人技术的本质是感知、决策、行动和交互技术的结合。

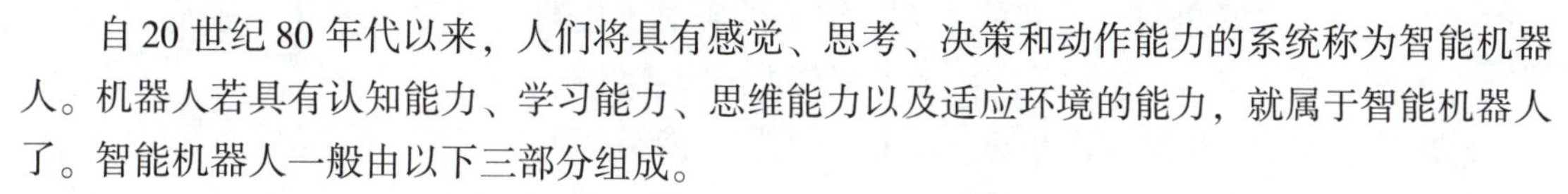

自 20 世纪 80 年代以来，人们将具有感觉、思考、决策和动作能力的系统称为智能机器人。机器人若具有认知能力、学习能力、思维能力以及适应环境的能力，就属于智能机器人了。智能机器人一般由以下三部分组成。

1. 运动部分

智能机器人需要有一个无轨道型的移动机构，以适应诸如平地、台阶、墙壁、楼梯、坡道等不同的地理环境。它们的功能可以借助轮子、履带、支脚、吸盘、气垫等移动机构来完成，在运动过程中要对移动机构进行实时控制。这种控制不仅包括位置控制，而且还要有力度控制、位置与力度混合控制、伸缩率控制等。运动部分包括行走机构、机械手以及手抓。

2. 智能部分

智能机器人的智能部分包括认知能力、学习能力、思维能力和决策能力，智能部分根据感觉要素所得到的信息，思考出采用什么样的动作。智能机器人的智能部分是 3 个部分中的关键，也是人们要赋予机器人的必备部分。智能部分智能活动的实质是一个信息处理过程，计算机则是完成这个处理过程的主要手段。

3. 感觉部分

感觉部分包括能感知视觉、接近、距离等的非接触型传感器以及能感知力、压觉、触觉等的接触型传感器，用来认识周围环境状态。感觉部分实质上相当于人的眼、鼻、耳等五官，它们的功能可以利用诸如摄像机、图像传感器、超声波传感器、激光器、导电橡胶、压电元件、气动元件、行程开关等机电元件来实现。

智能机器人由感觉装置感受到外界环境的状况，产生信息，并由计算机进行识别。计算机中存储有许多知识，也就是存储有许多规则和数据。计算机根据已有的知识对得到的外界信号进行分析、判断、推理，最后做出决策，产生控制信号，驱动机器人的行走机构、机械手和手爪运动，完成操作。这样不但能适应外界环境的变化，而且还能完成复杂的任务。

10.3.2　智能机器人的三大要素

目前机器人已经能够胜任精确、重复性的工作，但很多时候它还不能够灵活地为新任务进行自我调整，以应付一个不熟悉的或不确定的情景。随着机器人的应用需求不断增加，人工智能相关技术不断进步，硬件性能不断提高，服务机器人近年来开始从实验室走向家庭，并从扫地机器人等单一功能的机器人向多功能机器人的方向发展。

智能机器人有三大要素，分别为感知（perceptive）、认知（cognitive）和行为。其中，感知主要是智能机器人能够基于视觉、听觉及各种传感器的信息处理，从而感受和认识外部环境；认知负责更高层的语义处理，如推理、规划、记忆、学习等，指智能机器人可以利用外部装配获得信息，制订对策方案，解决问题；行为专门对机器人的行为进行控制，使智能机器人具有可以完成作业的机构和驱动装置，能够对外界做出反应，完成操作者所下达命令。机器人技术的三大要素如图 10－19 所示。

机器人本身是人工智能的一个终极应用目标，所以，谈到机器人时，人们很容易联想到人工智能。人工智能的确对于机器人非常重要，上面提到的机器人技术的三大要素都与人工智能相关。

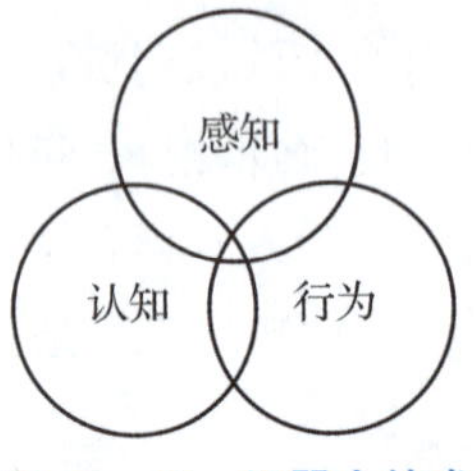

图 10－19　机器人技术的三大要素

从应用角度看，机器人由于有一定的自主性，能与任何环境交互，与之前的计算设备相比，对智能的要求较高。这也是人工智能逐渐受到关注的一个原因。从技术上看，人工智能达到人类的智能水平要走的路还非常遥远，但从实用角度看，根据目前技术的进展，如果能够部分模拟人的智能行为并达到较好的用户体验，将会在短期内取得突破性进展。当然，这在研发上还需进一步解决技术的实用性、鲁棒性问题。

10.3.3　智能机器人的六大关键技术

现有智能机器人的应用满足了越来越多人类生产、生活需求，随着经济及技术的发展，未来智能机器人将被赋予了更多可能性，人类多样化的需求增长也要求智能机器人具备更加丰富、高效的功能作用，新技术的融入无可厚非，但根据已有研究经验，智能机器人的研发与应用离不开几个关键技术。

1. 多传感器信息融合技术

多传感器信息融合技术是近年来十分热门的研究课题，它与控制理论、信号处理、人工智能、概率和统计相结合，为机器人在各种复杂、动态、不确定和未知的环境中执行任务提供了一种技术解决途径。

智能机器人自身往往具有一个或多个传感器（sensor），根据用途不同，可区分为外部测量传感器和内部测量传感器。外部测量传感器主要帮助智能机器人获得外部数据信息，包括视觉传感器、触觉传感器、角度传感器等。内部传感器则主要帮助智能机器人校测内部组成部件的状态，包括方位角度传感器、加速度传感器、角速度传感器等。多传感器信息融合技术能够综合处理多个传感器感知数据，更加完善、准确地检测对象特性，以获得更加可靠、全面的信息。

2. 导航定位与路径规划技术

实现在静态障碍物和动态障碍物组成的非结构环境下的高效安全定位、避障与导航是智能机器人研究的关键技术之一。导航技术能够利用摄像头等物理设备或多种传感器进行目标识别和障碍物检测，通过对自身所处环境的理解，实现全局定位和简单避障，保障智能机器人顺利执行任务且不受外界障碍物和移动物体的伤害。定位技术则运用被动式传感器系统感知机器人自身运动状态，累计计算获得定位信息或运用主动式传感器系统感知外部环境或人为路标，匹配预设模型，获知当前相对位置与定位信息。

机器人只要可移动，就需要在家庭或其他环境中进行导航定位。SLAM（Simultaneous Localization and Mapping，定位与地图构建）技术可以同时进行定位和地图构建，目前在学术研究方面已经有不少技术积累。但对于实际系统，由于实时性、低成本（比如无法采用比较昂贵的雷达设备）的要求和家庭环境的动态变化（物品的摆放），对导航定位技术提出了更高要求，仍需进一步研发。

因室内环境中无法使用卫星定位，可以使用室内定位技术作为卫星定位的辅助手段，解决卫星信号到达地面时较弱，不能穿透建筑物的问题。定位物体当前所处的位置时，可以将无线通信、基站定位、惯导定位等多种技术集成在一起，形成一套室内定位体系。

寻找到一条正确完成任务的最优路径是路径规划的优化准则和最终目的。在基于导航与定位技术所获取的场景信息背景下，融入遗传算法、模糊算法、神经网络算法及深度学习算法等人工智能方法的智能路径规划方法，能够大大提高机器人路径规划的精度、准确度与速度，从而满足实际应用需求。

3. 视觉感知技术

视觉感知技术包含人脸识别、手势识别、物体识别和情绪识别等相关技术，是实现机器人和人交互的一项非常重要的技术。视觉感知技术作为一种结合三维空间全部视觉信息的感知技术，视野范围尤为广阔，可帮助机器人全面获取外部环境信息。

4. 语言交互技术

语言交互技术包含语音识别、语音生成、自然语言理解和智能对话等。语音识别是自然语言处理的一部分，而自然语言处理是人工智能的一部分。如智能语音助手是语音识别和语义识别的结合，这两个都属于人工智能的范畴，但分属两个不同的研发领域。语音识别是把声音信号转化为文字，语义识别是理解已转化好的文字。人机对话系统是人工智能理论的一个主要应用，综合采用了人工智能各个方面的理论，包括语音识别与合成、智能对话管理、自然语言理解、自然语言生成等。

5. 文字识别技术

在生活中有不少文字信息，如书报和物体的标签信息，这也要求机器人能够通过摄像头来进行文字识别。与传统的扫描后识别文字相比，机器人可通过摄像头来进行文字识别。文字识别一般包括信息采集、信息的分析和处理以及信息分类判别等部分。

信息采集是指将纸面上的文字灰度变换成电信号并输入计算机中。信息采集由文字识别机中的送纸机构和光电变换装置来实现，由飞点扫描、摄像机、光敏元件和激光扫描等光电变换装置构成。

信息分析与处理是消除印刷质量、纸质的均匀性和污点或书写工具等因素对变换后的电信号所造成的噪声干扰，进行大小、偏转、浓淡、粗细等各种正规化处理。

信息分类判别是对去掉噪声并正规化后的文字信息进行分类判别，以输出识别结果。

6. 认知技术

人工智能研究者都在开发旨在提升计算机性能的技术，这些技术能让计算机完成非常广泛的任务，而这些任务在过去被认为只有人才能完成，包括玩游戏、识别人脸和语音、在不确定的情况下做出决策、学习和翻译语言。为了将人工智能领域衍生出来的技术与人工智能领域进行区分，将这些技术称为认知技术（Cognitive Technologies）。通常使用的认知技术包括机器学习、计算机视觉、语音识别、自然语言处理和机器人学。机器人需要逐步实现规划、推理、记忆、学习和预测等认知功能，从而变得更加智能。

机器人革命最重要的推动力之一可能就是“云机器人”，要想实现机器人功能增强、价格降低，云机器人是一个很好的选择。在云技术（cloud technology）应用之前，机器人不但硬件要强大，软件也要强大，而且由于传递速率较慢，机器人与数据中心的沟通并不容易。如今，随着物联网和5G技术的发展，把大部分计算和数据放在一个大型数据中心，单个机器人力求简单并与大型数据中心保持连接。一台机器人学到了新知识后，可以马上经过云端让其他机器人获得。这种机器智能学习也只能在云端实现，软件升级也基于云端实现，这样就省去了很多麻烦。由于有了云端技术，机器人会越来越聪明，学会做的事情也越来越多。

智能机器人作为一种包含相当多学科知识的技术几乎是伴随着人工智能而产生的。智能机器人在当今社会越来越重要，越来越多的领域和岗位都需要智能机器人参与，这使得智能机器人研究也越来越深入。虽然我们现在仍很难在生活中见到智能机器人的影子，但在不久的将来，随着智能机器人技术的不断发展和成熟，在众多科研人员的不懈努力下，智能机器人必将走进千家万户，更好地服务人们的生活，让人们的生活更加舒适和健康。

10.4 机器人应用案例——智能人形跳舞机器人

现有智能机器人的应用满足了越来越多人类生产、生活需求，随着经济及技术的发展，未来智能机器人将被赋予更多可能性，人类多样化的需求增长也要求智能机器人具备更加丰富、高效的功能作用，新技术的融入无可厚非，但根据已有研究经验，智能机器人的研发与应用离不开几个关键技术。

10.4.1 智能人形机器人

人形机器人是机器人的一种，人们对于人形机器人的探索还处于起步阶段，有很多技术还需要不断突破。不过，目前已经有很多人形机器人正在不断发展。Runbot 是一款智能人形机器人，如图 10－20 所示。Runbot 是朗润惠泽教育与北京红亚华宇科技有限公司面向高中生和大学生开发的一款开源人形机器人。朗润惠泽 Runbot 机器人采用 STM32 开放式硬件平台架构，17 个自由度的高度拟人设计，内置陀螺仪及多种通信模块，配套多种开源传感器包，提供专业开源学习软件，支持、图形化三维编程、C/C++等多种编程语言学习及多种 AI 应用的学习和开发。

图 10－20 智能人形机器人

10.4.2　硬件平台

这款会跳舞的机器人采用金属机身，可拆卸模块化结构设计。STM32 开放式硬件平台架构，内嵌陀螺仪，开放 GPIO 接口，丰富的开源学习资源。升级可实现双声道立体声喇叭 + 高灵敏麦克风，提供智能语音交互的应用学习及设计。舵机间的时间差调校到 0.01 s，支持 360°旋转运动，动作精度达 1°，实现更多拟人动作与功能场景。肩部“紧急停止键”设计，一键停止机器人运行。

人类在研究人体结构之前，花费了大量的时间去研究昆虫、哺乳动物的腿部移动，甚至登山运动员在爬山时的腿部运动方式。这些研究帮助我们更好地了解在行走过程中发生的一切，特别是关节处的运动。比如，我们在行走的时候会移动重心，并且前后摆动双手来平衡身体。这些构成了人形机器人行走的基础方式。

人形机器人和人类一样，有髋关节，膝关节和足关节。机器人中的关节一般用“自由度”来表示。一个自由度表示一个运动可以或者向上，或者向下，或者向右，或者向左。自由度分散在身体的不同部位，所以骨骼结构因此而生。一般地，人形机器人身上装有两个传感器，能辅助它水平行走，分别是加速度传感器和陀螺传感器。它们主要用来让机器人知道身体目前前进的速度以及和地面所成的角度，并依次计算出平衡身体所需的调节量。这两个传感器起的作用和人类内耳相同。要进行平衡的调节，机器人还必须要有相应的关节传感器和 6 轴的力传感器，来感知肢体角度和受力情况。图 10 - 21 所示是此款机器人的全身机械结构。

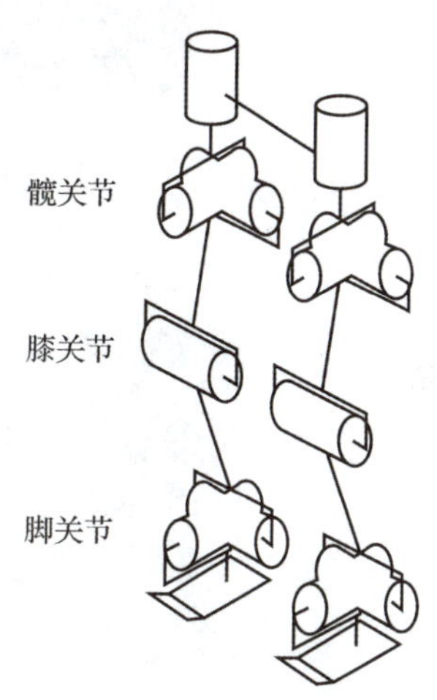

图 10 - 21　全身机械结构

机器人在行走时最重要的部分就是它的调节能力，所以，需要检测在行走中产生的惯性力。当机器人行走时，它将受到由地球引力，以及加速或减速行进所引起的惯性力的影响。这些力的总和被称为总惯性力。当机器人的脚接触地面时，它将受到来自地面反作用力的影响，这个力称为地面反作用力。所有这些力都必须要被平衡掉，而机器人的控制目标就是要找到一个姿势能够平衡掉所有的力。这称作“zero moment point”（ZMP）。当机器人在保持最佳平衡状态的情况下行走时，轴向目标总惯性力与实际地面反作用力相等。相应地，目标 ZMP 与地面反作用力的中心点也重合。当机器人行走在不平坦的地面时，轴向目标总惯性力与实际的地面反作用力将会错位，因而会失去平衡，产生造成跌倒的力。跌倒力的大小与目标 ZMP 和地面反作用力中心点的错位程度相对应。简而言之，目标 ZMP 和地面反作用力中心点的错位是造成失去平衡的主要原因。假若机器人失去平衡有可能跌倒时，下述三个控制系统将起作用，以防止跌倒，并保持继续行走状态。

（1）地面反作用力控制：脚底要能够适应地面的不平整，同时还要能稳定地站住。

（2）目标 ZMP 控制：当由于种种原因造成机器人无法站立，并开始倾倒的时候，需要控制他的上肢反方向运动来控制即将产生的摔跤，同时，还要加快步速来平衡身体。

(3) 落脚点控制：当目标 ZMP 控制被激活的时候，机器人需要调节每步的间距来满足当时身体的位置、速度和步长之间的关系。

10.4.3 主要功能

1. 四种编程方式

为了更简单高效地为机器人编辑动作，我们基于多舵机运动控制的方式，提供语音、手掰、图形化、PC 端四种编程方式，多感官、全方位培学生的动手能力、表达能力、逻辑能力，激发想象，灵感创造。图 10－22 所示为机器人 Runbot 的四种编程方式。

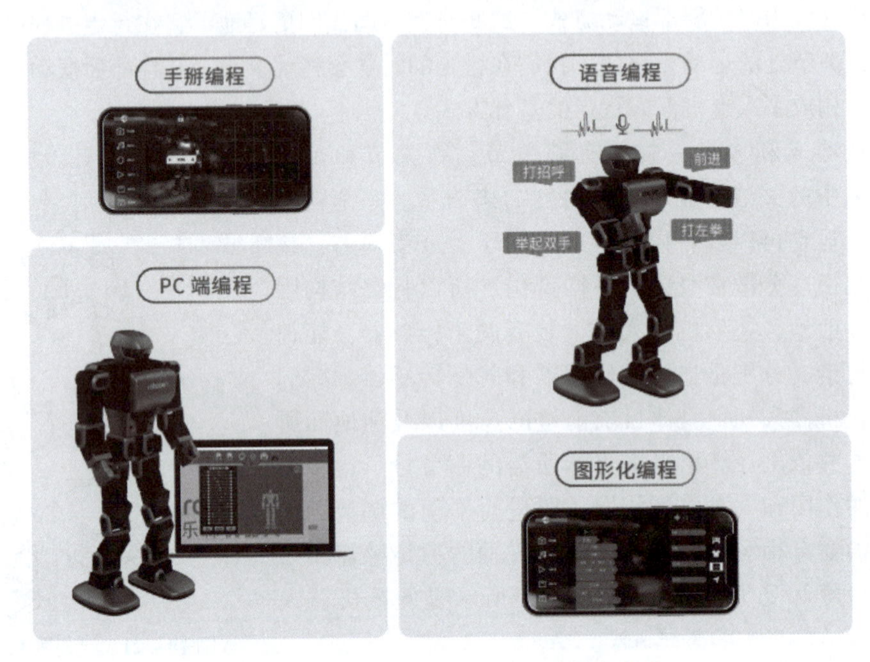

图 10－22　机器人 Runbot 的四种编程方式

2. 手机编程与图形化编程

可视化的图形操作界面设计风格，集运动控制、Runbot 可视化编程、动作回读编程、配套课程、交流社区和传感器数据实时查看等多个功能于一体。运动控制，以虚拟操控杆方式控制机器人做出行走转弯等相应动作。多人控制多台机器人，可实现角色扮演、对战决斗、群舞等效果。Runbot 可视化模块编程，可视化操作界面，易学易用，同步自动生成专业的程序代码，实时模拟验证。回读编程，支持自主设计机器人动作，以简便易用的交互方式记录机器人端各设计动作的舵机数据，并支持后期的精确调整。社区，定期发布技术实现方案、技术科普文章、创客比拼等活动，并有大量的官方动作提供下载，支持用户发布设计成果，是科技爱好者、创客汇聚交流的好地方。同时，APP 内集成课程模块，从机械原理、电子工程、信息技术多方面综合学习机器人学科的相关知识，提供人工智能领域的技术了解及应用开发方案参考，引导学生多维度思考。提供 iOS 版和 Android 版 APP 应用下载，支持 iOS 9.0 及以上和 Android 4.4 及以上的移动设备。图 10－23 所示是机器人手机编程界面。

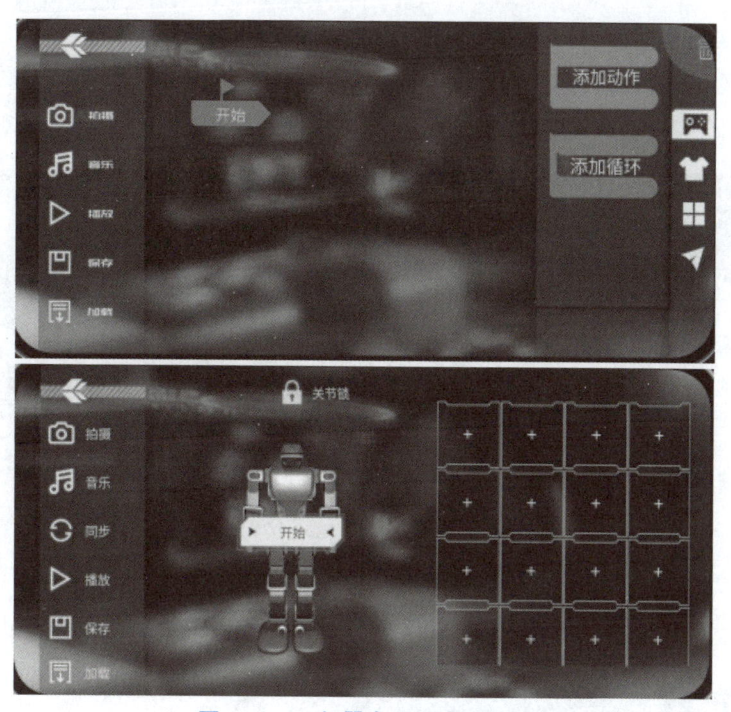

图 10－23　机器人手机编程界面

3. 智能语音识别

Runbot 机器人内建语音识别和语义识别的功能，支持与进行语音交互控制，以及相关语音应用开发（基于科大讯飞语音平台）。

机器人开机后，便可启动语音识别功能，实现与机器人的语音交互。支持用户自定义其他语音平台学习或使用语音编程。图 10－24 所示是机器人智能语音编程功能。

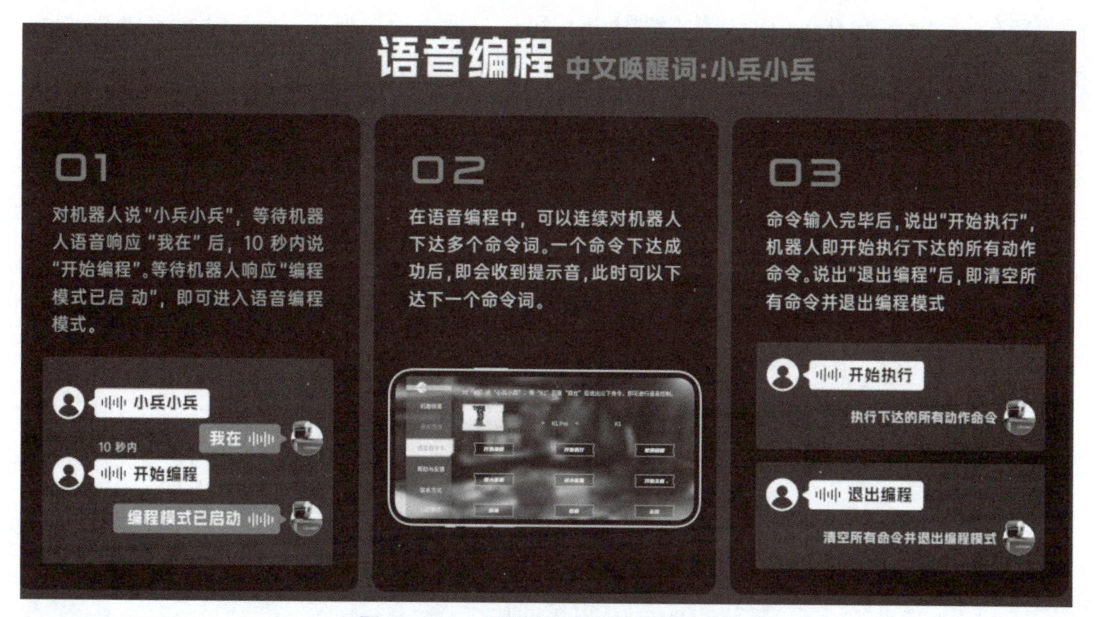

图 10－24　机器人智能语音编程功能

4. 智能社区分享功能

Runbot社区可以下载其他用户的动作程序，体验各种新奇玩法，或上传你设计的趣味动作，和朋友们分享你的奇思妙想。图10－25所示是机器人创意社区功能。

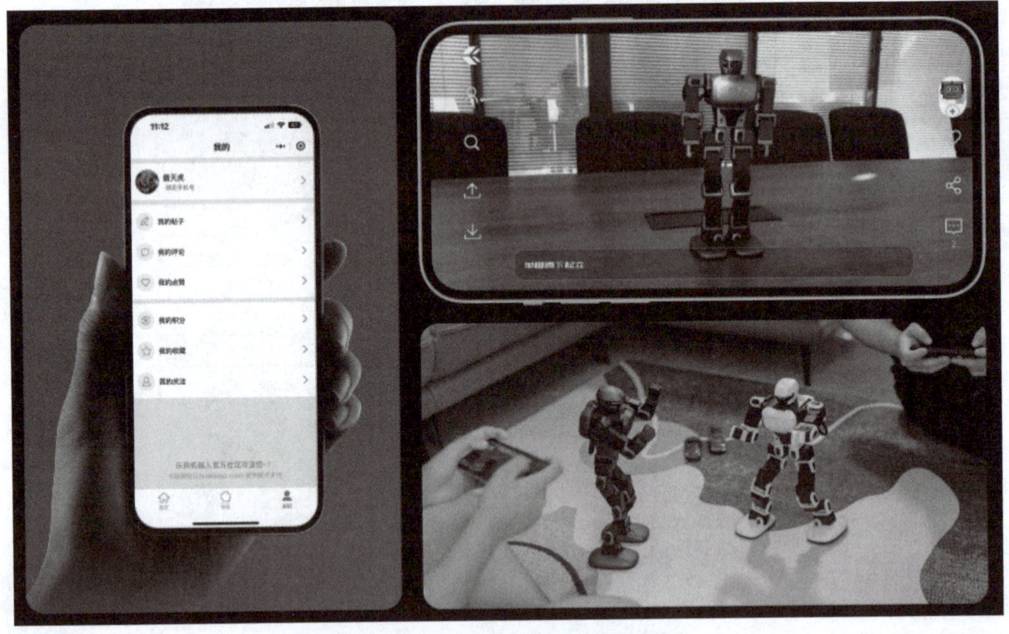

图10－25 机器人创意社区功能

10.4.4 关键技术

自研自适应控制高阶算法、封装电机、驱动与控制系统、芯片、结构等革命性创新技术，让机器人行走自如；创新科技，精巧设计，17个精密舵机，40颗芯片，1 700＋零部件，具有高可动性和高自由度，使机器人不仅可以灵活走动、格斗，还能表演多种舞蹈和炫酷特技。图10－26所示是机器人关键技术组成。

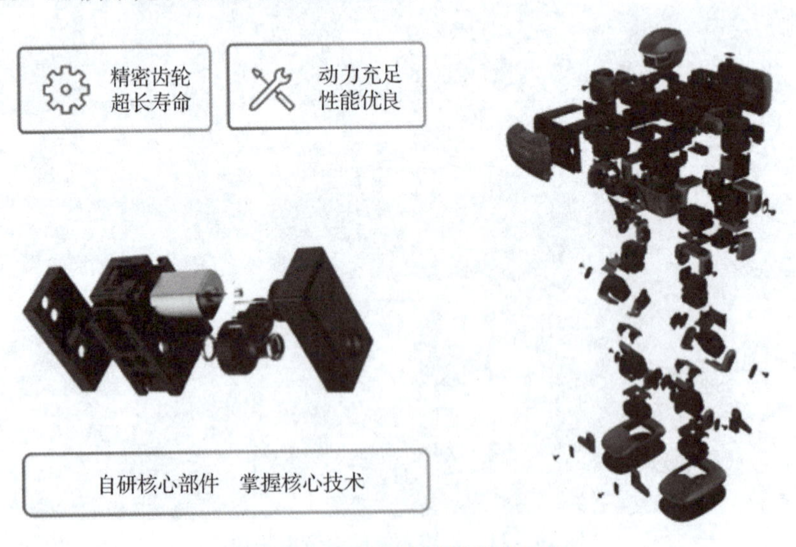

图10－26 机器人关键技术组成

Runbot 采用航空级材质及高品质涂装，获得中国 3C 认证、美国联邦通信委员会 FCC 认证、UL 认证等国内外权威极机构多重认证，安全有保障。

小　结

机器人是自动执行工作的机器装置，会靠自身动力和控制能力来实现各种功能。随着人工智能与互联网、物联网、大数据及云平台等的深度融合，在超强计算能力的支撑下，智能机器人正逐步获得更多的感知与决策认知能力，变得更加灵活、灵巧与通用，开始具有更强的环境适应能力和自主能力，以便适配于更加复杂多变的应用场景。与此同时，智能机器人的应用范围从制造业不断扩展到外星探测、空天、陆地、水面、海洋、极地、核化、微纳操作等特种与极限领域，并开始渗透到人们的日常生活。

本任务主要学习了什么是机器人，了解了机器人的发展史，学习了智能机器人的三大要素和六大关键技术。

习　题

1.（　　）是指采用柔韧性材料进行机器人的研发、设计和制造。

A. 敏感触觉技术　　B. 柔性机器人技术

C. 虚拟现实机器人技术　　D. 情感识别技术

2.（　　）利用人类上肢表面肌电信号来控制机器臂，在远程控制、医疗康复等领域有着较为广阔的应用。

A. 生肌电控制技术　　B. 虚拟现实机器人技术

C. 柔性机器人技术　　D. 敏感触觉技术

3. 只能死板地按照人们给出的规定程序工作，不能做出任何变化的属于（　　）。

A. 交互型机器人　　B. 自主型机器人

C. 一般机器人　　D. 智能机器人

4. 使智能机器人能够基于视觉、听觉及各种传感器的信息处理而感受外部环境的属于（　　）要素。

A. 控制　　B. 感知

C. 认知　　D. 行为

5. 使智能机器人能够制订方案、解决问题的属于（　　）要素。

A. 控制　　B. 感知

C. 认知　　D. 行为

任务记录单

任务名称	
实验日期	
姓名	
实施过程：	
任务收获：	

任务11

体验“AR道具”

（学习主题：虚拟现实与增强现实）

任务导入

任务目标

1. 知识目标

能够阐述虚拟现实的含义、特征、分类、关键技术与应用领域；

能够阐述增强现实的含义、关键技术与主要应用领域；

能够阐述虚拟现实与增强现实的区别。

2. 能力目标

能够在生活中识别出虚拟现实相关产品；

能够在生活中识别出增强现实相关产品。

3. 素质目标

提升语言表达能力；

提升自我展示意识。

任务要求

使用抖音 APP“特效”功能中的 AR 道具，为自己录制一个精美的视频。视频要以古诗词为主题，题目自选，要能够充分体现 AR 效果。

提交形式

视频文件。

提起 VR 与 AR，你会想到什么呢？电影、游戏……图 11－1 所示是一组 VR 体验设备，请你思考：什么是虚拟现实？什么是增强现实？你在生活中是否使用过相关产品？

图 11－1　VR 体验设备

探秘虚拟现实

11.1　走近虚拟现实

11.1.1　何为虚拟现实

虚拟现实是新一代信息技术的重要前沿方向，是数字经济的重大前瞻领域，正在深刻改变人类生产生活方式。

1. 虚拟现实概述

虚拟现实（Virtual Reality，VR）技术又称虚拟实境或灵境技术，是 20 世纪发展起来的一项全新的实用技术。所谓虚拟现实，顾名思义，就是虚拟和现实相互结合。

从理论上来讲，虚拟现实技术是一种可以创建和体验虚拟世界的计算机仿真系统，它利用计算机生成一种模拟环境，使用户沉浸到该环境中。虚拟现实技术就是利用现实生活中的数据，通过计算机技术产生的电子信号，将其与各种输出设备结合，使其转化为能够让人们感受到的现象，这些现象可以是现实中真真切切的物体，也可以是我们肉眼所看不到的物质，通过三维模型表现出来。因为这些现象不是我们直接能看到的，而是通过计算机技术模拟出来的现实中的世界，故称为虚拟现实。

虚拟现实技术受到了越来越多的人的认可，用户可以在虚拟现实世界体验到最真实的感受，其模拟环境的真实性与现实世界难辨真假，让人有种身临其境的感觉；同时，虚拟现实具有一切人类所拥有的感知功能，比如听觉、视觉、触觉、味觉、嗅觉等感知系统；最后，它具有超强的仿真系统，真正实现了人机交互，使人在操作过程中可以随意操作，并且得到环境最真实的反馈。正是虚拟现实技术的存在性、多感知性、交互性等特征，使它受到了许多人的喜爱。

2. 虚拟现实技术的发展历程

虚拟现实技术在漫长的技术成长曲线中，历经概念萌芽期、技术萌芽期、技术积累期、产品迭代期和技术爆发期五个阶段后有所发展。

1935 年，一本美国科幻小说首次描述了一副特殊的“眼镜”，这副眼镜的功能囊括了视觉、嗅觉、触觉等全方位的虚拟现实概念，被认为是虚拟现实技术的概念萌芽。

到了 1962 年，电影行业为一项仿真模拟器技术申请了专利，这就是虚拟现实原型机，标志着技术萌芽期的到来。

再到 1973 年，首款商业化的虚拟现实硬件产品 Eyephone 启动研发，并于 1984 年在美国发布；虽然和理想状态相去甚远，但是开启了关键的虚拟现实技术积累期。

直到 1990—2015 年间，虚拟现实技术才逐渐在游戏领域中找到落地场景，标志着 VR 技术实现产品化落地；飞利浦、任天堂等都是这个领域的先驱，直到 Oculus 的出现，才真正将 VR 带入大众视野。

从 2016 年开始，随着更好更轻的硬件设备出现，更多内容、更强带宽等各种基础条件的完善，虚拟现实迎来了技术的爆发期。

11.1.2　虚拟现实的特征

虚拟现实主要有以下几个特征。

1. 沉浸性

沉浸性是虚拟现实技术最主要的特征，就是让用户成为并感受到自己是计算机系统所创造环境中的一部分。虚拟现实技术的沉浸性取决于用户的感知系统，当使用者感知到虚拟世界的刺激时，包括触觉、味觉、嗅觉、运动感知等，便会产生思维共鸣，造成心理沉浸，感觉如同进入真实世界。

2. 交互性

交互性是指用户对模拟环境内物体的可操作程度和从环境得到反馈的自然程度，使用者进入虚拟空间，相应的技术让使用者跟环境产生相互作用，当使用者进行某种操作时，周围的环境也会做出某种反应。如使用者接触到虚拟空间中的物体，那么使用者手上应该能够感受到，若使用者对物体有所动作，物体的位置和状态也应改变。

3. 多感知性

多感知性表示计算机技术应该拥有很多感知方式，比如听觉、触觉、嗅觉等。理想的虚拟现实技术应该具有一切人所具有的感知功能。由于相关技术，特别是传感技术的限制，目前大多数虚拟现实技术所具有的感知功能仅限于视觉、听觉、触觉、运动等几种。

4. 构想性

构想性也称想象性，使用者在虚拟空间中，可以与周围物体进行互动，可以拓宽认知范围，创造客观世界不存在的场景或不可能发生的环境。构想可以理解为使用者进入虚拟空间，根据自己的感觉与认知能力吸收知识，发散拓宽思维，创立新的概念和环境。

5. 自主性

自主性是指虚拟环境中物体依据物理定律动作的程度。如当受到力的推动时，物体会向力的方向移动、或翻倒、或从桌面落到地面等。

11.1.3　虚拟现实的分类

VR 涉及学科众多，应用领域广泛，系统种类繁杂，这是由其研究对象、研究目标和应用需求决定的。从不同角度出发，可对 VR 系统做出不同分类。

1. 从沉浸式体验角度分类

沉浸式体验角度强调用户与设备的交互体验，根据沉浸式体验分类，VR 系统分为非交互式体验、人－虚拟环境交互式体验、群体－虚拟环境交互式体验三类。非交互式体验中的用户更为被动，所体验内容均为提前规划好的，即便允许用户在一定程度上引导场景数据的调度，也仍没有实质性交互行为，如场景漫游等，用户几乎全程无事可做；而在人－虚拟环境交互式体验系统中，用户则可通过诸如数据手套、数字手术刀等设备与虚拟环境进行交互，如驾驶战斗机模拟器等，此时的用户可感知虚拟环境的变化，进而也就能产生在相应现实世界中可能产生的各种感受。如果将此套系统网络化、多机化，使多个用户共享一套虚拟环境，便得到群体－虚拟环境交互式体验系统，如大型网络交互游戏等，此时的 VR 系统与真实世界无甚差异。

2. 从系统功能角度分类

从系统功能角度，VR 系统功能分为规划设计、展示娱乐、训练演练等。规划设计系统可用于新设施的实验验证，可大幅缩短研发时长，降低设计成本，提高设计效率，城市排水、社区规划等领域均可使用，如 VR 模拟给排水系统，可大幅减少原本需用于实验验证的经费；展示娱乐类系统适用于提供给用户逼真的观赏体验，如数字博物馆、大型 3D 交互式游戏、影视制作等，如 VR 技术早在 20 世纪 70 年代便被迪士尼用于拍摄特效电影；训练演练类系统则可应用于各种危险环境及一些难以获得操作对象或实操成本极高的领域，如外科手术训练、空间站维修训练等。

11.1.4 虚拟现实的关键技术

虚拟现实的关键技术主要包括：

1. 动态环境建模技术

虚拟环境的建立是 VR 系统的核心内容，目的就是获取实际环境的三维数据，并根据应用的需要建立相应的虚拟环境模型。

三维数据的获取可以采用 CAD 技术（有规则的环境），而更多的环境则需要采用非接触式的视觉建模技术，两者的有机结合可以有效地提高数据获取的效率。

在虚拟现实系统中，营造的虚拟环境是它的核心内容，要建立虚拟环境，首先要建模，然后在其基础上再进行实时绘制、立体显示，形成一个虚拟的世界。虚拟环境建模的目的在于获取实际三维环境的三维数据，并根据其应用的需要，利用获取的三维数据建立相应的虚拟环境模型。只有设计出反映研究对象的真实有效的模型，虚拟现实系统才有可信度。在虚拟现实系统中，环境建模应该包括基于视觉、听觉、触觉、力觉、味觉等多种感觉通道的建模。但基于目前的技术水平，常见的是三维视觉建模和三维听觉建模。在当前应用中，环境建模一般主要是三维视觉建模，这方面的理论也较为成熟。

三维视觉建模又可细分为几何建模、物理建模、行为建模等。

（1）几何建模是基于几何信息来描述物体模型的建模方法，它处理物体的几何形状的表示，研究图形数据结构的基本问题。

（2）物理建模涉及物体的物理属性。

（3）行为建模反映研究对象的物理本质及其内在的工作机理。

2. 实时三维图形生成技术

目前，三维图形技术已经较为成熟，其关键是如何实现“实时”三维效果的生成。为

了达到实时的目的，至少要保证图形的刷新率不低于 15 帧/s，最好是高于 30 帧/s。在不降低图形的质量和复杂度的前提下，如何提高刷新频率是该技术的研究内容。

3. 立体显示和传感器技术

虚拟现实的交互能力依赖于立体显示和传感器技术。现有的虚拟现实还远远不能满足系统的需要，虚拟现实设备的跟踪精度和跟踪范围有待提高。同时，显示效果对虚拟现实的真实感、沉浸感，都需要通过高的清晰度来实现。

立体显示是虚拟现实的一种实现方式。立体显示主要有以下几种方式：双色眼镜、主动立体显示、被动同步的立体投影设备、立体显示器、真三维立体显示、其他更高级的设备。立体显示原理：由于人两眼有 4～6 cm 的距离，所以，实际看物体时，两只眼睛中的图像是有差别的。两幅不同的图像输送到大脑后，看到的是有景深的图像。这就是计算机和投影系统的立体成像原理。

传感器是人机交互功能的核心零部件。VR 设备对传感器的精度有较高的要求，如果精度和实时性不够，就会导致晕动症。目前 VR 设备中的传感器主要分为三大类：第一类是 IMU 传感器，即惯性传感器。包括加速度传感器、陀螺仪和地磁传感器，这些传感器主要用于捕捉头部运动，特别是转动。使用者在虚拟世界的物理信息，主要是头部的朝向姿态及所处的物理位置等，都会被即时捕获。第二类是动作捕捉传感器，目前的方案有红外摄像头和红外感应传感器等，主要用来实现动作捕捉，特别是使用者左右前后的移动。第三类是其他类型的传感器，如佩戴检测用的接近传感器、触控板用的电容感应感器等。另外，还有用于眼球追踪、手势识别等功能的红外摄像头传感器。

4. 交互技术

虚拟现实的交互技术不是静态的世界，而是一个动的环境。虚拟现实中的人机交互远远超出了键盘和鼠标的传统模式，利用数字头盔、数字手套等复杂的传感器设备，三维交互技术与语音识别、语音输入技术成为重要的人机交互手段。虚拟现实的交互技术主要有四个特征：第一，强烈的临场感。用户在模拟环境中，能够感到虚拟世界是真实存在的。第二，友好的交互性。交互性是指用户对模拟环境内物体的可操作程度和从环境得到反馈的自然程度。例如，用户用手直接抓取环境中的物体时，手里会有握着东西的感觉，并可以感觉到物体的重量，视场中的物体也随着手的运动而移动。第三，多感知性。除了具有一般计算机的视觉感知外，还具有听觉感知、力觉感知、触觉感知、运动感知，甚至味觉感知、嗅觉感知等。第四，虚拟现实世界的自主性。也就是说，虚拟环境中的物体会依据物理定律进行动作。

5. 系统集成技术

由于 VR 系统中包括大量的感知信息和模型，因此，系统集成技术起着至关重要的作用。集成技术包括信息的同步技术、模型的标定技术、数据转换技术、数据管理模型、识别和合成技术等。由于虚拟现实中包括大量的感知信息和模型，因此，系统的集成技术也起着至关重要的作用。另外，虚拟现实系统主要由检测模块、反馈模块、传感器模块、控制模块、建模模块构成。

检测模块，检测用户的操作命令，并通过传感器模块作用于虚拟环境。反馈模块，接收来自传感器模块信息，为用户提供实时反馈。传感器模块，一方面，接收来自用户的操作命令，并将其作用于虚拟环境；另一方面，将操作后产生的结果以各种反馈的形式提供给用户。控制模块则是对传感器进行控制，使其对用户、虚拟环境和现实世界产生作用。建模模块，获取现实世界组成部分的三维表示，并由此构成对应的虚拟环境。在五个模块的协调作用下，最终构建出3D模型，实现对现实的虚拟。

11.1.5 虚拟现实的主要应用领域

虚拟现实近些年的应用领域逐渐拓宽，在以下领域都有较好的应用。

1. 在影视娱乐领域中的应用

20世纪60年代，美国好莱坞的摄影师研制出了一种能随着剧情的演变而产生相应变化的设备，当人们观看电影时，可以同时获得视觉、触觉方面的体验，并且还能通过电影中的剧情变化感受到风和气味。体会着电影带来的鸟语花香、春风拂柳的效果。但是，在当时的经济技术条件下，这一技术的发展受到了很大的限制。直到今天，虚拟现实技术才得到了真正的发展，之前那些不可能实现的技术在今天也成为可能，那些在影片中展现的仙境、恢宏的建筑和妖魔鬼怪的形象都是三维图像生成技术的展现，观众从当前的现实生活中迈向了电影营造的虚拟世界，并与电影中的虚拟世界进行实时互动，这种三维立体的观影感受深受当今观众的喜爱。电影中的人物角色大多数是由演员来扮演的，这就意味着需要花大量的资金来付给演员做片酬，而电影中的一些画面有时是无法用真人来演示的，比如一些比较危险的场景，若用真人进行表演，会造成人员受伤。这时虚拟现实技术就能很好地弥补这些缺点，一些高难度的动作的展示或者高难度的拍摄场景通过虚拟现实技术对演员进行仿真处理，既可以完成拍摄任务，也加大了拍摄的安全系数。正如影片《流浪地球》中，好像没有什么是可以拍摄到的，也没有什么是可以直接用的。行星发动机、地下城、运载车等所有场景都需要利用虚拟现实技术实现。图11－2所示是影片《流浪地球》中的行星发动机的VR呈现。

图11－2 影片《流浪地球》中的行星发动机的VR呈现

同时，随着虚拟现实技术的不断创新，此技术在游戏领域也得到了快速发展。虚拟现实游戏，英文名“Virtual reality game”，只要戴上虚拟现实头盔，就可以带你进入一个可交互的虚拟现场场景中，不仅可以虚拟当前场景，也可以虚拟过去和未来。了解了虚拟现实，那么虚拟现实游戏的概念并不难理解，戴上虚拟现实头盔，用户看到的就是游戏的世界，不管用户怎么转动视线，都位于游戏里。图11－3所示是用户在体验VR游戏。

图 11－3　用户在体验 VR 游戏

2. 在教育领域的应用

如今，虚拟现实技术已经成为促进教育发展的一种新型教育手段。传统的教育只是一味地给学生灌输知识，而现在利用虚拟现实技术可以帮助学生打造生动、逼真的学习环境，使学生通过真实感受来增强记忆，相比于被动性灌输，利用虚拟现实技术进行自主学习更容易让学生接受，这种方式更容易激发学生的学习兴趣。图 11－4 所示为学生通过 VR 设备学习生物课程。此外，各大院校利用虚拟现实技术还建立了与学科相关的虚拟实验室来帮助学生更好地学习。例如，通过虚拟实验室，学生戴上 VR 眼镜，就可以用操作笔来实现机车的拆装等操作，让机车的各部位零件准确、真实地显示出来，解决了实验器材不充分的问题。

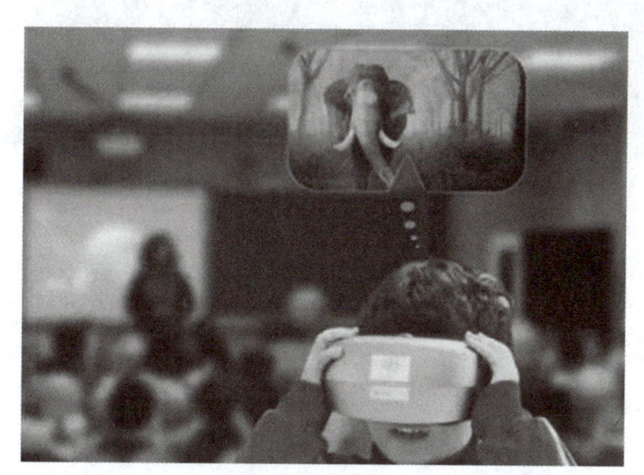

图 11－4　学生通过 VR 设备学习生物课程

3. 在设计领域的应用

虚拟现实技术在设计领域小有成就，例如室内设计，人们可以利用虚拟现实技术把室内结构、房屋外形通过虚拟技术表现出来，使之变成可以看得见的物体和环境。同时，在设计初期，设计师可以将自己的想法通过虚拟现实技术模拟出来，可以在虚拟环境中预先看到室内的实际效果，这样既节省了时间，又降低了成本。图 11－5 所示是 VR 在家装设计中的应用，用户可以选择不同颜色、材质、价格的地板，通过 VR 技术虚拟观看装修后的效果，更有利于用户做出选择。

图 11 -5　VR 在家装设计中的应用

4. 虚拟现实在医学领域的应用

主刀医生在手术前，也可以建立一个病人身体的虚拟模型，在虚拟空间中先进行一次手术预演，这样能够大大提高手术的成功率，让更多的病人得以痊愈。甚至是通过虚拟现实与无线网络传输技术实现远程手术等。同时，虚拟现实技术在医学方面已被应用于治疗妄想症、自闭症等。图 11 -6 所示是医生在利用 VR 设备模拟手术。

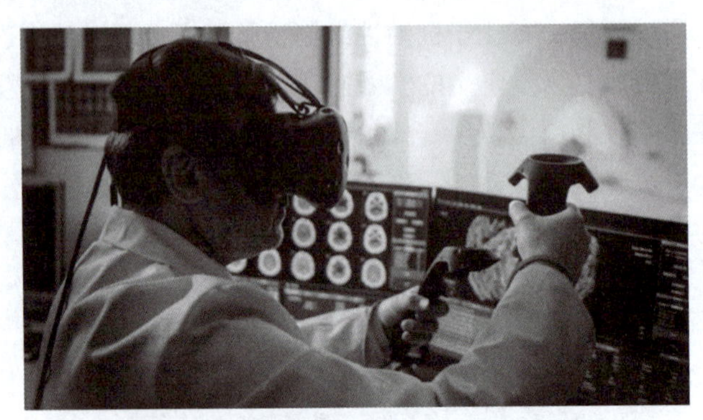

图 11 -6　医生在利用 VR 设备模拟手术

5. 虚拟现实在航空航天领域的应用

由于航空航天是一项耗资巨大，非常烦琐的工程，所以，人们利用虚拟现实技术和计算机的统计模拟，在虚拟空间中重现了现实中的航天飞机与飞行环境，使飞行员在虚拟空间中进行飞行训练和实验操作，极大地降低了实验经费和实验的危险系数。图 11 -7 所示是飞行员在利用 VR 技术进行模拟训练。

图 11 -7　飞行员在利用 VR 技术进行模拟训练

6. *虚拟现实在工业领域应用*

虚拟现实技术已大量应用于工业领域，对汽车工业而言，虚拟现实技术既是一个最新的技术开发方法，更是一个复杂的仿真工具，它旨在建立一种人工环境，人们可以在这种环境中以一种自然的方式从事驾驶、操作和设计等实时活动。虚拟现实技术也可以用于汽车设计、实验、培训等方面，例如，在产品设计中借助虚拟现实技术建立的三维汽车模型，可显示汽车的悬挂、底盘、内饰直至每个焊接点，设计者可以确定每个部件的质量，了解各个部件的运行性能。这种三维模式准确性很高，汽车制造商可按得到的计算机数据直接进行大规模生产。图 11 –8 所示是设计师利用虚拟研发程序进行汽车大灯的设计；图 11 –9 所示是研究人员操作控制器查看车辆剖面；图 11 –10 所示是设计师利用虚拟研发程序进行设计品质评估。

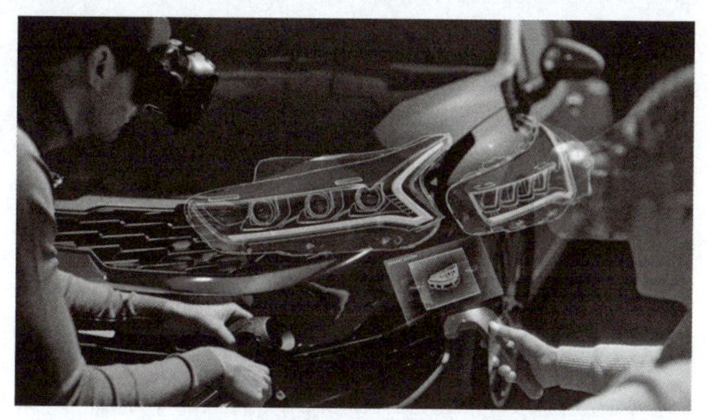

图 11 –8　设计师利用虚拟研发程序进行汽车大灯的设计

图 11 –9　研究人员操作控制器查看车辆剖面

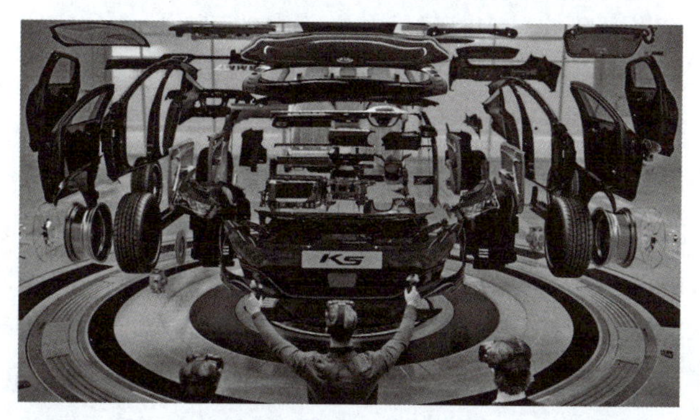

图 11 –10　设计师利用虚拟研发程序进行设计品质评估

11.2 走近增强现实

了解了虚拟现实后，你知道什么是增强现实吗？增强现实在生活中有哪些应用？增强现实与虚拟现实有哪些不同之处？

探秘增强现实

11.2.1 何为增强现实

增强现实（Augmented Reality，AR），也被称为扩增现实，增强现实技术是促使真实世界信息和虚拟世界信息内容之间综合在一起的较新的技术内容，其将原本在现实世界的空间范围中比较难以进行体验的实体信息在电脑等科学技术的基础上，实施模拟仿真处理，将虚拟信息内容在真实世界中加以有效应用，并且在这一过程中能够被人类感官所感知，从而实现超越现实的感官体验。真实环境和虚拟物体之间重叠之后，能够在同一个画面以及空间中同时存在。

增强现实技术是一种将虚拟信息与真实世界巧妙融合的技术，广泛运用了多媒体、三维建模、实时跟踪及注册、智能交互、传感等多种技术手段，将计算机生成的文字、图像、三维模型、音乐、视频等虚拟信息模拟仿真后，应用到真实世界中，两种信息互为补充，从而实现对真实世界的“增强”。

增强现实技术不仅能够有效体现出真实世界的内容，也能够促使虚拟的信息内容显示出来，这些细腻内容相互补充和叠加。在视觉化的增强现实中，用户需要在头盔显示器的基础上，促使真实世界能够和电脑图形重合在一起，在重合之后，可以充分看到真实的世界围绕着它。增强现实技术中主要有多媒体、三维建模，以及场景融合等新的技术和手段。增强现实所提供的信息内容和人类能够感知的信息内容之间存在着明显不同。

11.2.2 增强现实的关键技术

增强现实应用系统开发的三大关键技术可总结为三维注册技术、虚实融合显示技术以及自然人机交互技术。

1. 三维注册技术

三维注册技术是实现移动增强现实应用的基础技术，也是决定移动增强现实应用系统性能优劣的关键，因此，三维注册技术一直是移动增强现实系统研究的重点和难点。其主要完成的任务是实时检测出摄像头相对于真实场景的位姿状态，确定所需叠加的虚拟信息在投影平面中的位置，并将这些虚拟信息实时显示在屏幕中的正确位置，完成三维注册。

注册技术的性能判断主要有三个标准：实时性、稳定性和鲁棒性。

目前基于移动终端的移动增强现实系统的研究中，主要采用以下几种注册方式：基于计算机视觉、基于硬件传感器以及混合注册方法，如图 11－11 所示。

基于计算机视觉的注册算法：主要是指利用计算机视觉获取真实场景的信息后，经过图像处理方面的知识来识别和跟踪定位真实场景的过程。基于计算机视觉的注册算法又分为基于传统标志的注册算法和基于自然特征点无标志注册算法。基于硬件传感器的注册算法：传统增强现实系统的硬件传感器跟踪技术主要包括惯性导航系统、全球定位系统（GPS）、电磁、光学或超声波位置跟踪器等。其中，惯性导航系统的主要问题是被跟踪物体的角度及位

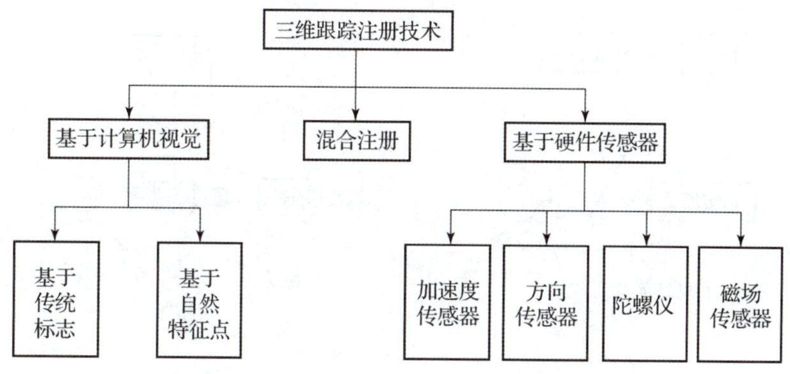

图 11－11　移动增强现实三维注册技术分类

置的跟踪误差会随时间增长而不断增大，漂移较大，设备的体积、重量也较大；GPS 定位误差较大，在室内、峡谷或其他复杂地形的情况下，GPS 信号经常无法正常接收；电磁、光学或超声波位置跟踪器采用发射和接收的工作方式来进行跟踪，使用场合固定，范围有限。而在维修诱导、教育培训等应用领域，匹配精度要求比较高，较大的注册误差将破坏用户对周围环境的正确感知，改变用户在真实环境中动作的协调性。因此，要实现精确的增强现实三维注册，必须要有高精度的跟踪设备。移动终端上常用的硬件传感器一般有陀螺仪、速度传感器、磁场传感器、方向传感器等。这种注册方法容易受到环境的干扰，注册不精确。

混合注册方法：由于系统的不精确性和系统延时方面的限制，目前单一的跟踪技术不可能很好地解决增强现实应用系统的方位跟踪问题。因此，采用混合跟踪的方法对增强现实系统进行跟踪注册也是国内外著名大学和科研机构人员研究的方向。混合跟踪注册算法主要是为了达到更加精确的注册结果，将基于计算机视觉的注册算法与基于硬件传感器的注册算法相结合。

2. 虚实融合显示技术

目前，增强现实系统实现虚实融合显示的主要设备一般分为头盔显示式、手持显示式以及投影显示式等。

头盔显示式被广泛应用于增强现实系统中，用于增强用户的沉浸感。按照实现原理，大致分为光学透视式和视频透视式两类，分别如图 11－12 所示。光学透视式增强现实系统具有简单、分辨率高、没有视觉偏差等优点，但它同时也存在着定位精度要求高、延迟匹配难、视野相对较窄和价格高等缺陷。视频透视式增强现实系统采用的基于视频合成技术的穿透式 HMD（Video See－through HMD），利用摄像机采集到的真实环境的视频信息与计算机生成的三维虚拟信息相融合，从而加强用户对真实世界数据信息的认知能力。

手持显示式一般多指手机、平板电脑等移动终端设备的显示器，它们具有较高的便携性，可以随时随地使用，而且手持式显示设备具有可触控的特点，便于进行人机交互的设计。

投影式显示是将生成的虚拟对象信息直接投影到需要融合的真实场景中的一种增强显示技术。投影式显示能够将图像投影到大范围场景中，但是投影设备体积庞大，比较容易受到光照变化影响，适用于室内场景，但不适合室外大场景。

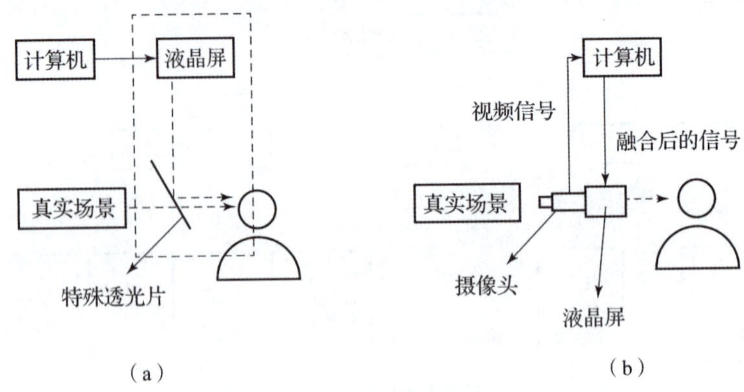

图 11－12　头盔显示器分类

(a) 光学透视式；(b) 视频透视式

虚实融合场景显示研究的主要问题有两个方面：一是如何完成真实场景和虚拟对象信息的融合叠加；二是如何解决融合过程中虚拟对象信息延迟的现象。

对于光学透视式头盔显示器，用户可以实时地看到周围真实环境中的情景，而对真实场景进行增强的虚拟对象信息要经过一系列的系统延时后才能显示到头盔显示器上。当用户的头部或周围景象、物体发生变化时，系统延时会使增强信息在真实环境中发生“漂移”现象。如果采用视频透视式显示方式，可以在一定程度上解决这样的问题。开发人员可以通过程序来控制视频显示和虚拟对象信息的显示频率，可以达到实时性的需求并且缓解甚至杜绝“漂移”的现象。本节研究的是基于移动终端的增强现实技术，某种程度上与视频透视式类似，但是手持式显示能看到的场景更加广阔，只是沉浸感不如视频透视式头盔显示强烈。

3. 自然人机交互技术

增强现实系统交互技术是指将用户的交互操作输入计算机后，经过处理，将交互的结果通过显示设备显示输出的过程。

目前增强现实系统中的交互方式主要有三大类：外接设备、特定标志以及徒手交互。

外接设备：如鼠标键盘、数据手套等。传统的基于 PC 机的增强现实系统习惯采用键盘鼠标进行交互。这种交互方式精度高、成本低，但是沉浸感较差。另外一种是借助数据手套、力反馈设备、磁传感器等设备进行交互，这种方式精度高，沉浸感较强，但是成本也相对较高。随着可穿戴增强现实系统的发展，语音输入装置也成为增强现实系统的交互方式之一，而且在未来具有很大的发展前景。

特定标志：标志可以通过事先进行设计。通过比较先进的注册算法，可以使标志具有特殊的含义，当用户看到标志之后就知道该标志的含义。因此，基于特定标志进行交互能够使用户清楚操作步骤，降低学习成本。这种方式沉浸感要稍高于传统外接设备。

徒手交互：一种是基于计算视觉的自然手势交互方式，需要借助复杂的人手识别算法。首先在复杂的背景中把人手提取出来，再对人手的运动轨迹进行跟踪定位，最后根据手势状态、人手当前的位置和运动轨迹等信息估算出操作者的意图，并将其正确映射到相应的输入事件中。这种交互方式沉浸感最强，成本低，但算法复杂，精度不高，容易受光照等条件的影响。另一种主要是针对移动终端设备。现如今移动终端的显示设备都具有可触碰的功能，甚至可支持多点触控。因此，可以通过触碰屏幕来进行交互。目前几乎所有的移动应用都采用这种交互方式。

11.2.3　增强现实的主要应用领域

随着AR技术的成熟，AR越来越多地应用于各个行业，如教育、培训、医疗、设计、广告等。

1. 教育

AR教育是结合AR技术，将传统教育中的静态图画等转化为动态可视化的三维声形互动内容，增加学习的趣味性。AR教育可以将真实场景立体化还原，展现物体内部构造细节。同时，可以配合声效、体感等的互动，加强学习体验。增强现实技术最特殊的地方就在于其高度交互性，主要表现为虚拟交互，通过手势、点击等识别来实现交互技术，将虚拟的设备、产品展示给学习者，也可以通过部分控制实现虚拟仿真，模仿装配情况或日常维护、拆装等工作。在虚拟中学习，减少了人才培训的成本，打造了仿真实训环境。

图11-13所示是一款帮助学习者通过观看心脏卡片就可以看到心脏立体构造的AR产品。中间的三维心脏影像是学习者所看到的场景。

图11-13　教育领域AR产品

2. 健康医疗

近年来，AR技术也越来越多地被应用于医学教育、病患分析及临床治疗中，微创手术越来越多地借助AR及VR技术来减轻病人的痛苦，降低手术成本及风险。此外，在医疗教学中，AR与VR的技术应用使深奥难懂的医学理论变得形象立体、浅显易懂，大大提高了教学效率和质量。图11-14所示是一款用于微创手术的AR产品，可以帮助医生立体化呈现手术部位（屏幕中间的影像为医生佩戴AR产品后呈现的影像）。

3. 广告购物

AR技术可帮助消费者在购物时更直观地判断某商品是否适合自己，以做出更满意的选择。用户可以轻松地通过该软件直观地看到不同的家具放置在家中的效果，从而方便用户选择，该软件还具有保存并添加到购物车的功能。图11-15所示是一款换妆镜AR，用户可以通过单击选择衣、裙、配饰等各类产品的款式和颜色，在屏幕当中看到自己试穿后的效果。

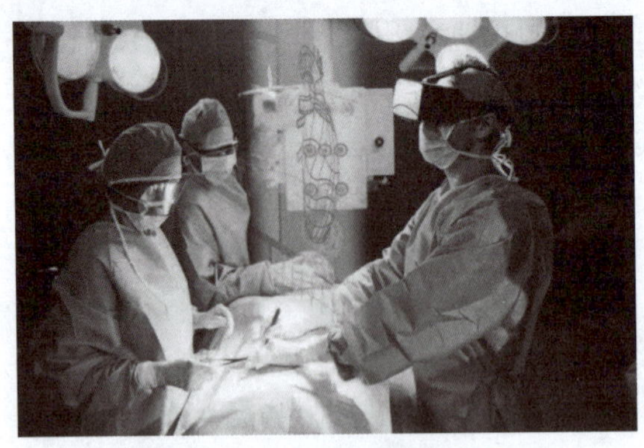

图 11－14　医疗领域 AR 产品

图 11－15　广告购物类 AR 产品

4. 展示导览

AR 技术被大量应用于博物馆对展品的介绍说明中，该技术通过在展品上叠加虚拟文字、图片、视频等信息为游客提供展品导览介绍。此外，AR 技术还可应用于文物复原展示，即在文物原址或残缺的文物上通过 AR 技术将复原部分与残存部分完美结合，使参观者了解文物原来的模样，达到身临其境的效果。图 11－16 所示是北京邮电大学与企业共同研发的基于增强现实技术的产品——“移动博物馆”。游客只需要手持一个镜子造型的终端设备，在屏幕上打开 APP，就能进入摄像头模式，将其对准文物，这面“镜子”的屏幕上就即刻呈现出这个文物的立体动态图像，并配有文字介绍和语音讲解。

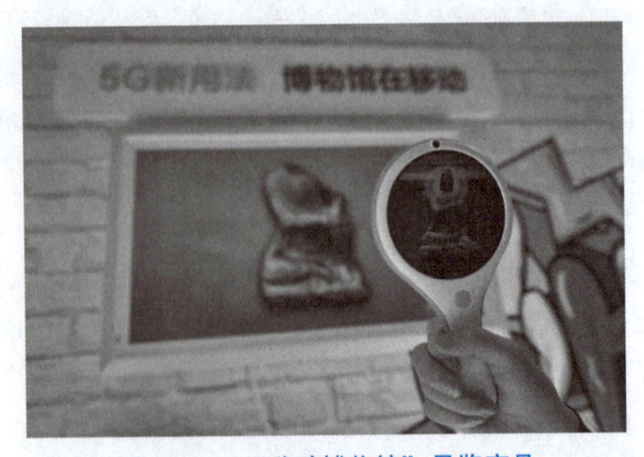

图 11－16　“移动博物馆”导览产品

同时还为用户提供人性化交互操作。图11－17所示是四川广汉三星堆遗址AR导览产品。用户可以在智能移动端通过触屏、移动、拖曳等方式对展品三维模型进行缩放、旋转等操作。

图11－17　四川广汉三星堆遗址AR导览产品

11.3　VR与AR的比较

很多人对VR与AR分辨不清，那么它们有什么区别呢？

两者的区别可以概括为以下几方面：

1. 使用目的不同

VR的目的是提供一个完全的虚拟化三维空间，令用户深度沉浸其中而不发觉。AR的目的是为用户在真实环境下提供辅助性虚拟物体，本质只是用户视野内现实世界的延伸。

VR即虚拟现实，用户通过穿戴指定的设备，把个人的意识带入一个虚拟世界中。在这里你看到的一切都是利用电脑设备模拟产生的，是不真实的。如同电影《头号玩家》中的一样，你可以在虚拟世界里大跑大跳，做各种各样的动作，看到各种稀奇古怪乃至骇人听闻的东西。但梦醒时分，你仍旧会回归现实，留存你脑海的只有那些美妙的体验。

AR是增强现实，用户身处现实世界，戴上或使用指定的设备后，所看到的仍旧是真实世界的场景。不同的是，它多了一点小东西，设备通过自动识别或者是按钮触碰，用户就能看到虚拟东西和实际物品相互交叉的场景。比如一台冰箱，你戴上AR设备后，就可以在虚空中看到冰箱的型号、大小等一系列参数，或是冰箱内部的结构功能等数据，带给为你现实与虚拟交互的新奇感觉。

2. 实现方式不同

现有的主流VR头显技术通过用户位置定位，利用双目视差分别为用户左右眼提供不同的显示画面，已达到欺骗视觉中枢制造幻象的目的。相比之下，AR技术则通过测量用户与真实场景中物体的距离并重构，实现虚拟物体与现实场景的交互。

3. 技术痛点不同

VR的关键在于如何通过定位与虚拟场景渲染实现用户“以假乱真”的沉浸体验，目前的应用“瓶颈”在于定位精度和传输速度。AR 的关键是如何通过在虚拟环境里重构现实世界的物体，已实现“现实－虚拟”交互，目前的“瓶颈”主要在算法和算力上。

4. 受众用户不同

VR 用户基数较小，移动性较差，具有隔离的沉浸感，因此主要集中在娱乐用途上。娱乐收入可能会占据整个行业收入的 2/3，硬件占比约 1/4。虽然 VR 也会有企业用途，但是相对于 AR 和智能眼镜而言少得多。VR 电子商务和广告收入会增长，但目前用户群的规模和分散性限制了其发展。

与 VR 相比，AR 会触及更多的人，因为它是对人们日常生活的无缝补充。AR 是将计算机生成的虚拟世界叠加在现实世界，医药、教育、工业领域的各种实际应用，已经佐证了 AR 作为工具，对人类的影响更为深远。而不是像 VR 那样，在现实世界之外营造出一个完全虚拟的世界。专家认为“AR”将会成为“更加日常化的移动设备应用的一部分”。

11.4　虚拟现实应用案例——VR 驾校

虚拟现实的
应用领域

虚拟现实的应用案例有很多，这里以虚拟驾校为例进行介绍。

11.4.1　VR 驾校案例背景

VR 驾校是通过 VR 技术打造 VR 驾驶培训场所，用户可以通过佩戴 VR 设备，体验虚拟驾驶，进行驾驶培训与练习等。图 11－18 所示是 VR 驾校操控体验设备。VR 模拟驾驶产品对传统的驾培行业来说，是一种“革命性技术”，它既能帮助驾校缓解场地不足、安全风险、成本损耗等矛盾；对于学员，也节省了外出练车时间、人力成本等。VR 驾校模式未来也许会成为人们学车的首选。

图 11－18　VR 驾校操控体验设备

11.4.2　VR 驾校的功能

VR 虚拟驾驶，也被称作车辆驾驶虚拟，或车辆模拟驾驶，即采取现代高科技方式如 3D 图形即时生成系统、车辆动力学虚拟物理软件、大视场显示系统、六自由度运动系统、客户输入硬件软件、立体音音响、中控平台、VR 科技等，使客户在一个模拟的驾驶氛围中感觉到接近真实体验的视觉、听觉与体感的车辆驾驶。VR 技术能够为驾驶者创造一个模拟的练车环境，这种环境尽管是虚拟环境，但是可以给学员提供与实地练车相同的感受。全动作仿真动感平台技术，利用数字建模，实时捕捉内容中车体的姿态信息，转化为硬件动感平台的电机驱动数据，让硬件动作与内容保持一致。通过软硬件通信协议系统、力反馈系统、机身动力装置，真实还原撞击感、加速、刹车、颠簸、抖动、转弯等，能真实模拟怠速、加减挡位、倒车、启动，以及撞击倾斜等。即上坡、下坡可以让学员感觉前倾和后仰，虚拟出的颠簸区段可以让学员产生真实体验，沉浸感强烈。配合烟雾系统，可以模拟出真实环境下的大雾天和大雨天。用户在场景中，可以对周边环境进行左右 360°、上下 360°的视角查看，无死角，实现避让车辆、行人、物品等基本驾驶技术的训练。

小　结

随着信息处理技术和光电子技术的高速发展，虚拟现实技术已经从小规模、小范围的技术探索和应用进入了更加宽广的领域。在未来几年，随着技术的进一步发展以及各国政府的政策支持和资本投入的聚焦，虚拟现实行业将以前所未有的速度快速发展。虚拟现实产业生态业务形态丰富多样，蕴含着巨大的发展潜力，能够带来显著的社会效益，虚拟经济与实体经济的结合将会给人们的生产和生活方式带来革命性的变革。从以娱乐、影视、社交为代表的大众应用，到以教育、军事、智能制造为代表的行业应用，虚拟现实技术正在加速向各个领域渗透和融合，并且给这些领域带来前所未有的变革和促进。

本部分主要学习了何为虚拟现实、何为增强现实，以及它们的区别。

习　题

1. 虚拟和现实相互结合的技术称为（　　）。

A. 虚拟现实　　B. 增强现实　　C. 概念现实　　D. 逻辑现实

2. 虚拟现实的缩写是（　　）。

A. AR　　B. VR　　C. CR　　D. ER

3. 虚拟现实的特征包括（　　）。（多项选择）

A. 自主性　　B. 交互性　　C. 多感知性　　D. 自主性

4. 增强现实的缩写是（　　）。

A. AR　　B. VR　　C. CR　　D. ER

5. 手机上应用的可以将现实中的人融合到既定的动态场景中的 APP 属于（　　）技术的应用。

A. 虚拟现实　　B. 增强现实　　C. 概念现实　　D. 逻辑现实

任务记录单

任务名称	
实验日期	
姓名	
实施过程：	
任务收获：	

第3篇 应用篇

“科技是第一生产力”二十大报告摘读：

“当前，世界百年未有之大变局加速演进，新一轮科技革命和产业变革深入发展，国际力量对比深刻调整，我国发展面临新的战略机遇。”

——习近平在中国共产党第二十次全国代表大会上的报告

走近科技领军人物：

中国计算机事业奠基人之一——夏培肃

夏培肃（1923—2014），著名计算机专家和教育家、我国计算机研究的先驱和我国计算机事业的重要奠基人之一、中国科大首任计算机系主任。曾参加我国第一个计算技术研究所的筹建，研制成功我国第一台自行设计的通用电子数字计算机。负责研制成功多台不同类型的高性能计算机，为我国计算技术的起步和发展作出了重要贡献。2014年8月27日，夏培肃先生因病逝世，享年91岁。

任务12

展示智慧城市

（学习主题：智慧城市）

任务导入

任务目标

1. 知识目标

能够阐述何为智慧城市；

能够阐述当今社会城市问题；

能够阐述智慧城市理念；

能够阐述元宇宙概念。

2. 能力目标

能够设计智慧城市模型；

能够发现城市中的智慧元素；

能够掌握智慧城市三层内涵。

3. 素质目标

提升逻辑思维能力；

提升提出问题、分析问题、解决问题的能力。

任务要求

在互联网中以“智慧城市”为主题，搜索一个你认为最棒的智慧城市。可以是目前已有的，也可以是未来规划的。以视频、图片、PPT的形式进行展示汇报。

提交形式

视频、图片、PPT。

智慧城市，狭义地说，是使用各种先进的技术手段改善城市状况，使城市生活便捷；广义上理解，应是尽可能优化整合各种资源，城市规划、建筑让人赏心悦目，让生活在其中的市民可以提高生活质量，总之就是适应人的全面发展的城市。图 12－1 所示是电影《第五元素》中设计的未来城市，希望在不久的将来能够实现。

图 12－1　电影《第五元素》中设计的未来城市

“十四五”规划开启了中国全面建设社会主义现代化国家新征程，运用新一代信息技术，推动城市从数字化，到智能化，再到智慧化，是实现高效能治理、推动高质量发展、创造高品质生活的必要途径。

12.1　初识智慧城市

初识智慧城市

什么是智慧城市？智慧城市有哪些特点？

12.1.1　智慧城市的建设历程

城市从产生、发展到今天，经历了早期城市、古代城市、近代城市及现代城市化的进程。在现代城市化发展进程中，“城市”的概念和含义已发生天翻地覆的变化。

1. 严峻的城市问题

第一次工业革命的到来，加快了城市化进程，给人们带来便利的同时，也对地球造成了很大的伤害。在现代城市中，人与自然的关系是人类错误地掠夺自然、征服自然。人类不断扩大自己的领域，从土地延伸到整个生物圈；现代城市高度集中了工业和人口，必须建造众多工厂、房屋、道路，不断拓展城市，摧毁了原有的自然生态系统，建造了复杂的人工环境；由于物质流、能量流、信息流的宏大与集中，使自然资源供应能力紧张，生态环境承受极大压力，污染负荷远远超过城市生态环境的自我调节能力，结果使城市成为各种公害的集中地，城市生态环境严重破坏。在城市自我破坏城市生态环境的同时，随着近代农业的发展，化肥、农药等的迅速普及，森林草原的锐减，城市外部生态环境的恶化，又对城市生态环境雪上加霜。

2. 智慧城市的演进

智慧城市经常与数字城市、感知城市、无线城市、智能城市、生态城市、低碳城市等区域发展概念相交叉，甚至也包括电子政务、智能交通、智能电网等行业信息化方面。在智慧城市的建设方面，有信息技术的应用，也有网络技术的建设；有人的参与，也有智慧的效果。一些城市信息化建设的先行城市则强调以人为本和可持续创新。图 12－2 所示是智慧城市在演进过程中经历的城市阶段。

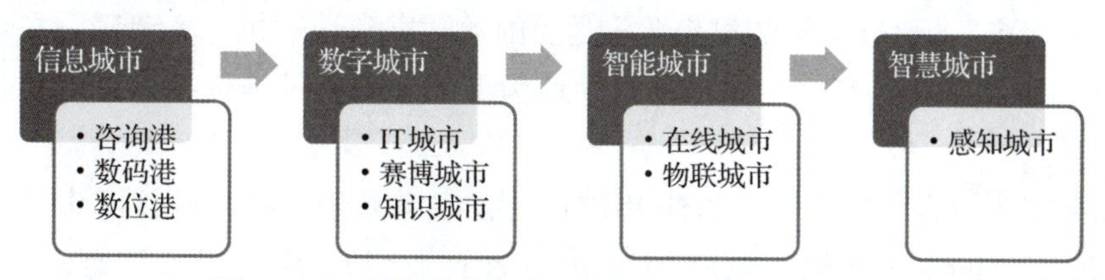

图 12－2 智慧城市在演进过程中经历的城市阶段

12.1.2 各国智慧城市建设步伐

智慧城市的建设在国内外许多地区已经展开，并取得了一系列成果，国内的如智慧上海、智慧双流；国外如新加坡的“智慧国计划”、韩国的“U－City 计划”等。智慧城市建设对城市发展最重要的作用是提升服务功能。

智慧城市就是运用信息和通信技术手段感测、分析、整合城市运行核心系统的各项关键信息，从而对包括民生、环保、公共安全、城市服务、工商业活动在内的各种需求做出智能响应。其实质是利用先进的信息技术实现城市智慧式管理和运行，进而为城市中的人创造更美好的生活，促进城市的和谐、可持续成长。其不会调整城市的地域结构，也不会加速人口集散和扩大空间规模。

1993 年以来，智慧城市理念即在世界范围内悄然兴起，许多发达国家开始关注智慧城市建设，将城市中的水、电、油、气、交通等公共服务资源信息通过互联网有机连接起来。

2008 年 11 月，恰逢环球金融危机伊始，IBM 在美国纽约发布的《智慧地球：下一代领导人议程》主题报告中提出“智慧地球”的概念，即把新一代信息技术充分运用在各行各业之中。随后，智慧城市概念开始在全球范围火爆起来。

21 世纪初，纽约市提出了旨在促进城市信息基础设施建设、提高公共服务水平的“智慧城市”计划，并于 2009 年启动“城市互联”行动。同年，迪比克市与 IBM 合作，建立美国第一个智慧城市，利用物联网技术，在一个有六万居民的社区里将各种城市公用资源（水、电、油、气、交通、公共服务等）连接起来，监测、分析和整合各种数据，以做出智能化的响应，更好地服务市民。2006 年，新加坡启动“智慧国 2015”计划；2009 年，日本推出了“I－Japan 智慧日本战略 2015”；韩国以网络为基础，打造绿色、数字化、无缝移动连接的生态、智慧型城市。这 10 年来，中国也在不断发展打造智慧城市建设。

2010 年，IBM 正式提出了“智慧的城市”愿景，认为城市由关系到城市主要功能的不同类型的网络、基础设施和环境六个核心系统组成：组织（人）、业务/政务、交通、通信、水和能源。这些系统不是零散的，而是以一种协作的方式相互衔接。而城市本身，则是由这些系统所组成的宏观系统。

12.1.3 智慧城市和元宇宙

“元宇宙”一词诞生于 1992 年的科幻小说《雪崩》。小说中提到“Metaverse（元宇宙）”和“Avatar（化身）”两个概念。人们在“元宇宙”里可以拥有自己的虚拟替身，这个虚拟的世界就叫作“元宇宙”。小说描绘了一个庞大的虚拟现实世界，在这里，人们用数字化身来控制，并相互竞争，以提高自己的地位。如今看来，小说描述的还是超前的未来世界。

关于“元宇宙”，比较认可的思想源头是美国数学家和计算机专家弗诺·文奇教授在其1981年出版的小说《真名实姓》中，创造性地构思了一个通过脑机接口进入并获得感官体验的虚拟世界。

最近元宇宙的概念异常爆火，2021年被称为元宇宙元年，各大科技巨头都在争相布局元宇宙赛道，Facebook、苹果、微软等国外知名企业皆已启动相关计划。10月28日，Facebook正式宣布改名为Meta，取自元宇宙英文原词Metaverse。如图12－3所示。在国内，互联网巨头们同样紧跟潮流，腾讯、字节跳动等纷纷通过融资加速入局元宇宙。

图12－3　Facebook正式官宣改名为Meta

那么，究竟什么是元宇宙？

元宇宙是人类运用数字技术构建的，由现实世界映射或超越现实世界，可与现实世界交互的虚拟世界，具备新型社会体系的数字生活空间。

“元宇宙”本身并不是新技术，而是集成了一大批现有技术，包括5G、云计算、人工智能、虚拟现实、区块链、数字货币、物联网、人机交互等。

专家总结了未来元宇宙的三大特征，分别与现实世界平行、反作用于现实世界、多种高技术综合。

Roblox给出的元宇宙包含八大要素：身份、朋友、沉浸感、低延迟、多元化、随时随地、经济系统和文明。

在元宇宙中，人们不仅为个人，还可以为组织创造出虚拟人形象，从而进入元宇宙，开创全新的人和人、物和物、人和物之间的关系。虚拟人的身份将成为崭新的交互载体，现实人或组织的信息数字化，将不断丰富和完善元宇宙空间。其所指的实质上是连接人的移动互联网、连接物的物联网之后，未来连接时空的空间互联网形态，或者说是空间互联网的一种商业化表述。

在智慧城市建设的过程中，“数字孪生城市”是经常被提及的字眼，未来的数字孪生城市应该是智慧城市领域跟元宇宙比较相近的概念。如图12－4所示，“数字孪生世界”依托于现实世界，更多是为了服务于现实世界；反观“元宇宙”，它是与现实世界同时运行的“平行虚拟世界”，有自己的“生态系统”，不是单纯地依托于现实世界，而是相互影响、相互联动的关系。

图 12-4 数字空间

元宇宙是整合多种新技术而产生的新型虚实相融的互联网应用和社会形态，其发展是循序渐进的过程，目前还有很多基础问题没能很好地解决，但是这个理念必然是未来 5~10 年，信息化、人工智能、物联网等前沿技术的重要发展方向之一。

12.1.4 未来城市构想

在 2050 年，2/3 的人口将生活在城市中，但城市会是什么样子？城市会给我们提供高质量的生活吗？未来的城市，智能电网确保将能源高效分配到最近的需求点，共享能源提供，如图 12-5 所示，为社区提供新的保障。储存电池在白天积累太阳能，即使在晚上，也可以为房屋提供电或为汽车充电，让人们与大自然的循环同步。

图 12-5 共享能源

数字身份让你的日常生活变得容易，一键即可轻松完成工作日程。出门开会，不用为早餐发愁，你的新家会为你提供科学、均衡的食物，在几秒钟之内即可食用。出行时，移动应用程序可以使用实时数据为你找到最佳出行方式，如图 12-6 所示。

图 12-6 数字生活

我们的城市正在使用可再生能源。但是，不仅有超安全的小型反应堆覆盖并确保城市完全独立与能源，道路控制系统还能对过往车辆进行称重和测量，如图 12－7 所示。允许通过的车辆可以进入城市，超重和超大的车辆被告知转移到专用道路，以维持正常运行和保护道路不受损害。

图 12－7　道路控制系统车辆称重与分流

人工智能十字路口使红绿灯对人和交通做出反应，并通过车辆中的合作单元提醒驾驶员，能够智能调控、路况分流，如图 12－8 所示，交通比以往任何时候都更安全。人工智能还能为我们解决停车问题，这曾经是一个很难解决的问题。停车位提供充电器、汽车现在的电池组、冷却器，能有效避免火灾风险和冗长的充电时间。

图 12－8　智能调控和路况分流

智能树木恢复城市环境，净化空气并缓解你的心情；如果你忘记带车票了，只需激活你的数字身份证，直接就可以查询你的票物信息。未来的交通采用电车，干净、环保，不需要架空线，同时模块化车厢，可根据交通高峰情况随意扩展，保证交通畅通。图 12－9 所示为模块化车厢自由组合。

图 12－9　模块化车厢自由组合

人工智能、高度机械化、无线传播、空间交互……甚至驾驶汽车在低空飞行、萌态十足的机器人……这些出现在科幻电影里的未来城市构想，也许在不久的将来也能来到我们的生活中，让我们拭目以待。

12.2 智慧城市理念的三层内涵

智慧城市的内涵和应用

12.2.1 经济上健康、合理、可持续

对城市经济的设计主要分为绿色经济、低碳经济和循环经济。

1. 绿色经济

绿色经济是以市场为导向、以传统产业经济为基础、以经济与环境的和谐为目的而发展起来的一种新的经济形式，是产业经济为适应人类环保与健康需要而产生并表现出来的一种发展状态。

绿色经济是一种以资源节约型和环境友好型经济为主要内容，资源消耗低、环境污染少、产品附加值高、生产方式集约的经济形态。绿色经济综合性强、覆盖范围广，带动效应明显，能够形成并带动一大批新兴产业，有助于创造就业和扩大内需，是推动经济走出危机“泥淖”和实现经济“稳增长”的重要支撑。同时，绿色经济以资源节约和环境友好为重要特征，以经济绿色化和绿色产业化为内涵，包括低碳经济、循环经济和生态经济在内的高技术产业，有利于转变我国经济高能耗、高物耗、高污染、高排放的粗放发展模式，有利于推动我国经济集约式发展和可持续增长。

2. 低碳经济

低碳经济的特征是以减少温室气体排放为目标，构筑以低能耗、低污染为基础的经济发展体系，包括低碳能源系统、低碳技术和低碳产业体系。风能、太阳能、核能、地热能和生物质能等替代煤、石油等化石能源，以减少二氧化碳排放。

3. 循环经济

循环经济是一种以资源的高效利用和循环利用为核心，以减量化、再利用、资源化为原则，以低消耗、低排放、高效率为基本特征，符合可持续发展理念的经济增长模式，是对大量生产、大量消费、大量废弃的传统增长模式的根本变革。

12.2.2 生活上和谐、安全、更舒适

智慧城市是生活舒适、便捷的城市。这主要反映在以下方面：居住舒适，要有配套设施齐备、符合健康要求的住房；交通便捷，公共交通网络发达；公共产品和公共服务如教育、医疗、卫生等质量良好，供给充足；生态健康，天蓝水碧，住区安静整洁，人均绿地多，生态平衡；人文景观如道路、建筑、广场、公园等的设计和建设具有人文尺度，体现人文关怀，从而起到陶冶居民心性的功效。

12.2.3 管理上科技、智能、信息化

城市管理包括政府管理和居民自我生活管理，管理的科技化要求不断创新科技，运用智能化信息化手段让城市生活更协调、平衡，使城市具有可持续发展的能力。

12.3 智慧城市的应用

2011 年，西班牙巴塞罗那市政府创办了世界智慧城市大会，其每年都会评选一些世界智慧城市，至今已经举办了十几届。

12.3.1 智慧交通

俗话说得好，道路通、百业兴。纵横交错的交通基础设施，成为中国经济发展的强劲动脉。全球规模最大的高速公路网，为百姓便捷出行、物流高效流通铺就了坦途。然而，随着中国经济进入新常态，交通基础设施建设带动经济增长的作用逐步减弱。如何为交通动脉注入新鲜血液，使道路通向更可持续发展的未来，成为中国亟待解决的问题。进入新时代，交通基础设施要和新技术结合，发挥出智慧交通的优势，为经济增长助力。目前，已经建成了全世界联网里程最长，客户数量最多的高速公路智能化的联网收费系统。

如图 12－10 所示，ETC 使车辆通过收费站闸口的时间从 20 s 提升到两三秒。

图 12－10　随处可见的高速公路 ETC 收费闸口

京雄高速是雄安新区“四纵三横”高速公路网的重要组成部分，全长 100 多千米，建成后，从北京城区到雄安新区的通行时间被缩短到 1 h，这条便捷的高速通道还有一个更智能的身份——全国最重要的“智慧高速”示范路。如图 12－11 所示，道路两侧每隔 40 m 就有一个白色灯杆，在照明之外还内藏玄机，这就是集成了智能感知、智慧照明、节能降耗能力的智慧灯杆。

图 12－11　智慧灯杆

京雄高速公路河北段全线共设置了 3 278 根智慧灯杆，以照明灯杆为基础，整合了一体化的云台摄像机、固定摄像机、能见度检测仪、灯杆显示屏等各种设备，能够识别环境光的照射强度、车流等信息并进行自动调节，形成车来灯亮、车走灯暗的效果，既保证了车乘人员的行车安全，又能有效降低能耗。

智能交通的落地，是一个庞大的系统工程，除了路侧设施升级外，还需要一套结合最新软硬件技术的稳定、可靠的管理系统，如图 12－12 所示。京雄高速公路监控指挥中心，是全路的智慧大脑，高速路上的任何突发状况都可以第一时间被这里捕获，并作出最及时的反应。在传统监控基础上，引入了 AI 分析系统，相当于道路的眼睛。原来从发生事件到事件被发现，大概需要 5～10 min，有了慧眼系统以后，30 s 以内就能够发现事件，大大节约处置时间，减少拥堵。

图 12－12　高速公路监控系统

智能交通是人工智能与交通运输深度融合的新兴领域，也是推动实现交通高质量发展的必由之路。新型系统能够帮助交通部门向公众提供更加准确、及时、优质的主动安全预警和交通引导服务，进一步提升车辆在京雄高速公路的行车安全、通行效率和驾乘体验。

道路的智能升级，归根结底是为了服务车与人，并不是每一种道路交通环境都像高速公路一样，有着清晰的车道线和日常良好的路况。各种极端的情况、各种复杂多变的场景，以及各种无法预测的人类行为，都是挡在自动驾驶发展道路上的“拦路虎”。在人车混行的复杂场景中，如果有路侧感知设备的助力，对于汽车来说，就相当于拥有“千里眼、顺风耳”，可以最大限度地避免发生交通事故，这就是为自动驾驶开启上帝视角的“车路协同”，其正在成为中国实现自动驾驶的重要技术路线。图 12－13 所示就是新技术下车路协同信号的接收情况。

图 12－13　新技术下车路协同信号的接收情况

13.3.2　智慧公共服务

完善的公共服务是智慧化城市建设的重要标志之一，公共服务的智慧化建设作为未来社会发展的方向，在服务的供给创新中发挥着重要作用。智慧公共服务是在智慧城市建设、现代公共服务理论进一步发展成熟的基础上衍生出来的管理和技术创新，其项目繁多，覆盖面广，标准也参差不齐，而“十二五”期间我国公共服务的智慧化建设将得到巨额的资金投入。可以预见其对人们的生活、工作必将产生深远的影响。

智慧公共服务涉及市民生活的衣、食、住、行，关系到人们生活的安全、信息化、公共活动等方方面面。同时，随着人们生活质量和精神文明水平的不断提高，人们对城市公共服务的要求也越来越高，这也对城市管理者提出了更高的挑战。因为：

人们需要更安全的生活环境。

人们需要更高效、更稳定的信息化环境。

人们需要更稳定、更美化、更健康的公共环境。

据此，智慧公共服务体系包含城市安防、数据中心、智慧街道等。这就需要我们的城市拥有全面覆盖的、综合的、稳定的、强大的信息服务网络，以达到我们对平安城市、智慧城市的需求。

智慧城市指挥中心就是城市的“最强大脑”，负责收集、整理、存储、传输这个城市的所有电子数据。有了“大脑”的城市，就有了“思考”能力，每一秒钟，“数字大脑”都在高速运转，“一图知全局”的指挥调度平台，汇集了全市多路监控和智能监控平台，为城市擦亮“眼睛”，实现多类城市治理 AI 管控，在这里，不仅能实现社会治理“一网统管”，还能实现智慧生活“一网通办”。智能交通，实时路况播报畅通无阻；共享单车，实现循环共享，使中短途出行有了新选择。此外，市民成长计划设计多项民生应用，囊括了居民生活的出行、购物、视频、住房、投诉、社区服务等方方面面，让居民的生活更安心、更便捷。居民使用智能终端可以识别公园中的花草品种，如图 12－14 所示。

图 12－14　智能识别花草

遇到违章停车，可以直接拍照，上传到交管部门，如图 12－15 所示。

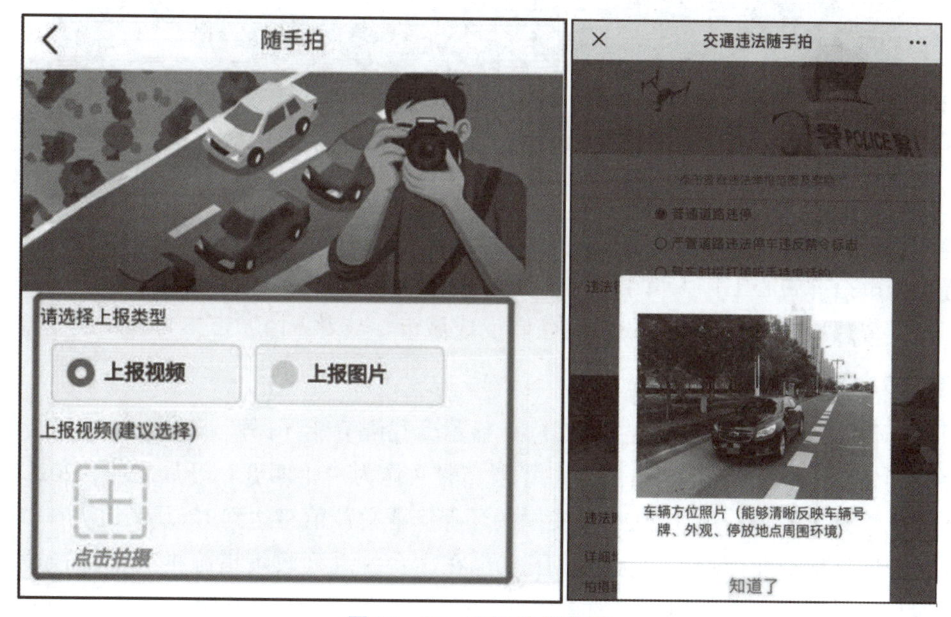

图 12－15　交通监督举报

遇到占道经营，可以直接拍照，上传提交给城管部门，如图 12－16 所示。

发生紧急情况，市民可以直接连线智慧城市指挥中心工作人员，例如：街边某消防栓漏水，居民与指挥中心连线，接线员可以通过市民连线，实时接收到现场视频，还可以通过手机信号、公共摄像头快速定位到具体位置，如图 12－17 所示。

图 12－16　举报占道经营

图 12－17　市民连线

智慧城市指挥中心工作人员第一时间将问题上报给相关部门，确保每个报件都有专人高效处理，使智慧城市中的居民身份由居住者变成城市参与者；由城市参与者变成受益者。

13.3.3　智慧环保

《中国环保产业发展状况报告（2020）》显示，我国节能环保产业产值由 2015 年 4.5 万亿元上升到 2020 年的 7.5 万亿元，年均增速 15%。作为“十四五”开局之年，2021 年中国环保产业也将持续发力，预计 2025 年我国的环保产业总产值将达到 12 万亿元。

我国节能环保产业市场前景大好，国家也在出台一系列政策措施推动环保产业全面发展，禁塑令正是国家大力推进落实的重要环保政策之一。2021 年开始，商场、超市、药店、书店等场所以及餐饮打包外卖服务和各类展会活动，禁止使用不可降解的塑料包装袋、一次性塑料编织袋等。图 12－18 所示就是生物塑料制品的循环图。

目前，我国环境污染问题已经成为国家和社会关注的焦点，传统的污染治理方式在预防性、及时性以及精准性等方面有所欠缺。在互联网技术快速发展下，运用大数据、云计算和物联网等手段智能化治理污染与保护环境，成为环保行业未来发展的新方向。

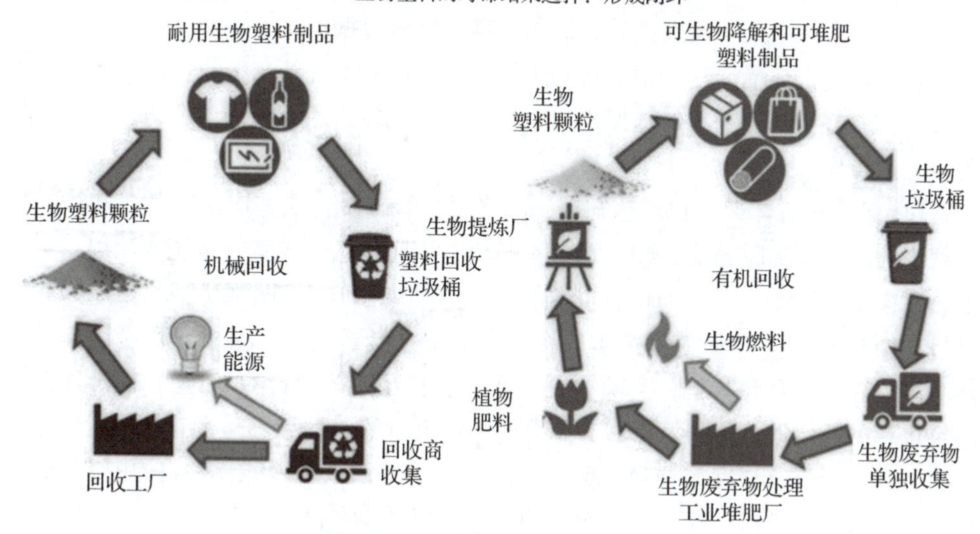

图 12－18　生物塑料制品的循环

根据中研普华产业研究院发布的《2022—2027 年中国智慧环保行业市场全景调研与发展前景预测报告》显示：

“智慧环保”是“数字环保”概念的延伸和拓展，它是借助物联网技术，把感应器和装备嵌入各种环境监控对象（物体）中，通过超级计算机和云计算将环保领域物联网整合起来，可以实现人类社会与环境业务系统的整合，以更加精细和动态的方式实现环境管理和决策的智慧。

在互联网技术快速发展下，运用大数据、云计算和物联网等手段智能化治理污染与保护环境，成为环保行业未来发展的新方向。2020 年中国智慧环保行业市场规模超 650 亿元。对比整个万亿级的环保市场而言，智慧环保市场规模较小，未来市场增长空间巨大。图 12－19 所示的是我国目前环保产业分类。

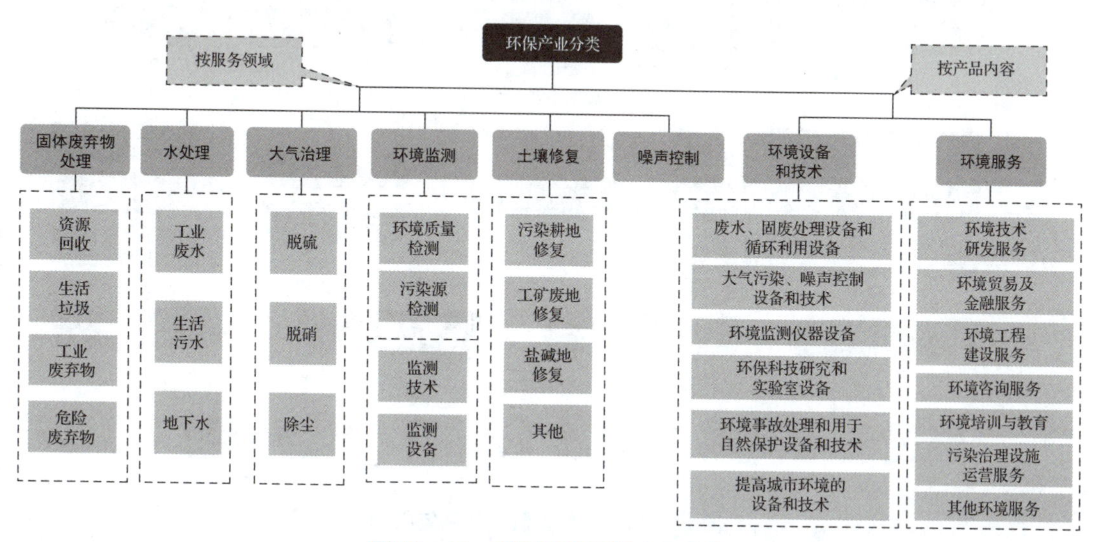

图 12－19　我国目前环保产业分类

在环保新基建的推动下，新基建对应的智慧环保等新兴基础设施，有望成为后规模增长时期的新周期板块。污染防治在预警、监测和预防等的数据信息上也会朝着精、细、全、快的方向发展。现代化环境治理进程还将与大数据、信息技术等新兴板块一起，构建一个全社会广泛参与、跨行业融合创新的环保生态系统，催生更多意想不到的产业组合，推动环保行业进行多元化布局。

"智慧环保"的总体架构包括感知层、网络层、智慧平台层、应用服务层和访问层。感知层：利用任何可以随时随地感知、测量、捕获和传递信息的设备、系统或流程，实现对环境质量、污染源、生态、辐射等环境因素的"更透彻的感知"；网络层：利用环保专网、运营商网络，结合5G、卫星通信等技术，将传感设备、电子设备、组织和政府信息系统中存储的环境信息进行交互和共享，实现"更全面的互联互通"；智慧平台层：以云计算、大数据、虚拟化和高性能计算等技术手段，整合和分析海量的跨地域、跨行业的环境信息，实现海量存储、实时处理、深度挖掘和模型分析，实现"更深入的智能化"；应用服务层：应用服务层，利用云服务模式，建立面向对象的业务应用系统和信息服务门户，为环境质量、污染防治、生态保护、辐射管理等业务提供"更智慧的决策"，如图12－20所示。

图12－20　一种智慧环保系统架构

当前的智慧环保仍处于初级阶段，主要聚焦在“虚拟空间”的基础设施建设上，尚未与水厂、垃圾焚烧厂、监测站等一系列“物理空间”基础设施建设深度融合。智慧环保是智慧城市的重要组成部分，推进智慧城市建设，将促进智慧环保产业发展。

12.4　智慧城市案例——智慧厦门、智慧阿德莱德

厦门作为宜居的滨海旅游城市，不乏高新技术产业，具有走向世界前端的潜力。厦门要打造成为数字孪生的智慧城市，应充分利用城市大数据，做好数据共享及数据云管理的工作，实现城市运行监控与指挥调度。

12.4.1　我国智慧城市典范——智慧厦门

厦门优秀的地理位置造就它独特的城市形态和定位，是我国首批经济特区之一，它的地理位置和气候特征决定了其地区降雨比较大，容易发生台风和内涝。为此，政府决定依托智慧城市建设契机，对厦门城市进行改建，致力于将厦门打造成中国乃至世界一流的智慧宜居城市。

1. 智慧物流

基于厦门市的城市形态与定位，厦门通过发展智慧交通与智慧物流促进岛内一体化高质量发展，进一步缩小岛内外发展差距，厦门的智慧物流分为陆地物流和海上物流两部分，如图 12－21 所示。

（a）

（b）

图 12－21　厦门物流港（a）和陆地物流（b）仓储地

智慧物流就是利用条码、射频识别技术、传感器、全球定位系统等先进的物联网技术通过信息处理和网络通信技术平台广泛应用于物流业运输、仓储、配送、包装、装卸等基本活动环节，实现货物运输过程的自动化运作和高效率优化管理，提高物流行业的服务水平，降低成本，减少自然资源和社会资源消耗。图 12－22 所示就是智慧物流管理系统。

2. 智慧交通

厦门交通中，以“一网、一库、一平台”信息化新格局为目标的厦门公路网运行监测管理平台已基本建成，如图 12－23 所示。总体水平全省领先，但对标全国先进典范城市仍有提升空间。厦门交通信号联网联控应实现全市一盘棋，打通两套交通信号控制平台的数据共享，并解决岛内外交通信号控制权限分离的问题；加强信息诱导疏通，改善“四桥一隧”

拥堵状况；升级厦门交通信息感知系统，为中心交通信号优化配时提供支撑；除高德路况数据和卡口数据外，应当建立实时交通诱导信息系统，让信息诱导与管控形成一体化。

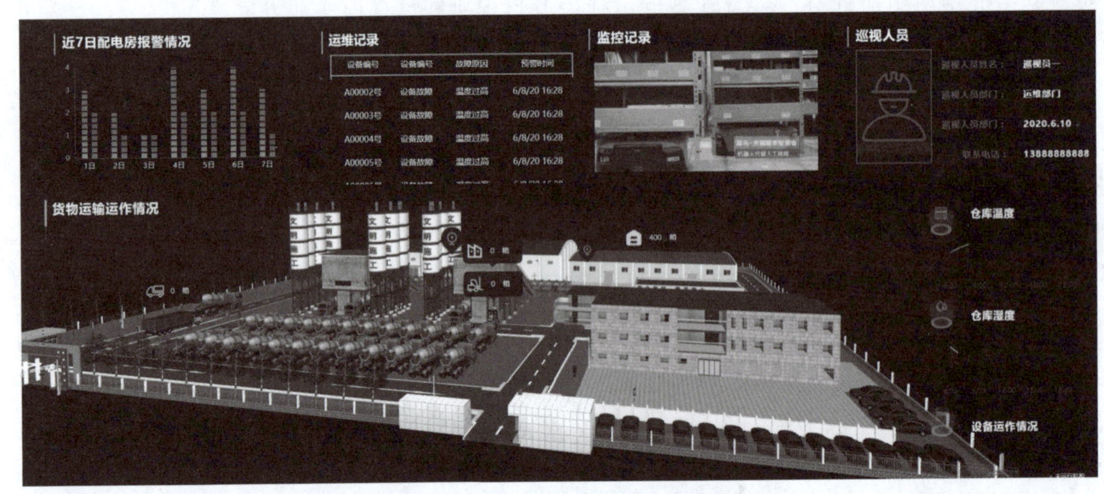

图 12－22　智慧物流管理系统

图 12－23　厦门市智慧城市管理监督指挥中心

厦门快速公交（Xiamen Bus Rapid Transit），又称厦门 BRT，是指服务于中国福建省厦门市的城市快速公共交通系统，于 2008 年 8 月 31 日正式运营，是福建省第一个快速公交系统，也是中国国内第一个采取高架桥模式的快速公交系统。

截至 2023 年 1 月，厦门快速公交开通运营线路共有 8 条，包括 6 条常规线路和 2 条高峰区间线路，共设车站 45 座。

3. 智慧应急

应急管理信息化是国家信息化的重要组成部分，为应急管理体系和能力现代化提供有力支撑和强大动力。2021 年 12 月，中央网络安全和信息化委员会发布了《“十四五”国家信息化规划》，作为“十四五”期间各地区、各部门信息化工作的行动指南，明确提出打造平战结合的应急信息化体系，建设应急管理现代化能力提升工程，以信息化推动应急管理现代化，有利于提升多部门协同的监测预警能力、监管执法能力、辅助指挥决策能力、救援实战能力和社会动员能力。

2022 年 4 月，厦门市应急管理局引发《厦门市应急管理领域安全生产信用分类分级监管工作管理办法》，主要解决全是雨污排水管网的排查工作以及防汛防台风的应急预案，构建智慧平台加强应急管理。图 12－24 所示是一个比较成熟的城市治水方案。预计 2025 年，厦门将打造成为智慧应急建设的先行示范市。厦门市是台风和内涝的重灾区，如何高效地应急是一个亟待解决的问题，厦门积极借鉴深圳、杭州等城市的经验做法，开展实施智慧排水管网系统建设技术方案，推动全市排水管网“一张图”形成。

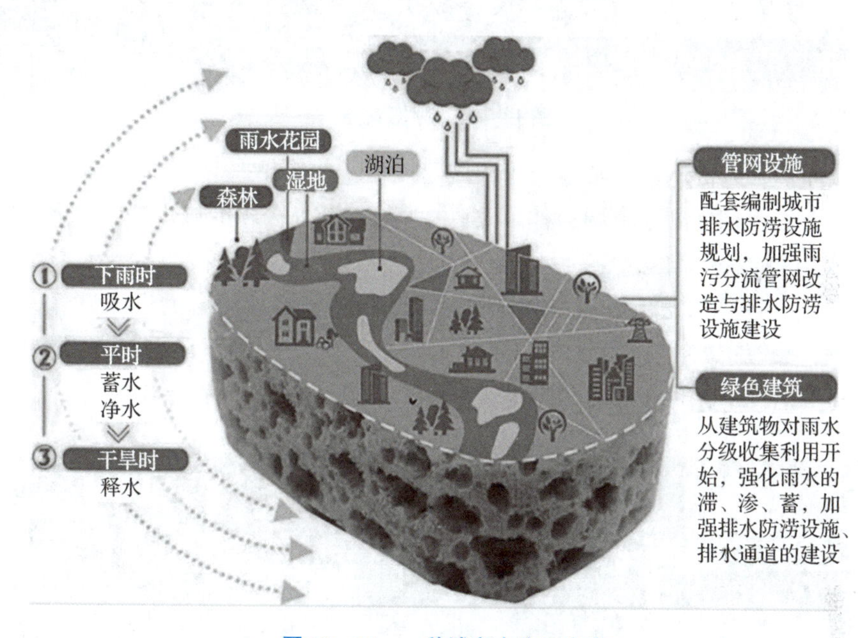

图 12－24　一种城市水治理方案

12.4.2　世界智慧城市——阿德莱德

21 世纪是一种新型城市的黎明，技术与人才在文化的熔炉中融合，小型、智慧、宜居的城市，为全球越来越多的大都市提供了另一个选择。有专家预计，到 2050 年，全世界七成的人口将生活在城市里。而一些小型、数字化、智慧和环保的城市，将为其居民提供更好的生活质量。

澳大利亚坐落在世界第七大大陆上，这里有奇怪的野生动物、自然美景、独特的文化，还有一座世界级的智慧城市——阿德莱德，如图 12－25 所示。这里原本是在英国殖民统治下的一个偏远的小的居民定居点，现在发展成为一座最具有进取性的城市。阿德莱德只有 120 多万人口，它致力于提高居民是生活品质，这是一座既拥抱历史，又勇于创造未来发展方向的城市。

图 12－25　阿德莱德

在 170 多年前，人们制定了阿德莱德的城建规划，他们想摒弃 19 世纪英国城市的污垢不堪和拥挤，于是他们规划了宽阔的林荫大道、广场和 760 公顷的城市公园，为这座小城市在 21 世纪奠定了独特的市容根基。

2020 年 1 月，阿德莱德市成功利用材料科学和自然植物相结合的方法，解决了路面温度过高的问题，缓解了城市中央的“热岛效应”。通过在路上铺设不同的高科技材料，在不影响路面寿命的前提下，也能有效降低地表温度，如图 12－26 所示。

图 12－26　材料和植物的结合

阿德莱德通过开发民众负担得起的绿色环保住宅技术，开始了住宅产业的创新。这里设计了澳大利亚第一个“零碳排放”的住宅，为了实现“零碳排放”，在设计住宅之初就要考虑住宅的建筑能耗和过去 50 年的运行能耗。为了实现“零碳排放”这个目标，要考虑房子的朝向，图 12－27 所示就是屋顶利用太阳能充电。房屋自然通风，还有高水平的隔热，这样才能控制室内温度，让整栋住宅全年舒适宜人。在房屋的混凝土板面上有热能计算器，帮助控制室内温度，在减少能源消耗的同时，又为住宅所有者节省金钱，最终节约地球资源。

图 12－27　住宅顶面的太阳能充电板

在房屋朝向设计上，既要考虑到房屋能够最大限度地吸收南边和北边的阳光，又要做好遮光防晒，避免阳光直射到墙面和窗户上，还要有绿色的可生长的遮阳结构。绿色植物的作用就是创造一个微气候，可以在天气热的时候创造一个自然冷却系统。如图 12－28 所示。

图 12－28　绿植创造的自然冷却系统

阿德莱德 IG Fresh 公司联合 BioBagWorld 公司开发出的塑料包装的替代品——可降解树脂薄膜，利用了包括玉米淀粉在内的多种植物材料，使南澳州成为全澳洲实施“禁塑令”最早的地区。

智慧城市的主旨是以人为本，因此，阿德莱德致力于创造一个开放的、以民众为导向的创新生态系统，优化人们在这里生活、学习、工作和商业活动的方式：“让城市更智能，就是让城市和地区更好地运作，提高社区的经济和社会福利。”

作为世界“智慧城市”50 强，在阿德莱德市中心，有着南澳州政府斥资近 4 亿澳元重金打造的阿德莱德“硅谷”－14 号创新园区，如图 12－29 所示。其中入驻了澳大利亚航天局总部、澳大利亚太空探索中心、麻省理工学院大数据生活实验室等各种先进机构和企业。该园区将志趣相投、互相辅助的不同组织和人才聚集在一起，孕育了一个集教育、航天、国防、创新、医疗、高科技为一体的协作生态系统。

图 12－29 “硅谷” －14 号创新园区

同时，在市中心周边的 Tonsley 创新制造中心以及阿德莱德科技园内也聚集了一系列“大厂”，吸引了世界各地的高新技术的人才，为南澳州打造出创新无限的技术环境。

小　结

城市是人类文明的象征，又是社会经济发展的产物。社会经济发展使城市的内涵和外延不断扩大，与此同时，不断增长的社会发展问题和环境压力也日益集中体现在人口高度密集的大城市中，对城市管理者和建设者都是更大的挑战。

本部分主要学习了当今社会城市问题、智慧城市理念以及元宇宙概念。

习　题

1. 目前，我们所建设的智慧社区主要以（　　）为核心。

A. 政府　　B. 居民

C. 服务　　D. 信息化服务平台

2. 智慧交通系统主要包含（　　）。(多选题)

A. 交通信息采集　　B. 交通信息处理　　C. 服务支撑　　D. 交通信息反馈

3. 从技术角度看，智慧城市的“四个技术层面”不包括（　　）。

A. 局部互联　　B. 智能应用　　C. 深层感知　　D. 高度共享

4. 下列选项中，不属于智慧城市发展过程中，城市管理者遇到的问题是（　　）。

A. 难以获取城市市场中的人才　　B. 管理者指挥能力变弱

C. 灾害处理反应能力还不足　　D. 资源共享困难

5. 智慧城市的典型应用领域中，为其他领域的智慧应用提供重要支撑的基础核心领域是（　　）。

A. 智慧公共服务　　B. 智慧交通　　C. 智慧政务　　D. 智慧教育

任务记录单

任务名称	
实验日期	
姓名	
实施过程：	
任务收获：	

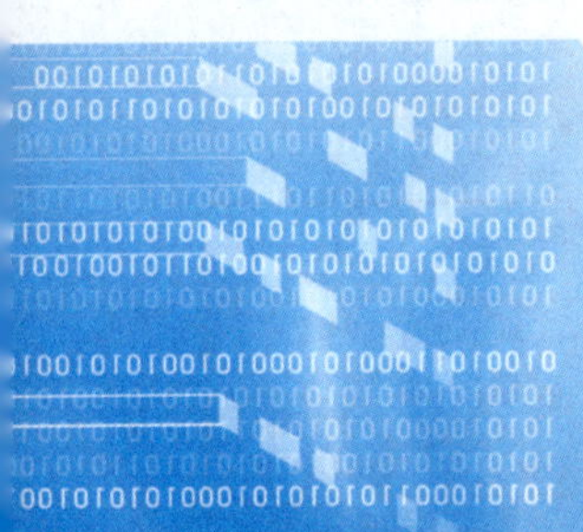

任务 13 设计智慧医疗产品

（学习主题：智慧医疗）

任务导入

任务目标

1. 知识目标

能够阐述何为智慧医疗；

能够阐述当今社会医疗存在的问题；

能够阐述智慧医疗发展的方向；

能够阐述智慧医疗系统的功能。

2. 能力目标

能够调研智慧医疗的需求；

能够初步设计智慧医疗产品（仅限功能描述）。

3. 素质目标

提升逻辑思维能力；

提升提出问题、分析问题、解决问题的能力；

提升归纳总结的能力；

提升调研分析的能力。

任务要求

针对身边的同学、家人进行调研，分析他们对于医疗方面的具体需求。归纳总结这些需求，设计一款在医疗领域应用的人工智能相关产品，并进行产品推荐。以 PPT 的形式完成设计，并以小组为单位进行汇报展示。

提交形式

PPT 或者 Word 文档，也可以提交小组汇报视频。

在不久的将来，医疗行业将融入更多人工智能、传感技术等高科技，使医疗服务走向真正意义的智能化，推动医疗事业的繁荣发展。在中国新医改的大背景下，智慧医疗正在走进寻常百姓的生活。我们的目的是要建立一套智慧的医疗信息网络平台体系，致力于使患者用较短的医疗时间、支付基本的医疗费用，就可以享受安全、便利、优质的诊疗服务，从根本上解决“看病难、看病贵”等问题，真正做到“人人健康，健康人人”。图 13－1 所示是智慧医疗结构图。

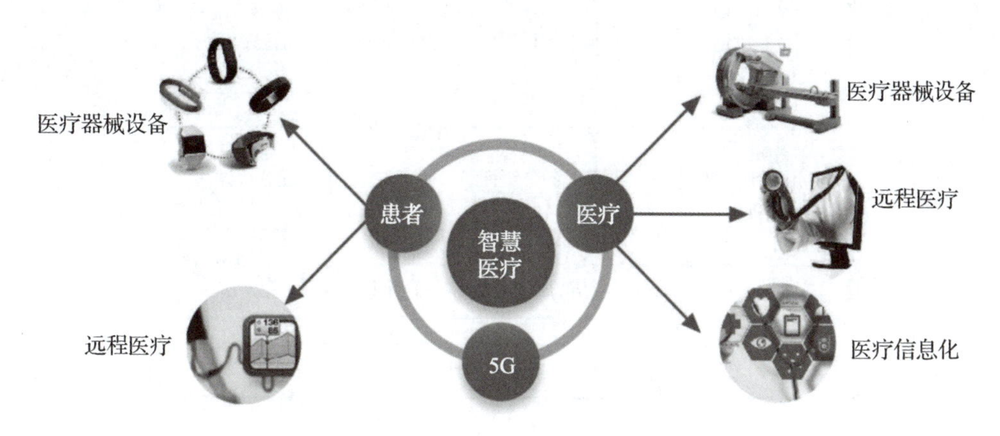

图 13－1　智慧医疗结构图

13.1　何为智慧医疗

什么是智慧医疗

智慧医疗是智慧城市的一个重要组成部分，是综合应用医疗物联网、数据融合传输交换、云计算、城域网等技术，通过信息技术将医疗基础设施与 IT 基础设施进行融合，以“医疗云数据中心”为核心，跨越原有医疗系统的时空限制，并在此基础上进行智能决策，实现医疗服务最优化的医疗体系。

智慧医疗由三部分组成，分别为智慧医院系统、区域卫生系统及家庭健康系统。

13.1.1　智慧医院系统

智慧医院包括医院信息系统、实验室信息管理系统、医学影像信息的存储和传输系统及医生工作站四个部分。实现病人诊疗信息和行政管理信息的收集、存储、处理、提取及数据交换，如图 13－2 所示。

医生工作站的核心工作是采集、存储、传输、处理和利用病人健康状况和医疗信息。医生工作站包括门诊和住院诊疗的接诊、检查、诊断、治疗、处方和医疗医嘱、病程记录、会诊、转科、手术、出院、病案生成等全部医疗过程的工作平台。

提升应用包括远程图像传输、海量数据计算处理等技术在数字医院建设过程的应用，实现医疗服务水平的提升。比如：

远程探视，避免探访者与病患的直接接触，杜绝疾病蔓延，缩短恢复进程。

远程会诊，支持优势医疗资源共享和跨地域优化配置。

自动报警，对病患的生命体征数据进行监控，降低重症护理成本。

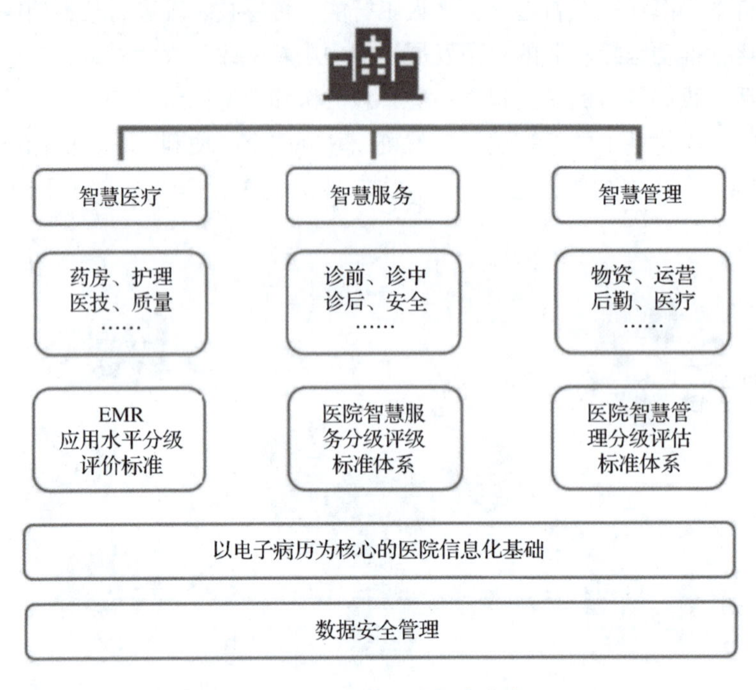

图 13－2　智慧医院解决方案

临床决策系统，协助医生分析详尽的病历，为制订准确有效的治疗方案提供基础。

智慧处方，分析患者过敏和用药史，反映药品产地批次等信息，有效记录和分析处方变更等信息，为慢性病治疗和保健提供参考。

13.1.2　区域卫生系统

区域卫生平台包括收集、处理、传输社区、医院、医疗科研机构、卫生监管部门记录的所有信息的区域卫生信息平台；包括旨在运用尖端的科学和计算机技术，帮助医疗单位以及其他有关组织开展疾病危险度的评价，制订以个人为基础的危险因素干预计划，减少医疗费用支出，以及制定预防和控制疾病的发生与发展的电子健康档案。

比如：社区医疗服务系统，提供一般疾病的基本治疗，慢性病的社区护理，大病向上转诊，接收恢复转诊的服务；科研机构管理系统，对医学院、药品研究所、中医研究院等医疗卫生科院机构的病理研究、药品与设备开发、临床试验等信息进行综合管理。

公共卫生系统由卫生监督管理系统和疫情发布控制系统组成，如图 13－3 所示。

13.1.3　家庭健康系统

家庭健康系统是最贴近市民的健康保障，包括针对行动不便无法送往医院进行救治的病患的视讯医疗，对慢性病以及老幼病患远程的照护，对智障、残疾、传染病等特殊人群的健康监测，还包括自动提示用药时间、服用禁忌、剩余药量等的智能服药系统，如图 13－4 所示。

从技术角度分析，智慧医疗的概念框架（见智慧医疗方案架构图）包括基础环境、基础数据库群、软件基础平台及数据交换平台、综合运用及其服务体系、保障体系五个方面。

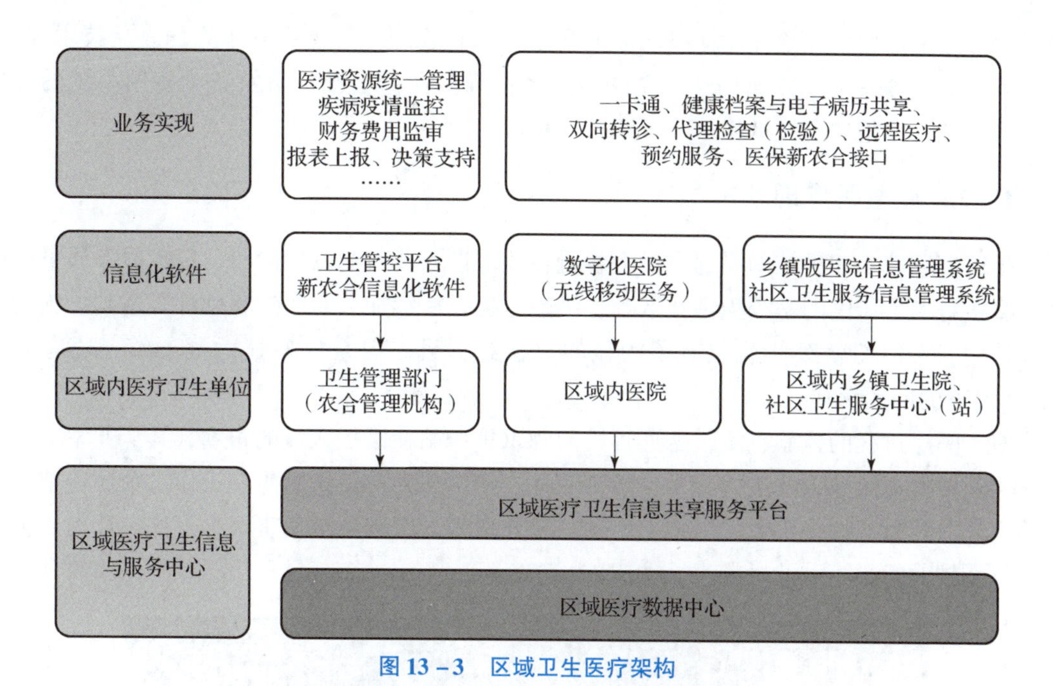

图 13－3　区域卫生医疗架构

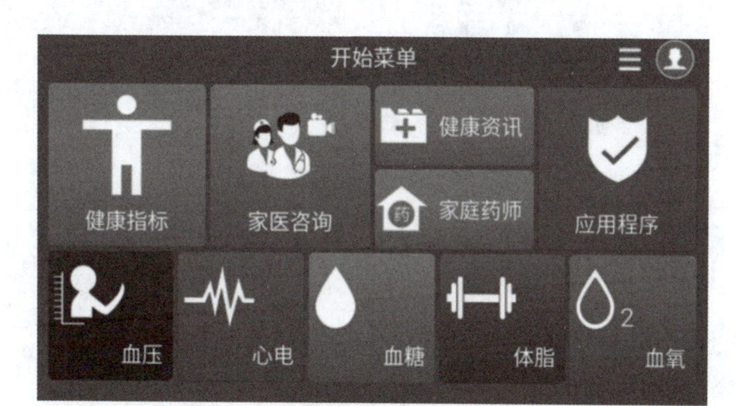

图 13－4　家庭健康医疗系统解决方案

基础环境：通过建设公共卫生专网，实现与政府信息网的互联互通；建设卫生数据中心，为卫生基础数据和各种应用系统提供安全保障。

基础数据库：包括药品目录数据库、居民健康档案数据库、PACS 影像数据库、LIS 检验数据库、医疗人员数据库、医疗设备等卫生领域的六大基础数据库。

软件基础平台及数据交换平台：提供如下三个层面的服务。

首先是基础架构服务，提供虚拟优化服务器、存储服务器及网络资源。

其次是平台服务，提供优化的中间件，包括应用服务器、数据库服务器、门户服务器等。

最后是软件服务，包括应用、流程和信息服务。

综合运用及其服务体系：包括智慧医院系统、区域卫生平台和家庭健康系统三大类综合应用。

保障体系：包括安全保障体系、标准规范体系和管理保障体系三个方面。从技术安全、运行安全和管理安全三方面构建安全防范体系，确实保护基础平台及各个应用系统的可用性、机密性、完整性、抗抵赖性、可审计性和可控性。

13.2 智慧医疗现状

随着信息技术和科技的飞速发展，各行各业都进入了新的发展阶段，医疗服务质量的好坏，直接影响了居民的幸福生活指数，各级政府也在持续加大对医疗软硬件等基础设施的研发和使用，人们的就医体验也有了明显的改善和提升。但是这些还远远不够，还有人多“看病难”的问题存在。

对于医疗过程的体验，不仅普通百姓问题重重；站在医护人员的角度，其从业幸福度也不高。医护人员短缺造成工作繁重，各种职称、学术内卷，使得医生在工作之余还得把一半的精力放在与救死扶伤无关的事情上，加上频繁出现的医闹甚至伤害医生事件，让白衣天使们战战兢兢，时刻不敢放松警惕，如图 13－5 所示。

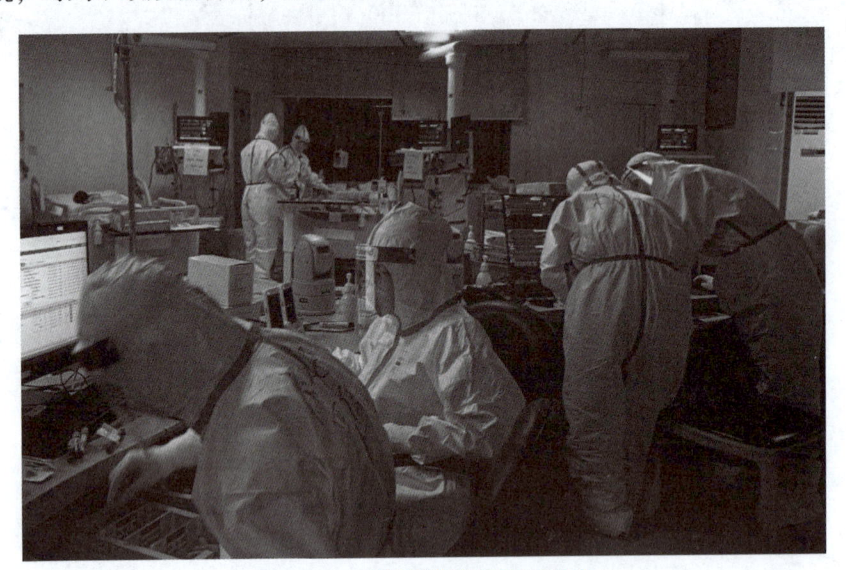

图 13－5　疫情期间的医疗工作者

除了亟待改善的居民就医体验和医护人员从业体验之外，整个国内医疗行业还面临着更加复杂的内外部形势变化。

13.2.1 人口老龄化

据统计，截至 2020 年，中国 60 岁及以上老人数量达到 2.64 亿，65 岁及以上人口达到 1.9 亿，如图 13－6 所示。从图中可以看出，我国老年人的比例正在逐年上升，我国将从轻度老龄化进入中度老龄化阶段。老龄化加速到来，如何守护好最美“夕阳红”，成为全社会关注的话题，也给为人们健康保驾护航的医疗系统提出了很大的难题。为此，提高医疗效率，扩大有效医疗覆盖率，方便居民医疗等问题是现今医疗行业面临的又一个挑战。

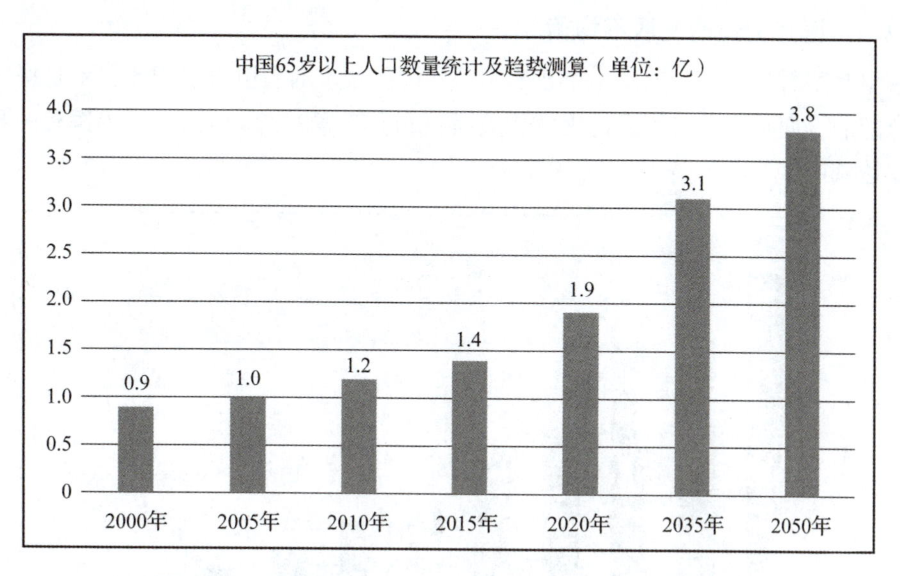

图 13－6　中国历年老年人（65 岁及以上）人口总数统计

13.2.2　慢性病患病率的增加

随着我国工业化、城镇化、人口老龄化进程不断加快，居民生活方式、生态环境、食品安全状况等对健康的影响逐步显现，慢病发病、患病和死亡人数不断增多，群众疾病负担日益沉重。慢病已成为严重威胁我国居民健康、影响国家经济社会发展的重大公共卫生问题。

根据智研咨询发布的《2020—2026 年中国慢性病用药行业市场全景调研及发展前景分析报告》显示：目前国内慢性病人数达两三亿，仅高血压一项人数高达 2.66 亿，还有五六亿的“后备军”。据统计，我国国民患疾病呈现年轻化趋势。这些慢性疾病产生了长期用药和治疗成本，同样增加了对社会医疗体系的压力，如图 13－7 所示。

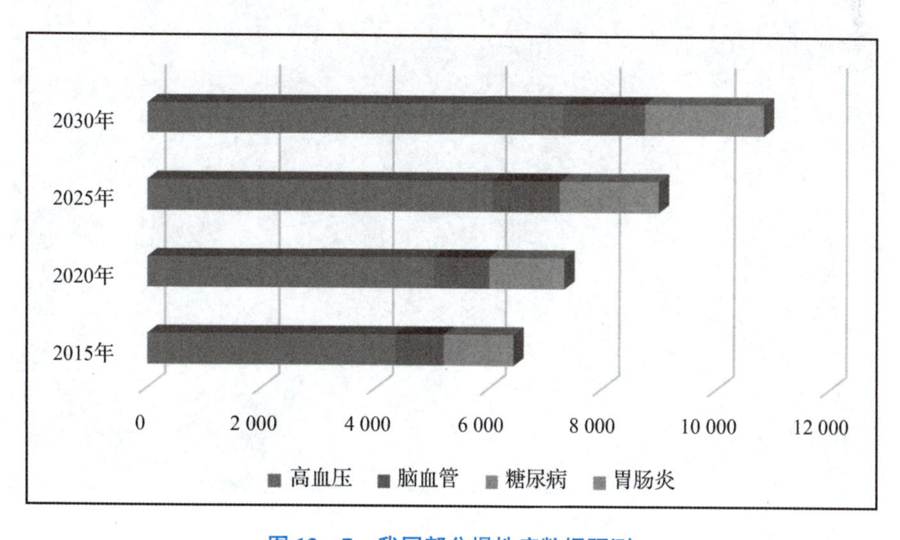

图 13－7　我国部分慢性病数据预测

13.2.3 医疗资源的发展不均衡

以三甲医院数量为例，如图 13－8 所示，我国各城市的三甲医院配比，不是按照城市人口比例分配的，而是与城市的发达程度相关联，北上广等一二线城市，三甲医院的数量明显高于欠发达城市。

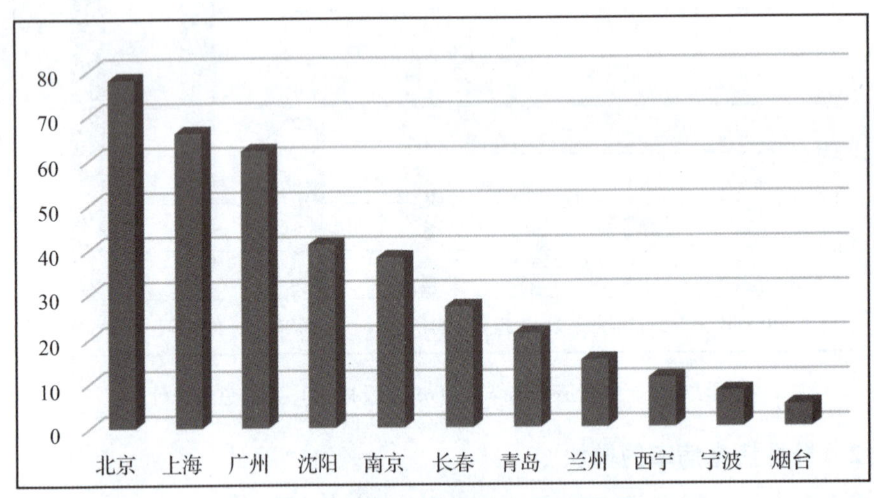

图 13－8　我国部分城市三甲医院数量

13.2.4 公共卫生突发事件的挑战

2019 年 12 月开始的疫情就是一个典型的例子。这次疫情的发生，让我们意识到了，在极端情况下，医疗体系的运作效率和接纳能力将面临巨大无比的考验。这也启发了我们，要居安思危，通过科技进步带动医疗体系全面改革，以便能够在未来应对更多突发状况，全面保障人民群众的生命健康。公共卫生突发事件演习如图 13－9 所示。

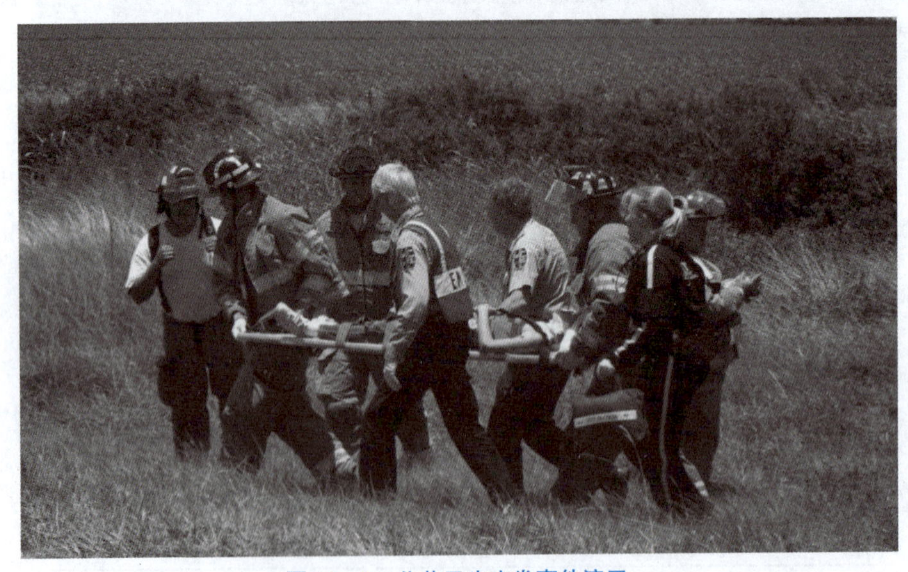

图 13－9　公共卫生突发事件演习

公共卫生类事件如果没有及时处理，会给公众造成极大的身体和心理损害。因此，每一次公共卫生事件都值得反思，并应从中吸取教训，完善应急体系。

13.2.5 现代医疗发展方向

卫生医疗服务的模式变化和自身改革正面临重大调整，而这些变革是社会发展的必然，是经济体制改革深入到一定程度的必由之路。

1. 资源整合

目前，大多数医院利用信息手段实现医疗“一卡通”，为患者提供预约登记、等待提醒、医院导航、在线支付、在线查阅打印报告、在线健康教育、自助打印清单等服务，为患者节省了大量时间。全国各省、各统筹地区均接入国家异地医疗结算系统并联网运行，同时，将异地医疗保险患者纳入统一医疗管理。在分级诊疗政策下，远程医疗咨询逐步普及，远程医学教育逐步普及。

2. 智能管理

人口老龄化、慢性疾病等问题已经成为医疗卫生管理的重点，特别是糖尿病、高血压等慢性疾病消耗了大量的医疗资源。智慧医疗的发展，提出专病专治的医疗方案。一些学者建立了基于移动技术的家庭医生慢性病管理系统，有助于解决长期在医院就医的问题，对我国高血压和糖尿病患者的健康生活和各种慢性病管理具有重要意义。医疗应用程序主要为患者提供监测、提醒、教育和预约服务；便携式医疗设备和可穿戴设备可以实时收集血糖、血压、心电图等数据，并同步到智能平台。该平台通过全面分析数据，为患者提供个性化的健康指导和数据预测研究，使慢性病可以预防和控制。

13.3 智慧医疗应用案例——智慧医院解决方案、AI医疗机器人、AI助力药物研发、AI导辅诊助力医疗

现代医疗发生了很大的变革，下面我们看几个典型案例。

13.3.1 西门子智慧医院解决方案

智慧医疗应用

近年来，关于智慧医疗的讨论在我国大健康行业越来越火热，尤其是在经历了疫情的考验之后，有人甚至预言未来的十年将是医疗科技与健康产业迅速发展的十年，也是健康中国建设的黄金十年。

作为国际知名医械巨头，西门子医疗一直致力于通过数字化方式推进精准医疗、转化诊疗模式、提升患者体验，如图13-10所示。因此，在智慧医疗领域，西门子已经推出了一系列业界领先的创新举措。

凭借在5G领域的优势和经验，西门子医疗远程诊疗生态圈不断拓展。从2019年第二届进博会上亮相的5G远程超声，到2020年第三届进博会的5G方舱车载CT，再到2021年第四届进博会上展示的5G技术在大型影像设备和介入手术领域的全线应用，西门子医疗的数字化解决方案目前已覆盖远程扫描、远程诊断、远程治疗、远程教学全价值链，取得了规模化生态发展。2022年9月，西门子医疗数字指挥中心在上海浦东正式揭牌并投入使用。

图 13－10　提升患者体验

不仅仅是在医疗器械方面，西门子还提出了智慧医院解决方案，建设内容涵盖智慧医院管理系统，及时定位服务、能源效率、火警消防、安防等方面，如图 13－11 所示。

图 13－11　医疗信息整合

13.3.2　AI 医疗机器人

人工智能驱动的手术机器人是一种计算机操作设备，辅助手术中器械的操作和定位，使外科医生能够专注于手术的复杂方面。

在 2022 年举办的世界人工智能大会上，我国上海研发的多臂腔镜手术机器人大获成功。智能咽拭子采集机器人、智能外骨骼机器人、膝关节手术机器人、血管介入机器人等，令人们对未来更精准、高效、安全的智能化医疗产品产生更多的期待与遐想。

同时，对手术机器人的自主化水平，划分了 0~5 级。0 级代表没有任何自主化，5 级机器人可以完全取代医生。全球目前最广泛的手术机器人还只是 0 级。美国现在有一款监督式软组织手术机器人，它可以在医生指出需要缝合的位置进行自主缝合，自主化水平已经达到 2 级。3 级的机器人可以达到条件自动化，这类机器人能在无人干预的情况下完成任务，比较成功的就是下肢外骨骼机器人，如图 13－12 所示。至于 4 级、5 级的医疗机器人，现在还只能在科幻片中找到。

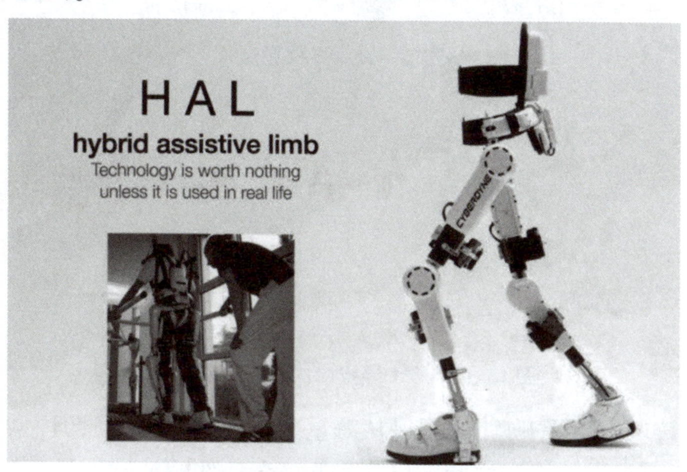

图 13－12　Cyberdyne 外骨骼机器人

13.3.3　AI 助力药物研发

传统方法研发一款新药，从早期靶点发现到完成临床试验推进到市场，研发的平均耗时为 10~15 年。其中包括不少通过试错的方法进行筛选、优化及评估等，这一过程费时且成本较高，而且很大程度上依赖于研发人员的专业知识和经验，具有很大的不确定性。另外，传统药物开发也面临着识别和确定靶点困难、生成化学小分子挑战与临床试验开展费用高昂等痛点。用 AI 计算驱动的方式去做新药的研发是当下最理性的创新方向。

药物研发通常有五个必经阶段：寻找靶点、设计药物、生物试验、临床试验、审批上市，如图 13－13 所示。

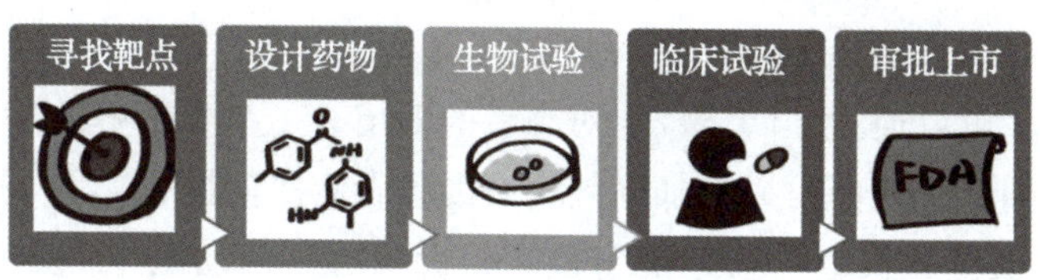

图 13－13　药物研发流程图

在定位靶点的过程中，AI 可以梳理、分析过往的论文、试验、专利及临床信息，给出目标疾病可能的靶点列表，如图 13－14 所示。

在设计药物阶段，AI 可以帮助设计作用于靶点的分子团，并找出可靠的合成方法；合成药物后，AI 可以帮助筛选出其中疗效最好、毒性最小的药物，并预测它的代谢情况，提升临床前的试验效率，如图 13－15 所示。

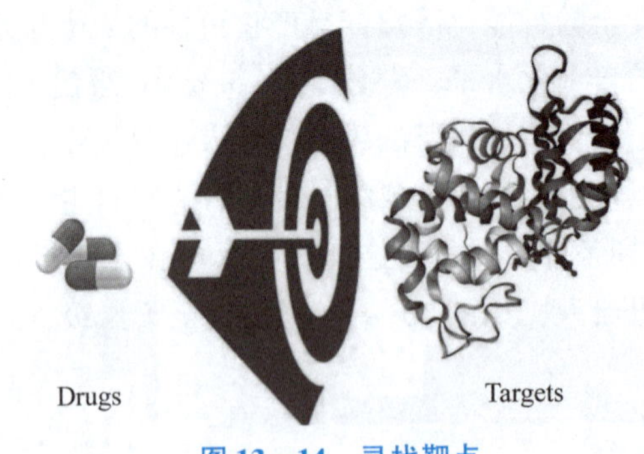

图 13－14　寻找靶点

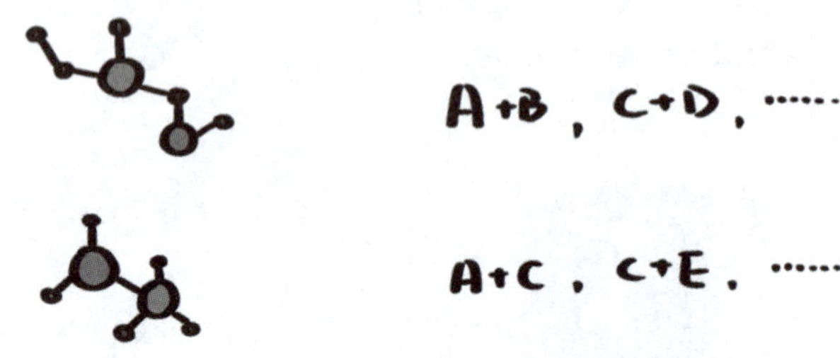

图 13－15　AI 寻找最优药物合成方法

进入临床后，如果遭遇失败，AI 可以从海量数据中寻找失败原因，减少损失。除了这些，AI 还可以帮助团队设计临床试验，招募筛选符合条件的被试人员，分析试验数据生成报告等。

药物研发过程凝聚了无数人的智慧，这些技术的诞生也不例外，AI 的角色是尽可能降低研发的时间和成本，为新药的上市争分夺秒，为更多病人带去希望。

近日，人工智能药物研发公司英矽智能宣布，以人工智能贯穿药物发现环节（包括机制发现、靶点发现及找到新化合物），成功发现了全新机制药物，这在全球尚属首例。研发中仅用时 18 个月、研发经费约合 200 万美元，大大缩短了研发周期和节约了研发成本。

13.3.4　AI 导辅诊助力医疗

AI 助医的工作流程：进入诊室前，患者可以提前告诉 AI 助医，身体有哪些不适，有哪些过往病史，或者对哪些药物过敏，这些资料会自动生成电子病历，帮助医生更懂患者，如图 13－16 所示。

在诊室里，医生可以通过预问诊，在对患者的病情有了初步了解的基础上，就可以更加有针对性地进一步问诊，从而可以更加高效地帮助患者解决问题，如图 13－17 所示。

AI 助医还可以根据最权威的临床指南智能分析病历，辅助医生做出准确的判断，评估处方用药是否安全合理，AI 正在让诊疗的过程更加安全可靠，如图 13－18 所示。

AI 健康管理方面：居民使用二维码可以从三甲医院到社区医院一码通行，比如居民在家门口的社区医院，通过电子健康卡轻轻一扫，不用排队，就可以完成挂号、缴费、查报告、取药等，减少跑腿和等待。医生通过电子健康卡，也可以对患者状况进行长期追踪，提供持续高效的健康服务。能够让医生和患者拥有更多方便，让整个医疗行业的服务水平和就诊体验得到智能升级。在不久的将来，人人都能享受到高水平的医疗服务。

图 13－16　网络预约就诊

图 13－17　来院途中智能预问诊

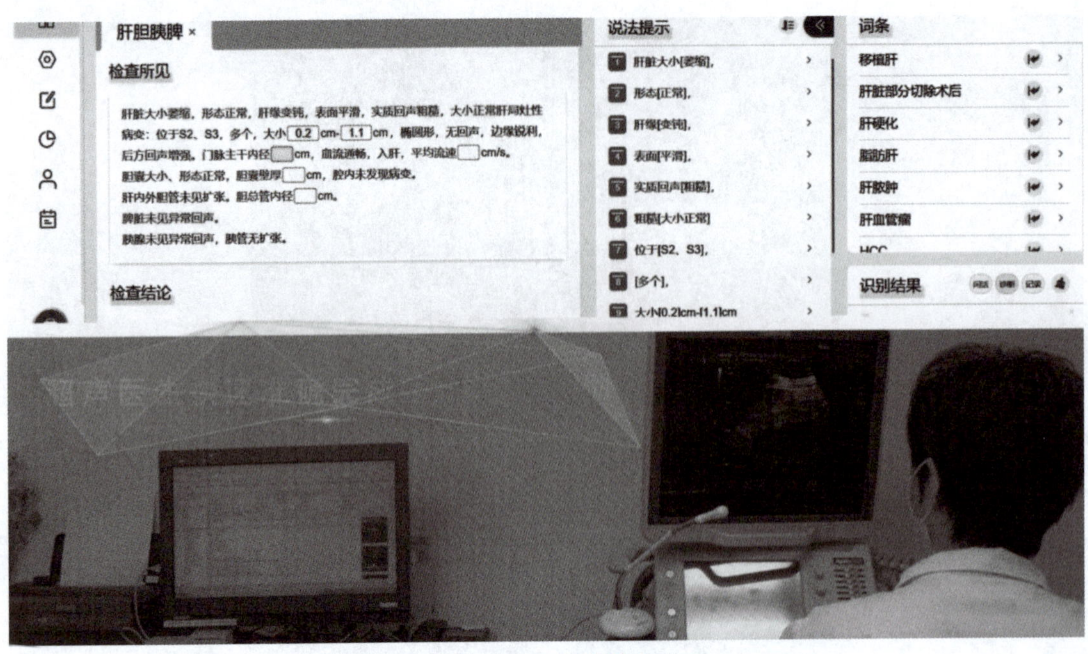

图 13-18　智能诊查

小　　结

本任务主要学习了智慧医疗的概念、当今社会医疗存在的问题、智慧医疗发展方向以及智慧医疗系统的功能等。

习　　题

1. 李克强总理强调：要加快医疗体系建设，发展“互联网＋医疗”，让群众在（　　）能享受优质医疗服务。

A. 正规医院　　B. 社区卫生院　　C. 家门口　　D. 基层医疗机构

2. 5G 的（　　）特性支持医疗影像、新视频等数据传输。

A. 广覆盖　　B. 大宽带　　C. 低延时　　D. 交通信息反馈

3. 移动护士站的硬件载体是（　　）。

A. 护理交互大屏　　B. PC 电脑　　C. 定制手持终端　　D. 普通智能手机

4. 医疗行业的发展方向是（　　）。

A. 远程化　　B. 无线化　　C. 智能化　　D. 协同化

5. 医疗影像人工智能的三要素是（　　）。

A. 算法、数据和算力　　B. 算法、算力和应用

C. 算法、数据和效率　　D. 算法、算力和效率

任务记录单

任务名称	
实验日期	
姓名	

实施过程：

任务收获：

任务 14

提取智能生活产品需求

（学习主题：智能生活）

任务导入

任务目标

1. 知识目标

能够阐述何为智慧生活；

能够阐述智能生活的分类；

能够阐述智慧生活的发展。

2. 能力目标

能够设计智慧生活产品功能；

能够提取身边智慧生活元素。

3. 素质目标

提升逻辑思维能力；

提升提出问题、分析问题、解决问题的能力；

提升观察生活的能力。

任务要求

针对身边的同学与家人进行调研，调查不同人群对智慧生活产品有哪些需求。如：儿童、老人、残疾人群。结合自身对于生活的观察、总结、分类，进行智能生活产品需求的分析，并形成需求报告，以 PPT 的形式进行汇报展示。

提交形式

PPT 或者 Word 文档。

过去几十年，是人类社会飞速发展的几十年，我们经历了激动人心的数字化时代、网络化时代，如今智能化时代正在扑面而来。在我们生活的物理世界之上已经出现一个数字网络世界的雏形，人们的很多活动直接发生在数字网络世界中，同时，物理世界和数字网络世界被连接起来，线上、线下生活紧密交融，数字化生活时代已经到来。在生活中，越来越多的离不开线上操作，从电子商务发展、移动支付普及，到智慧交通智能出行，再到远程教育资源共享，信息化深刻影响人们生活的方方面面。与之前的科技革命和产业革命相比，信息化革命对人们生活的影响范围更广、程度更深。随着科技发展，“智能”已经成为一种生活方式和社会潮流，科技改变着人类的生活环境与生活习惯。智能生活已经来到我们身边，如图 14 – 1 所示。

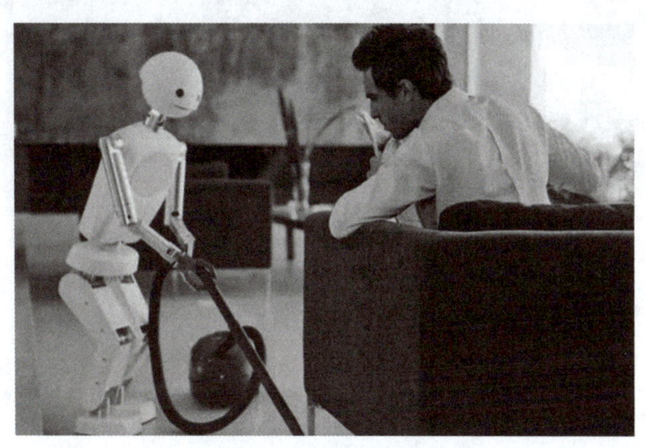

图 14 – 1 智能生活在身边

14.1 何为智能生活

智能生活

智能生活，指的是一种生活方式。智能生活的内在实质，并不仅是各种外形、个性，使用方便的智能家居产品，更主要的是充分体现了和谐社会的三方服务精神和服务能力。在智能家居产品企业的产品开发阶段，需要换位思考，融合出真实的家庭应用新需求、新特点，配合无处不在的云服务所具备的及时、安全、稳定的管道和数据分析能力，在智能家居产品企业进行产品开发过程中，设计开发人员需要从用户角度出发，以服务者的心态换位思考究竟什么是智能生活的内涵。首先，要符合家庭应用的新需求、新特点；其次，要有及时、安全、稳定、无处不在的云服务；最后，要有满足用户需求，准确、负责的特长服务和机构服务。三方互通、互动，才能真实、准确地体现智能生活的全部内涵。

通过云服务平台的服务推送，如图 14 – 2 所示，借助更多的智能家居产品终端，社区成员在家也能测量血压、血糖、心跳等基本身体医疗数据，并同步到云服务平台，异常情况自动更新给社区医疗或其他医疗专科专家，对家庭成员实施长期的健康数据监控和分析建议，绿色、健康成为智能生活的更加核心的功能。

这一切的智能生活基础系统包括以下部分：

（1）云服务平台：完成智能生活的数据采集、分析、分发。

（2）智能家居产品：智能马桶、智能灯泡、智能门锁、智能开关、智能机顶盒、智能网关、无线血压仪、无线胎心仪、无线心电仪等。

（3）第三方客服：专业的医疗，物流，购物等机构。

图 14-2　智能家居和云服务

14.2　智能生活的分类

现在的智能产品已经覆盖到家庭生活的方方面面，智能生活是指利用现代科学技术实现吃、穿、住、行等智能化，将电子科技融于日常的工作、生活、学习及娱乐中。

14.2.1　衣——可穿戴智能设备

在人们生活方面，科技发展的目的，是让生活变得更加方便、简单、舒适、随心所欲，可穿戴智能设备显然能够增强这方面的体验。如智能手环、智能手表、智能眼镜、智能耳机等，如图 14-3 所示。可穿戴设备可以记录你身体的健康状况，为你提供每日的运动建议。未来，可穿戴设备有望与健康管理数据平台联网，为使用者提供医疗健康预警，为医疗资源部署提供参考依据。

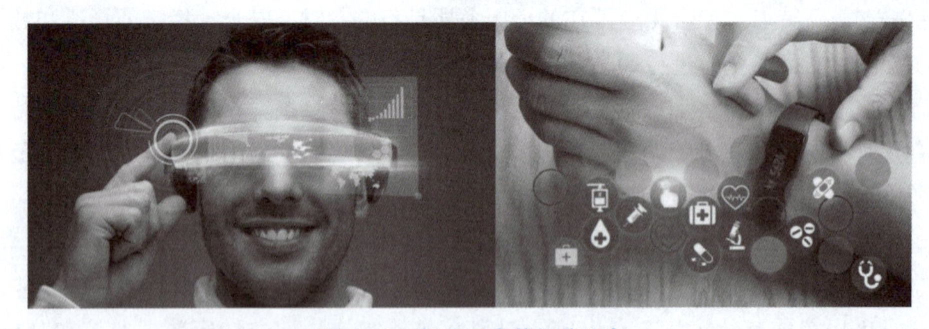

图 14-3　部分可穿戴智能设备

14.2.2　食——智慧食堂（餐厅）

传统餐饮模式，因为厨师不同、技艺差别，容易出现品质不稳定、口味差异大等问题。智慧餐厅的"智慧"之处，在于创新地实现了软硬件融合、人机融合，较好达成了餐饮设备自动化运行过程中的运动精确性、作业平稳性、布局多样性，既保障了出品丰富、品质稳定，也大大提高了供餐效率。餐厅内的智能、自动餐饮设备，已在中国 30 个省市的景区、展馆、交通枢纽等多样化场景中得到广泛应用。图 14－4 所示是 2022 年冬奥会期间我国自主研发的智慧餐厅系统。

图 14－4　智慧餐厅

14.2.3　住——智能家居

智能家居又称智能住宅，当家庭智能网络将家庭中各种各样的家电通过家庭总线技术连接在一起时，就构成了功能强大、高度智能化的现代智能家居系统，如图 14－5 所示。人类的社会属性决定了人的居住行为方式的特殊性，而居住环境舒适性对人们的生活非常重要。

图 14－5　智能家居

当前的主流智能家居产品有智能马桶、智能灯泡、智能门锁、智能开关、智能机顶盒、智能网关、无线血压仪、无线胎心仪、无线心电仪等。

14.2.4　行——智慧交通、无人驾驶

无人驾驶汽车也称为无人车、自动驾驶汽车，是指车辆能够依据自身对周围环境条件的感知、理解，自行进行运动控制，并且能达到人类驾驶员驾驶水平，如图 14－6 所示。

无人驾驶技术之所以能够给社会带来变革，其根本原因在于高度的无人驾驶能够从根本上改变人们的出行方式和生活方式，使人们的出行、生活方式更加智能化。而且无人驾驶技术能够提高道路交通安全，缓解城市交通拥堵问题，提高出行效率，降低驾驶者门槛。随着无人驾驶技术在各个领域的应用，还有可能催生出一批新的产业链，创造大量的就业机会。

图 14-6　车路协同

车路协同是采用先进的无线通信和新一代互联网等技术，全方位实施车车、车路动态实时信息交互，并在全时空动态交通信息采集与融合的基础上开展车辆主动安全控制和道路协同管理，充分实现人车路的有效协同，保证交通安全，提高通行效率，从而形成的安全、高效和环保的道路交通系统。

车路协同由“车端”和“路端”两大关键部分组成，除了这两个看得见的部分外，还有看不见的“云端”来为车和路的协同配合提供后台支持。

车端：可以联网且具有一定自动驾驶能力的车辆。

路端：包含智能感知设施（摄像头、毫米波雷达、激光雷达等）、路侧通信设施、计算控制设施等配套设备。

云端：包括计算平台和云控平台等后端平台，可以将车和路的信息进行实时收集、计算和处理，将车和路的协同能力调配到最优状态。

和单车智能仅靠车端来感知外界不同，聪明的车 + 智慧的路 + 强大的云，三者的协同结合将使得车路协同具备站得高、坐得稳、数据好、算得快这几个技术优点。

14.3　智能生活的应用案例——新加坡城市生活规划、智慧社区样本、机器人餐厅

智能生活涵盖面非常广，大到我们所居住的城市设计，小到生活产品。

智能生活应用案例

14.3.1　新加坡城市生活规划

新加坡的人口密度排名世界第二，每平方千米所居住的人口数达到 7 894.26。在新加坡人口如此稠密的情况下，却不会感受到拥挤，这就是新加坡让全世界都羡慕的地方。下面介绍一下新加坡的城市规划。

首先，新加坡在城市规划中，提出了一个“卫星镇”的方案，如图 14-7 所示。目的就是让大家减少出门，或者是出门就近就能够解决生活需求。于是在新加坡的居民区附近，涌现了大量的地铁站、银行、商店、社区学校、体育馆、图书馆、公园等设施，这些数量众多的生活娱乐场所，使居民节约了出行的时间，也使居民足够分散、避免拥挤。“卫星镇”

的出现，最大限度地实现了本地化，避免了因为购物、就医、上学等长距离移动，涌入固定区域而造成拥挤的情况，分解了中心地带的压力。

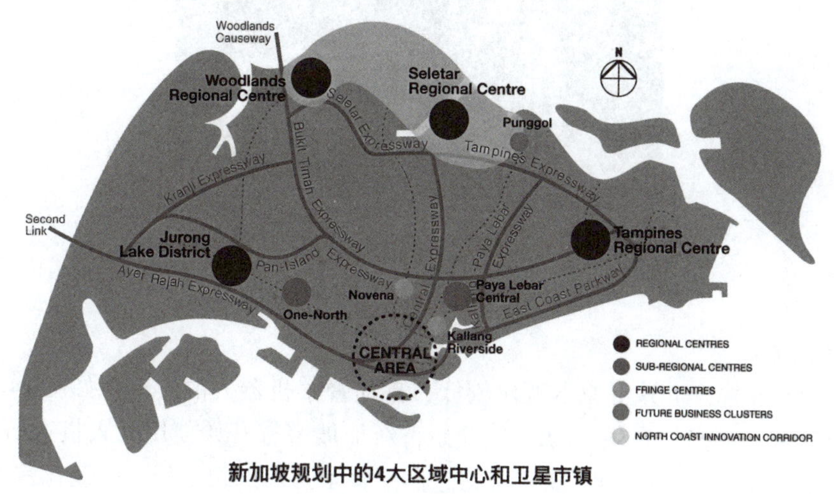

图 14－7　新加坡“卫星镇”分布图

其次，在建筑上，新加坡采取了开放式的设计，基本上所有的建筑底层都是“镂空”的，如图 14－8 所示，形成开阔的区域，让行人可以自由穿行，避免了行人都聚集在步行道上，造成拥挤。新加坡的车道划分也有自己的特色，将不同的线路划分成不同的车道，比如步行、跑步、自行车、电动车等都不在同一个方向，以此来实现分流。

图 14－8　新加坡“镂空”楼

新加坡是个聪明的国家，在城市建设上处在世界顶级水平，俨然一座科技之城、未来之城、智慧之城。作为亚洲乃至世界的科技之都，新加坡有五项技术值得推广。

1. 自动驾驶汽车

当你进入出租车，发现没有司机，可能会很奇怪，但是当地人却很习惯。新加坡引入无人驾驶出租车系统，人们可以使用智能手机预订无人出租车。在 2022 年又推出了无人驾驶巴士，这些汽车成为街道和公共交通的固有组成部分，如图 14－9 所示。

图 14－9　无人驾驶汽车自动避让行人

2. 机器人警察

新加坡的犯罪率在世界上原本就比较低，自动警察机器人的实施，如图 14－10 所示，给犯罪分子带来了更多的麻烦。2018 年开始，新加坡警方开始使用无人机进行空中搜索，四轴飞行器可达到 60 m 的高度，工程师为它们配备了强大的报警器，以及比汽车前灯亮十倍的探照灯。除了地面空间之外，现在还有机器人在特殊公共活动期间巡逻，机器人完全自主并使用预先规划的路径进行导航，因为机器人配备了摄像头，可以进行人脸识别和远程监控。

图 14－10　警察机器人在巡逻

3. 智能家居

作为新加坡未来生活的核心要素，智能家居计划旨在通过让家居变得更智能、更凉爽，来改善日常生活。每一个新加坡人都可以通过在家居中安装智能设备和应用程序，来构建家居管理系统，如图 14－11 所示。这些系统可以确保你在外工作期间，帮你关闭水龙头或灯，帮助节省家中水电费用。还有一个老人监控系统，使用传感器和警报，来监控年长亲属独自在家的健康状况。智能家居技术现在正以极快的速度发展，人们拥有自给自足的房屋，只是时间问题。

图 14－11　智能家居管理系统

4. 智慧街道

新加坡智能街道的目标是，通过安装灯柱来照亮街道，使街道变得更智能，这些新的路灯配备了传感器和分析系统，如图 14－12 所示，传感器可以监控环境，比如温度、降雨和空气湿度；还有噪声传感器，可以对分贝高的噪声做出反应，比如有人尖叫或出现交通事故；此外，路灯还配备人脸识别传感器，来打造更安全、更方便的街道。

图 14－12　智能传感路灯

5. 机器人就在你我之间

在新加坡，每一万名员工中，约有 488 个机器人，如图 14－13 所示，这使新加坡的室外场景比很多其他的城市都更具未来感。工业机器人的使用只是迈向创造智能工作环境的第一步。最近，通用汽车理工学院的学生和员工开发了一种可以为新加坡老年人提供体育锻炼的机器人教练，将机器人纳入医疗行业，提升其功效。例如，机器人参与配药，使配药过程更快，并减少药店等待时间。

14.3.2　智慧社区样本

作为人工智能背景下的社区居民，如何开启新的一天呢？居民可以在智能社区跑道上进行晨跑，并且不用佩戴任何智能手表、智能手环等身体指标监测设备。因为智慧跑道上配备了很多感应装置，可以通过人脸识别来收集业主的心率、性别和年龄，如图 14－14 所示。

图 14－13　无处不在的生活辅助机器人

图 14－14　智慧跑道智能识别装置

运动结束后，系统会为业主提供详细的个性化运动数据，包括运动里程、平均速度、热量消耗等。跑道旁边的长椅上为业主提供了太阳能无线手机充电功能，业主可以在休息的时候顺便给手机充电。

这样的智慧社区是天津滨海新区里的新型社区。其中一个范例就是中新天津生态城，距离北京约 150 km，在这里，智能生活唾手可得，居民可以通过家用智能助手，在家中随时联络社区医生，如图 14－15 所示。医生在线为业主进行健康咨询，真正做到小病不出门，大病不耽误。

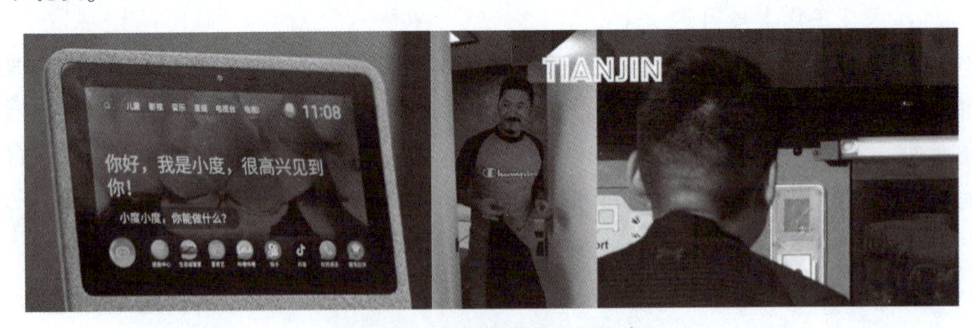

图 14－15　智能生活无处不在

这座生态城的又一特点是绿色交通，例如智能电动公交，可以实现自动驾驶。公交车能够运用专门的摄像头识别即将转换的交通信号灯，随着技术的日臻成熟，它将能与交通信号灯实时联通，增强行驶的安全性和可靠性，如图 14－16 所示。

图 14－16　无人驾驶公交自动避让行人

此外，智慧图书馆也是这座生态城的核心设施之一。当然，智慧生活怎么能少得了智能机器人呢？在这里，就有很多智能机器人代替人类提供服务。图书馆的智能系统，不仅包括机器人，还有智能图书分拣系统帮助用户借还书，让整个过程更为快速，如图 14－17 所示。智能图书馆的各类服务机器人更具有互动性，能够给读者更有趣的体验。

图 14－17　智能借还书分拣系统

中新生态城未来规划可容纳 35 万居民，生态城的意义不只是一个典范，还有成本优势和生态友好的特点，使它可以被复制、推广到更多地方。

14.3.3　机器人餐厅

现在人们的生活越来越智能化，开车有智能无人驾驶、智能导航，购物有智能无人商店，家居有智能网联系统，可以说是涵盖了“衣食住行”的三个方面。现在吃饭也有高科技加持了，把我们的美食交给机器人来做，如图 14－18 所示。那么味道和感觉会有什么不一样呢？下面我们一起看看智能餐厅。

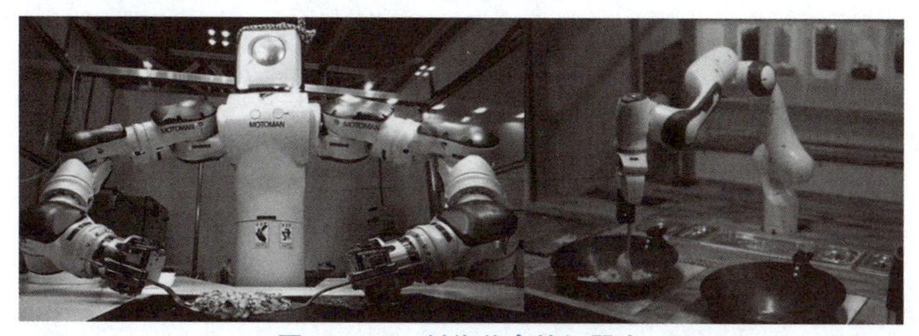

图 14－18　制作美食的机器人

什么是智能制造的城市？大到房子，小到美食，你能想到的一切都可以和智能机器人有关，今天我们来看看顺德的天降美食王国机器人餐厅，智能餐厅不是只有常见的传菜机器人，真正的智能隐藏在餐厅的各个角落，在这家餐厅里，机器人的身影几乎无处不在，从咖啡、快餐到火锅，有八成的菜品可以交给机器人来完成，从和面到煮好面条，从炒菜到智能支付，这些工作都是由机器人来完成的。其中，自助生产区烹饪 1 000 多道菜品，透明玻璃墙内，机械手臂们分工合作，井然有序地完成取菜、烹饪、打包等操作，如图 14－19 所示。

图 14－19　自助点餐系统

系统会根据菜单自动烹饪食材，可同时完成 100 份菜品的烹饪。经品尝，机器人做的菜品味道不比厨师做的差，甚至如果机器程序设计合理，菜品的口味将超过大多数厨师的烹饪水平。因为机器人制作的菜需要让大厨品尝并且给出指导意见，工程师根据大厨提供的意见调节设备参数，如温度、时间控制、汁水等。只有经过大厨品尝并且认定合格的菜品，才可以上线相应设备。试吃者无不感叹，“滚筒洗衣机”炒出来的菜，居然比大厨做的还好吃，如图 14－20 所示。

图 14－20　自动炒菜机

小　结

智能生活指的是一种生活方式。智能生活的实质，并不仅是各种外形、各种个性的使用方便的智能家居产品，更主要的是充分体现了和谐社会的三方服务精神和服务能力。

本任务主要学习了智能生活的概念、智能生活的分类以及智能生活的应用。

习　题

1. 智能生活的英语是（　　）。

A. Smart life　　B. Smart home

C. Smart community　　D. Smart live

2. 下列应用领域不属于人工智能应用的是（　　）

A. 人工神经网络　　B. 自动控制

C. 自然语言学习　　D. 专家系统

3. 机器人可以根据（　　）得到信息。

A. 思维能力　　B. 行为能力　　C. 感知能力　　D. 学习能力

4. 下列选项中，属于智能生活的是（　　）。(多选题)

A. 智能移动　　B. 智能家居　　C. 智能社交　　D. 智能穿戴

E. 智能购物　　F. 智能办公

5. 视频监控系统是由摄像、传输和（　　）组成的。

A. 控制、显示　　B. 显示、记录登记

C. 显示　　D. 控制、显示、记录登记

任务记录单

任务名称	
实验日期	
姓名	
实施过程：	

续表

任务收获：

任务 15

设计智能工厂

（学习主题：智能工厂）

任务导入

任务目标

1. 知识目标

能够阐述何为智能工厂；

能够阐述智能工厂的发展过程；

能够阐述工业 4.0 的概念；

能够阐述智能工厂的特点。

2. 能力目标

能够设计智能工厂模型；

能够发现工厂中的智慧元素；

能够掌握智慧工厂体系架构。

3. 素质目标

提升逻辑思维能力；

提升提出问题、分析问题、解决问题的能力。

任务要求

上网查询物流公司的物流分装流程，并为物流公司设计一款智能化物流分装系统。

要求：

1. 设计有创造性，结合当前实际情况进行改良。
2. 设计有实用性，有推广的可能性。

以 PPT 的形式完成设计，并以小组为单位进行汇报展示。

提交形式

PPT 或者 Word 文档，也可以提交小组汇报视频。

16世纪，人类社会有了工业化的雏形；18世纪中叶，工厂第一次大量出现；随着蒸汽机的出现，机器逐渐取代了工人成为工厂的核心，如图15－1所示；随着19世纪中后期，电力的加入，越来越多的大型工厂开始出现，为了适合大型工厂的生产，在管理上，工厂也想出了新的办法；1913年，世界上第一条流水线产生，使美国福特公司汽车的生产效率提高了8倍，震惊了整个工业世界。

图15－1　蒸汽时代的工厂

几乎永不停歇的流水线，在提高生产效率的同时，也加剧了劳动的单调性，造成工人的疲劳，这个问题驱使人类进行了工业革命——工业自动化，这也是后面工厂的发展方向。电子计算机的应用，让生产自动化成为现实；工业互联网的产生，更是让生产制造过程在此基础上走向数据化、智能化。

在这期间，我国工业也一直在发生着变化。1979年，随着外资涌入，大大小小的工厂在中国东南沿海拔地而起。到了2011年，中国工业生产总值首次超过美国，成为全球工业生产能力第一的国家。2012年，通用电气发布首份工业互联网白皮书，定义了它的核心要素——借数字化之手，链接工业生产最核心的设备、人与数据。德国也于2013年提出了工业4.0概念，利用物联信息系统，将生产中的供应、制造、销售信息数据化、智慧化。我国于2015年正式颁布《中国制造2025》作为国家战略，明确提出将智能制造工程作为政府引导的五个工程之一，这一计划如导火索一般，引爆了物联网、云计算、智能化设备等新一轮产业与技术革命。

在此契机之下，一系列新模式、新业态、新特征的中国智能工厂，也如雨后春笋般出现。随着我国AI技术的飞速发展，对中国工厂的赋能效果也逐渐凸显，成为中国工厂向智能工厂腾飞的翅膀，深入航空、家电、轨道交通、制药、装备制造等各行各业，而国内掌握先进AI技术的科技公司，与中国工厂正进行全方位深入合作，成为迈过《中国制造2025》计划中不可或缺的关键力量。在过去，不论是生产工序制定，还是货品运输、仓储管理，工人都需要忍受枯燥、超负荷的劳动及机器的噪声、艰苦的工作环境，甚至在生产中还会对身体健康造成极大影响。但如今，在人工智能等核心科技的帮助下，工人得到了进一步解放，可以抽身出来进行更有价值的工作，释放更大的生产力。AI质检专家、AI听诊大师、AI智

能巡检也已纷纷落地智能工厂，那些掌握先进 AI 技术的科技公司，已经成为中国工厂的“掌上明珠”。科技赋能工厂，带来中国速度的再一次迸发，未来的人工智能时代必将属于我们！

15.1　工业 4.0 时代

2015 年 5 月，国务院正式印发《中国制造 2025》，部署全面推进实施制造强国战略，使《中国制造 2025》对接德国的工业 4.0。

15.1.1　概念解读

所谓工业 4.0，其实就是第四次工业革命，是 2013 年 4 月在德国汉诺威工业博览会上提出的，之后在全球引爆了一场全球范围的工业转型竞赛。工业 4.0 概念在欧洲乃至全球工业领域都引起了极大的关注和认同。西门子作为德国最具代表性的工业企业以及全球工业业务领域的创新先驱，也是工业 4.0 概念的积极推动者和实践者。

说到这里，我们就不得不梳理一下人类的工业革命进程，如图 15－2 所示。

第一次工业革命以后，人类进入蒸汽时代；

第二次工业革命以后，人类进入电气时代；

第三次工业革命以后，人类进入信息（自动化）时代；

第四次工业革命以后，人类进入智能化时代。

图 15－2　工业革命主要内容

因为现阶段工业 4.0 也被认为是以智能制造为主导的第四次工业革命，通过智能工厂、智能生产、智能物流等技术，或者更加革命性的生产方式，将当下社会的运作效率提高到一个新的高度。

15.1.2　工业 4.0 三大主题

工业 4.0 项目包含很多内容，如图 15－3 所示，主要分为三大主题：

一是“智能工厂”，是在数字化工厂的基础上，利用物联网的技术和设备监控技术加强信息管理和服务；清楚掌握产销流程、提高生产过程的可控性、减少生产线上人工的干预、即时正确地采集生产线数据，以及合理地编排生产计划与生产进度。重点研究智能化生产系统及过程，以及网络化分布式生产设施的实现。

二是“智能生产”，主要涉及整个企业的生产物流管理、人机互动以及 3D 技术在工业生产过程中的应用等。该计划将特别注重吸引中小企业参与，力图使中小企业成为新一代智能化生产技术的使用者和受益者，同时也成为先进工业生产技术的创造者和供应者。

三是“智能物流”，利用条码、射频识别技术、传感器、全球定位系统等先进的物联网技术，通过信息处理和网络通信技术平台广泛应用于物流业运输、仓储、配送、包装、装卸等基本活动环节，实现货物运输过程的自动化运作和高效率优化管理，提高物流行业的服务水平，降低成本，减少自然资源和社会资源消耗。主要通过互联网、物联网、物流网整合物流资源，充分发挥现有物流资源供应方的效率，而需求方则能够快速获得服务匹配，得到物流支持。

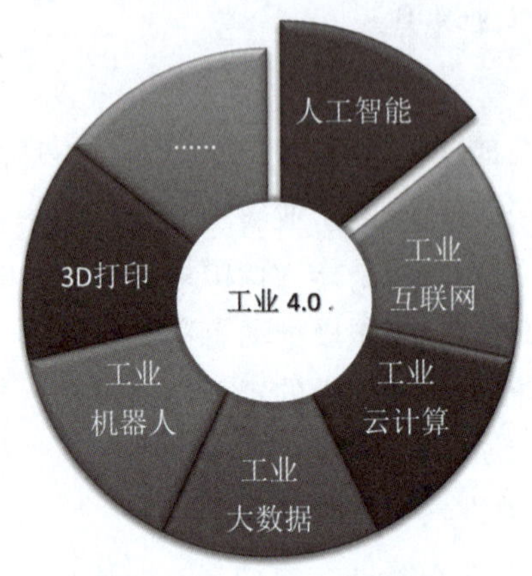

图 15－3　工业 4.0 的具体内容

15.2　智能工厂的特征

近年来，智能制造热潮席卷神州大地，成为推进《中国制造 2025》国家战略最重要的举措。其中，智能工厂作为智能制造重要的实践领域，已引起了制造企业的广泛关注和各级政府的高度重视。

智能工厂

那么，究竟什么是智能工厂？

智能工厂是利用各种现代化的技术，实现工厂的办公、管理及生产自动化，达到加强及规范企业管理、减少工作失误、堵塞各种漏洞、提高工作效率、进行安全生产、提供决策参考、加强外界联系、拓宽国际市场的目的。智能工厂实现了人与机器的相互协调合作，其本质是人机交互，如图 15－4 所示。

巡回
检测
实时
报警
产品
控制
实时
追踪
计算机
视觉
预测
维护
……
智能工厂

图 15－4　智能工厂的功能

智能工厂有以下六个显著特征：

（1）设备互联；

（2）广泛应用工业软件；

（3）充分结合精益生产理念；

（4）实现柔性自动化；

（5）注重环境友好；

（6）可以实现实时洞察。

可以看出，仅有自动化生产线和工业机器人的工厂，还不能称为智能工厂。智能工厂不仅生产过程应实现自动化、透明化、可视化、精益化，而且在产品检测、质量检验和分析、生产物流等环节也应当与生产过程实现闭环集成。同时，一个工厂的多个车间之间也要实现信息共享、准时配送和协同作业。智能工厂的建设充分融合了信息技术、先进制造技术、自动化技术、通信技术和人工智能技术。每个企业在建设智能工厂时，都应该考虑如何能够有效融合这五大领域的新兴技术，与企业的产品特点和制造工艺紧密结合，确定自身的智能工厂推进方案。

15.3　智能工厂体系架构

智能工厂是实现智能制造的基础与前提，在架构上，智能工厂可以分为基础设施层、智能装备层、智能生产线层、智能车间层和工厂管控层五个层级。

15.3.1　基础设施层

企业首先应当建立有线或者无线的工厂网络，实现生产指令的自动下达和设备与生产线信息的自动采集；形成集成化的车间联网环境，解决不同通信协议的设备之间，以及 PLC、CNC、机器人、仪表/传感器和工控/IT 系统之间的联网问题；利用视频监控系统对车间的环境、人员行为进行监控、识别与报警；此外，工厂应当在温度、湿度、洁净度的控制和工业安全（包括工业自动化系统的安全、生产环境的安全和人员安全）等方面达到智能化水平，如图 15 -5 所示。

图 15 -5　无菌工厂的智能灯光和空气净化系统

15.3.2 智能装备层

智能装备是智能工厂运作的重要手段和工具。智能装备主要包含智能生产设备、智能检测设备和智能物流设备。制造装备在经历了机械装备到数控装备后，目前正在逐步向智能装备发展。智能化的加工中心具有误差补偿、温度补偿等功能，能够实现边检测边加工。工业机器人通过集成视觉、力觉等传感器，能够准确识别工件，自主进行装配，自动避让人，实现人机协作，如图 15 –6 所示。

图 15 –6　智能检测设备

15.3.3 智能生产线层

智能生产线的特点是，在生产和装配的过程中，能够通过传感器、数控系统自动进行生产、质量、能耗、设备绩效等数据采集，并通过电子看板显示实时的生产状态；通过安灯系统实现工序之间的协作；生产线能够实现快速换模，实现柔性自动化；能够支持多种相似产品的混线生产和装配，灵活调整工艺，适应小批量、多品种的生产模式；具有一定冗余，如果生产线上有设备出现故障，能够调整到其他设备生产；针对人工操作的工位，能够给予智能的提示，如图 15 –7 所示。

图 15 –7　智能生产线

15.3.4　智能车间层

要实现对生产过程进行有效管控，需要在设备联网的基础上，利用制造执行系统、先进生产排产、劳动力管理等软件进行高效的生产排产和合理的人员排班，提高设备利用率，实现生产过程的追溯，减少在制品库存，应用人机界面及工业平板等移动终端实现生产过程的无纸化。

另外，还可以利用数字映射技术将 MES 系统（图 15－8）采集到的数据在虚拟的三维车间模型中实时地展现出来，不仅提供车间的 VR 环境，还可以显示设备的实际状态，实现虚实融合。

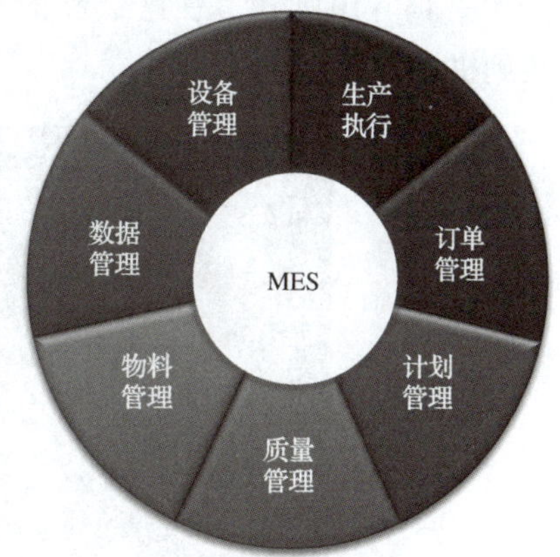

图 15－8　MES 系统功能

15.3.5　工厂管控层

工厂管控层主要是实现对生产过程的监控，通过生产指挥系统实时洞察工厂的运营，实现多个车间之间的协作和资源的调度。流程制造企业已广泛应用 DCS 或 PLC 控制系统进行生产管控，近年来，离散制造企业也开始建立中央控制室，实时显示工厂的运营数据和图表，展示设备的运行状态，并可以通过图像识别技术对视频监控中发现的问题进行自动报警，如图 15－9 所示。

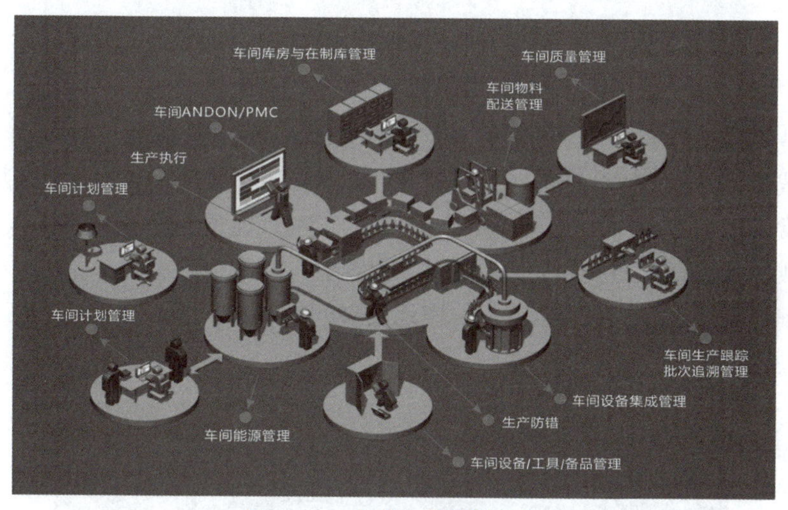

图 15－9　智能工厂管控方案

15.4　智能工厂应用案例——智慧车间、智能巡检、智能汽车生产线

在智慧工厂的建设过程中，不同的业务活动衍生出不同的信息化功能需求，而不同的功能需求又促生了不同新技术的发展，业务、功能与技术的结合形成了智慧工厂的应用场景。

15.4.1　智慧车间

现如今在制造型企业中，车间处于非常重要的位置。车间是决定生产效率与产品质量的重要环节，车间往往也是企业中员工数量最多的组织。因此，在很大程度上，车间强则企业强，车间智则企业智。数字化车间建设是智能制造的重要一环，是制造企业走向智能制造的起点。

苏州常熟高新技术产业开发区经过多年的发展，已经是一个智慧工厂聚集地了。如果你不知道为什么称这里为智慧生产线，就让我们一起去看一看吧。

如图 15 - 10 所示，在这个智能生产车间，规定了人的可行走范围在黄线以内，以避免打扰到机器人的行进路线。

图 15 - 10　AI 生产线人机分流

除了这些可看见的工作机器人外，这个车间还有一个特别的系统——AI 异音检测系统。传统的生产线上，为了检测生产的座椅机械部件是否合格，需要人工听音师来判断，但是即使是经验非常丰富的听音师，也不能做到 100% 的正确。通过与企业听音团队的合作研发，将声音转化成屏幕上直观的波形，然后通过人工智能诊断出结果。所有合格、不合格的产品生产都有详细的数据记录，这就帮我们快速地发现问题根源，及时优化生产工序或者流程，如图 15 - 11 所示。

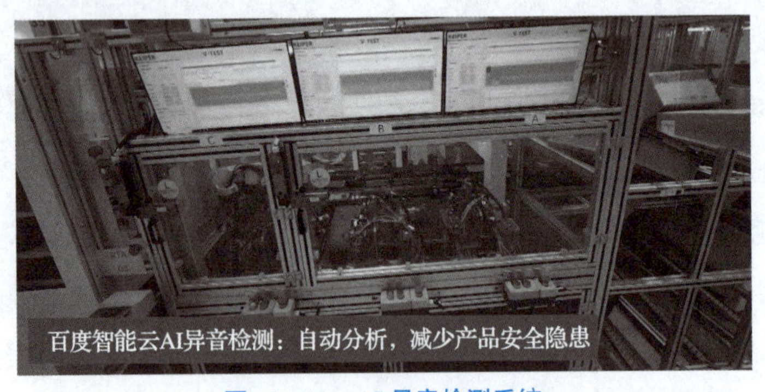

图 15 - 11　AI 异音检测系统

这个智能耳朵不但明确了高质量的判定标准，也大大提高了生产效率，保障了产品的安全性，大大减少了产品安全隐患。

智慧生产线的第三个亮点就是百度智能云 AI 知识智能搜索平台。过去都是依靠“老师傅”传帮带经验，一个个带徒弟，才能培养出一代一代的优秀工人，如今用了百度的知识智能搜索平台，把经验进行搜索、归纳，然后进行自我学习，汇总成一套新的技术标准，如图 15－12 所示。

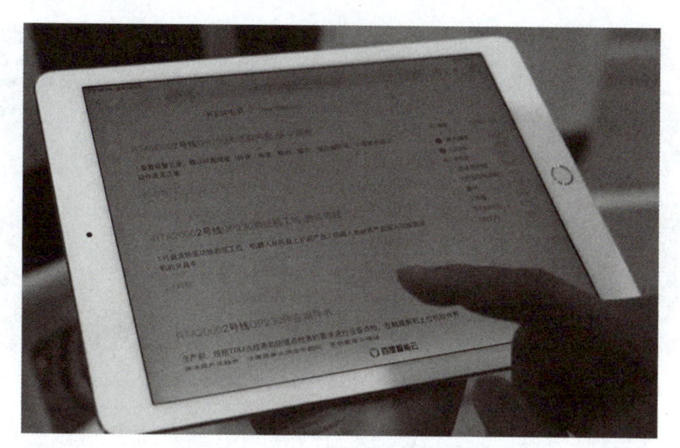

图 15－12 人工智能搜索平台

善于学习、善于总结，是我们中国的优势和强项，我们会不断地进取，继续打造智能化的生产线，将中国制造业由“制造”推进为“智造”，从跟随到引领。

15.4.2 智能巡检

自 2010 年开始实施疆电外送以来，新疆伊犁已经累计输送了 4 000 亿千瓦时的电量，如果你在北京、上海或者广东，用的电就有可能来自新疆。如此大型的电网系统，要想保证它的安全输送，当然不是一件容易的事情，传统的电力线路巡检依靠人工用望远镜看、用耳朵听，野外环境恶劣，越是在夏天高温、冬天暴雪的极端环境下，越需要巡检，如图 15－13 所示。一组工人每天只能巡检 2～3 km，回去后还要花几个小时整理照片，一张一张地看。

图 15－13 传统电力巡检

如今有了科技助力、智能支撑，巡检便不那么艰难了。有了无人机之后，每组巡检员每天能够巡检 20 km 左右的线路，工作内容也轻松多了。

此外，在变电站里，还有巡检机器人随时工作，巡检机器人有红外线感应和拍照功能，利用红外线感应功能，可以准确地检查出电力设备中常见的设备过热问题，及早发现、及时解决，避免事故。如图 15－14 所示，机器人身上的天线可以将机器人在巡检过程中采集到的数据、图像信息以及命令的执行情况及时传递给大脑中枢——机器人数据处理中心，存储到后台数据库里。

图 15－14　自动巡检设备

在机器人数据中心的机房里，运用数据模型搭建的电网系统，可以将电力线路的全线情况和数据量实时显示出来，展示在大屏幕上。通过三维实时的立体建模，能够直观地反映输电线路的状态量，方便监控人员掌握现场情况。人工智能机器人传递回来的照片分为红外照片和现场照片两种，通过照片的比对和巡检，能够及时发现安全隐患并消除，如图 15－15 所示。

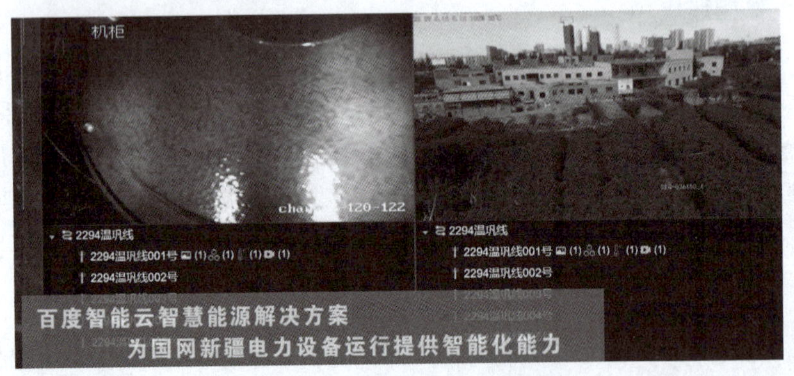

图 15－15　管理平台的实时数据

目前，国网新疆电力已经部署了人工智能平台，并上线了数十个人工智能模型，通过人工智能平台的应用，能够更好地保障新疆电网安全、可靠运行，也为疆电外送提供了有力的支撑。

15.4.3　智能汽车生产线

本小节介绍我国自主创新的智慧汽车生产线。

首先是冲压车间。冲压车间把金属的板材按照工艺压成不同的形状。在这个车间里，有 5 台压力机，共提供 7 000 吨的压力，生产节拍可达 15 次/min，快速精准成型。冲压线的智能中央控制系统能全方位实时监控冲压设备的运行状况，通过大数据采集，生成各种报表辅助管理，关键数据实时上传至工厂制造管理系统，做到提前预警，实现智能化生产及管理，整线 100% 智能化，如图 15－16 所示。

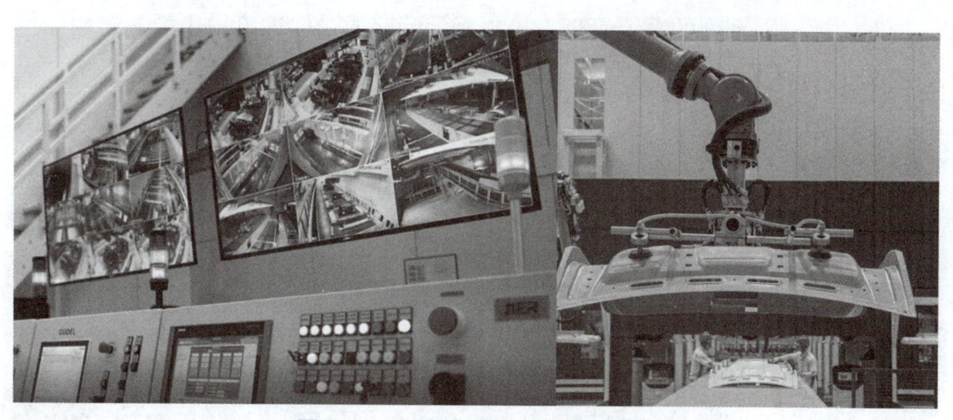

图 15－16　冲压机器人和管理系统

其次是车身车间。目前整个车身车间里面有 307 台大型机器人，比如做车身焊装的机器人，一共有两种：一种机器人是做车身连接的；另一种机器人不断发出蓝光，是做检测的。车的侧围是面积最大的两个总成件，最后一道工序有超时态机械臂，在几秒的时间内对它同时进行连接，固定好了之后，整体强度比较高，如图15－17 所示。

图 15－17　车身焊接

在这个工厂中，还有一个特点，就是工人很少，目之所及几乎都是机器人，工人的作用就是指挥和监督机器人干活。机械的自动化可以让重复劳动变得精度更高、一致性更高。

车身组装完成后，经过廊桥运送到涂装车间进行上色，给汽车穿上彩色的外衣。传统的汽车喷漆都是由人工完成的，会使工人身体损伤，甚至产生很严重的职业病。现代涂装工作都是由机器人完成的，自动密封、自动擦净、自动喷绘，喷涂效果好，对人也没有损伤，一举两得。同时，通过一系列的系统管理，可以确保喷涂质量，这里采用的是全程绿色、无尘的工艺，如图 15-18 所示。

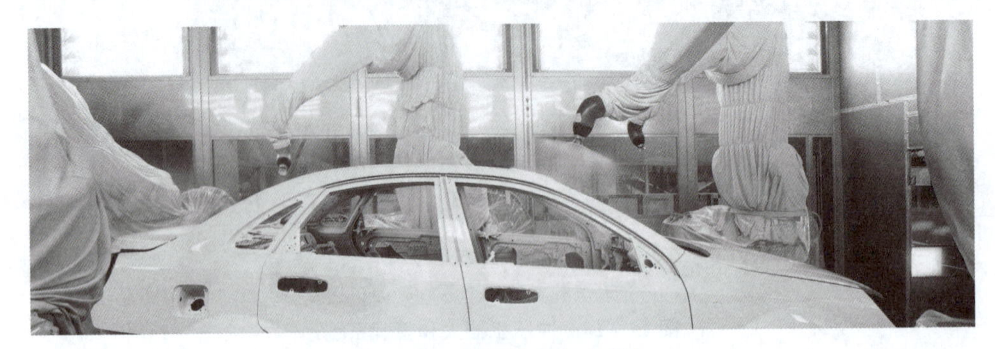

图 15-18　机器人自动喷漆

总装车间采用柔性化机运系统，风挡涂胶装配助力，并且有高精度的加注机和检测线，再加上标准试车跑道，借助信息化系统，生产效率得到了提升。总装车间采用的是链式输送机运设备，实现多平台柔性化生产。使用先进技术实现自动组装零件、内饰，提高产能的同时，更提高产品质量，如图 15-19 所示。

图 15-19　总装车间

小　结

智能工厂是利用各种现代化的技术实现工厂的办公、管理及生产自动化，达到加强及规范企业管理、减少工作失误、堵塞各种漏洞、提高工作效率、进行安全生产、提供决策参考、加强外界联系、拓宽国际市场的目的。智能工厂实现了人与机器的相互协调合作，其本质是人机交互。

本任务主要学习了智能工厂的概念、智能工厂的发展过程、工业 4.0 的概念以及智能工厂的特点。

习 题

1. 智能工厂能够普及推广的主导因素是（ ）。

A. 矿产资源 B. 市场 C. 技术 D. 交通

2. 目前，“智能工厂”取代人工操作的主要优点是（ ）。

A. 缩短了产品更新周期 B. 增加了就业机会

C. 提高了产品稳定性 D. 实现了个性化定制

3. 以下能够助力智能工厂互通互联的有（ ）。（多选题）

A. 物联网 B. 物流追踪 C. 工业 AR D. 云化机器人

4. AGV（自走式车辆）的行走原理是（ ）。

A. 红外线感应 B. 对地面标线的识别 C. 卫星导航 D. GPS

5. 以下不属于智能工厂范畴的是（ ）。

A. 智能巡检 B. 智能生产线 C. 智能质检 D. 智能马桶

任务记录单

任务名称	
实验日期	
姓名	
实施过程：	
任务收获：	

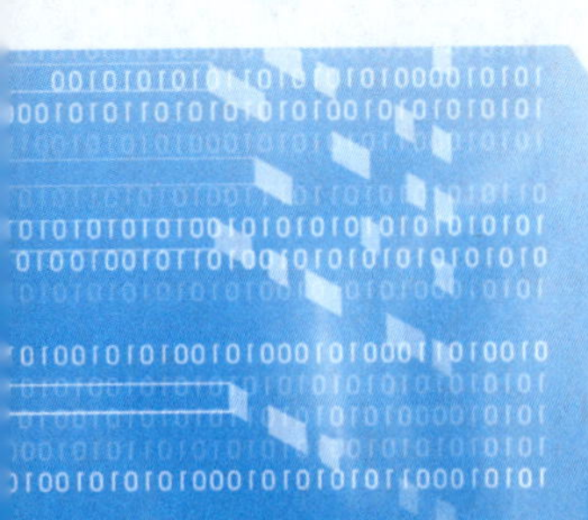

任务 16 搜集智慧农业案例

（学习主题：智慧农业）

任务导入

任务目标

1. 知识目标

能够阐述何为智慧农业；

能够阐述智慧农业发展的趋势；

能够阐述智慧农业的管理体系架构。

2. 能力目标

能够设计智慧农业的功能模型；

能够发现生活中的智慧农业元素。

3. 素质目标

提升逻辑思维能力；

提升提出问题、分析问题、解决问题的能力。

任务要求

搜集智慧农业领域的人工智能产品，同学之间进行产品交流，可以对当前的智能产品提出建议和改进方案。以 PPT 的形式完成设计，并以小组为单位进行汇报展示。

提交形式

PPT 或者 Word 文档，也可以提交小组汇报视频。

智慧农业是农业中的智慧经济，或智慧经济形态在农业中的具体表现。智慧农业是智慧经济重要的组成部分；对于发展中国家而言，智慧农业是智慧经济主要的组成部分，是发展中国家消除贫困、实现后发优势、经济发展后来居上、实现赶超战略的主要途径。

智慧农业是云计算、传感网等多种信息技术在农业中综合、全面的应用，实现更完备的信息化基础支撑、更透彻的农业信息感知、更集中的数据资源、更广泛的互联互通、更深入的智能控制、更贴心的公众服务。智慧农业与现代生物技术、种植技术等高新科技融于一体，对建设世界水平农业具有重要意义，如图 16－1 所示。

图 16－1 智慧农业

16.1 何为智慧农业

16.1.1 智慧农业的概念

什么是智慧农业

所谓智慧农业，就是充分应用现代信息技术成果，集成应用计算机与网络技术、物联网技术、音视频技术、无线通信技术及专家智慧与知识，实现农业可视化远程诊断、远程控制、灾变预警等智能管理。

智慧农业是指现代科学技术与农业种植相结合，从而实现无人化、自动化、智能化管理。就是将物联网技术运用到传统农业中，运用传感器和软件通过移动平台或者电脑平台对农业生产进行控制，使传统农业更具有“智慧”。除了精准感知、控制与决策管理外，从广泛意义上讲，智慧农业还包括农业电子商务、食品溯源防伪、农业休闲旅游、农业信息服务等方面的内容。

16.1.2 智慧农业发展趋势

智慧农业是我国农业现代化发展的必然趋势，需要从培育社会共识、突破关键技术和做好规划等方面入手，促进智慧农业发展。

1. 智慧农业推动农业产业链改造升级

（1）升级生产领域，由人工走向智能。构建种植、养殖自动化信息平台；开展农产品溯源（图 16－2）；完善生产资料管理。

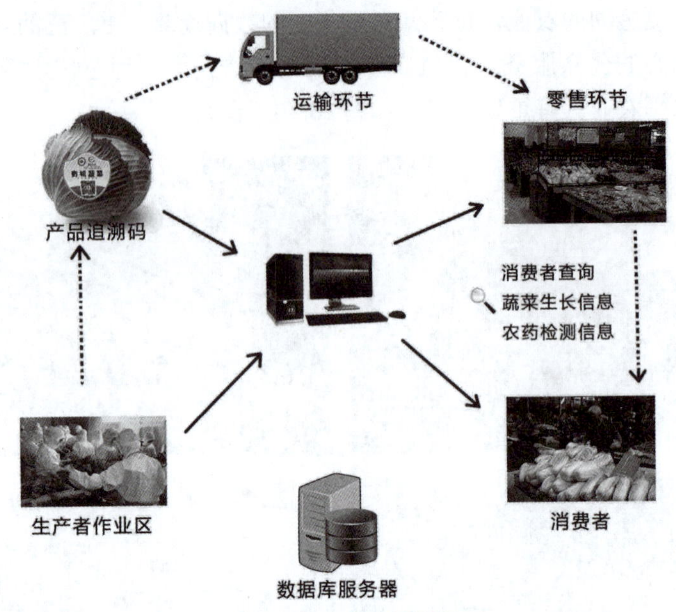

图 16－2　农产品溯源

（2）升级经营领域，突出个性化与差异性营销方式。物联网、云计算等技术的应用，打破农业市场的时空地理限制，农资采购和农产品流通等数据将会得到实时监测和传递，有效解决信息不对称问题。

一些地区特色品牌农产品开始在主流电商平台开辟专区，拓展农产品销售渠道，有实力的优秀企业通过自营基地、自建网站、自主配送的方式打造一体化农产品经营体系，促进农产品市场化营销和品牌化运营，预示农业经营将向订单化、流程化、网络化转变，个性化与差异性的定制农业营销方式将广泛兴起。

所谓定制农业，就是根据市场和消费者特定需求而专门生产农产品，满足有特别偏好的消费者需求。

此外，近年来各地兴起农业休闲旅游、农家乐热潮，旨在通过网站、线上宣传等渠道推广、销售休闲旅游产品，并为旅客提供个性化旅游服务，成为农民增收新途径和农村经济新业态。

（3）升级服务领域，提供精确、动态、科学的全方位信息服务。在黑龙江等地区，已经试点应用基于“北斗”的农机调度服务系统；一些地区通过室外大屏幕、手机终端等这些灵活便捷的信息传播形式向农户提供气象、灾害预警和公共社会信息服务，有效地解决了“信息服务最后一千米”问题。

2. 智慧农业实现农业精细化、高效化、绿色化发展

（1）实现精细化，保障资源节约、产品安全。一方面，借助科技手段对不同的农业生产对象实施精确化操作，在满足作物生长需要的同时，保障资源节约，并避免环境污染；另一方面，实施农业生产环境、生产过程及生产产品的标准化，保障产品安全。

（2）实现高效化，提高农业效率，提升农业竞争力。互联网和农业大数据让农业经营者便捷、灵活地掌握天气变化数据、市场供需数据、农作物生长数据等，准确判断农作物是否该施肥、浇水或打药，避免了因自然因素造成的产量下降，提高了农业生产对自然环境风

险的应对能力；通过智能设施合理安排用工用时用地，减少劳动和土地使用成本，促进农业生产组织化，提高劳动生产效率。

（3）实现绿色化，推动资源永续利用和农业可持续发展，如图 16－3 所示。智慧农业作为集保护生态、发展生产为一体的农业生产模式，通过对农业精细化生产，实施测土配方施肥、农药精准科学施用、农业节水灌溉，推动农业废弃物资源化利用，达到合理利用农业资源、减少污染、改善生态环境的目的，既保护好青山绿水，又实现产品绿色、安全、优质。

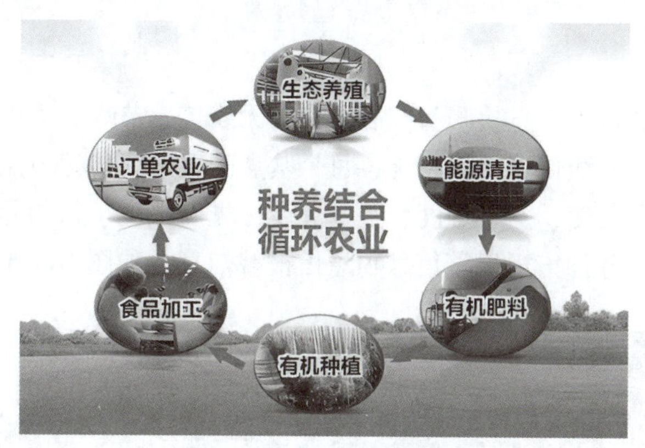

图 16－3　循环农业模型

16.2　智能农业管理系统架构

智慧农业生产管理系统可以利用温度、湿度、光照、二氧化碳气体等多种传感器对农牧产品（蔬菜、禽肉等）的生长过程进行全程监控和数据化管理，通过传感器和土壤成分检测来感知生产过程中是否添加有机化学合成的肥料、农药、生长调节剂和饲料添加剂等物质；并结合电子标签对每批种苗来源、等级、培育场地以及在培育、生产、质检、运输等过程中具体实施人员等信息进行有效、可识别的实时数据存储和管理。系统以物联网平台技术为载体，如图 16－4 所示，提升有机农产品的质量及安全标准，最终达到提高产量、提高质量的目的。

图 16－4　智慧农业云平台

1. 监控功能系统

根据无线网络获取的植物生长环境信息，对土壤水分、土壤温度、空气温度、空气湿度、光照强度、植物养分含量等参数进行选配。其他参数也可以选配，如土壤中的 pH、电导率等。监控功能系统进行信息收集和数据管理，实现所有基地测试点信息的获取、管理、动态显示和分析处理，以直观的图表和曲线的方式显示给用户，并根据以上各类信息的反馈对农业园区进行自动灌溉、自动降温、自动卷模、自动施肥、自动喷药等控制。

2. 监测功能系统

在农业园区内实现自动信息检测与控制，配备无线传感节点、太阳能供电系统、信息采集和信息路由设备配备无线传感传输系统，每个基点配置无线传感节点，每个无线传感节点可监测土壤水分、土壤温度、空气温度、空气湿度、光照强度、植物养分含量等参数。根据种植作物的需求，提供各种声光报警信息和短信报警信息，如图 16 – 5 所示。

图 16 – 5　农作物传感器和 PC 数据互联

3. 实时图像与视频监控功能

农业物联网的基本概念是实现农业上作物与环境、土壤及肥力间的物物相联的关系网络，通过多维信息与多层次处理实现农作物的最佳生长环境调理及施肥管理。但是，仅仅数值化的物物相联并不能完全营造作物最佳生长条件。视频与图像监控为物与物之间的关联提供了更直观的表达方式。比如：哪块地缺水了，从物联网单层数据上看，仅仅能看到水分数值偏低。应该灌溉到什么程度也不能死搬硬套地仅仅根据这一个数据来做决策，因为农业生产环境的不均匀性决定了农业信息获取上的先天性弊端，而很难从单纯的技术手段上进行突破，如图 16 – 6 所示。

视频监控的引用，直观地反映了农作物生产的实时状态，引入视频图像与图像处理，既可直观反映一些作物的生长长势，也可从侧面反映出作物生长的整体状态及营养水平，可以从整体上给农户提供更加科学的种植决策理论依据。

图 16－6　实时视频监控数据

16.3　智能农业应用案例——台湾省智慧农业、垂直农场

智慧农业应用案例

科学技术发展到现在，在信息技术高速发展、移动互联网盛行的背景下，农业与数字化技术结合成为一种可能，并被寄予了厚望。

16.3.1　台湾省智慧农业

农业是人类赖以生存的基础，人类的文明发展也以农业发展为中心，随着科技的日新月异，农业不断在演进。面对全球能源及农耕地有限、气候变迁冲击，加上人口老龄化及劳动力短缺，粮食不足将是我们未来必须面对的问题。因此，与世界连接并发展智慧农业是台湾省未来农业发展的重要方向。那么怎样去引领农业做有效的转型，达到有序发展的目的？这是每一个人都非常关心的问题。近年来，台湾省开始推动智慧农业计划，这个计划有两大核心，分别是智慧生产和数位服务。运用感测元件和智慧设备以及物联网技术，期待构建一个高效、安全、低风险的农业经营体系，达到有序发展的目标。

1. 自动化农机辅具，省工省力，达到规模性生产

农业具有季节性，农忙时期常常需大批人力协助作物采收；全年无休的畜牧业人力短缺问题更是严重。农委会在智慧农业计划推动下，目前已经研发出许多自动化农机与省力辅助工具，如图 16－7 所示，并协助产业导入，解决缺工问题，朝向规模化生产。

一台机器取代人力，一天的工作量相当于 1 000 个人工。为了在国际同行业中具备竞争力，要求其在 6 h 内将一天的工作任务完成。我们希望通过这些 AI 技术，能够在专业农业领域达到领先水平。

2. 节省能源、提升工作效率、环境永续经营

导入自动化农机、省力辅具及设备后，除了大幅降低农、渔、畜牧业的负担，也同时提升农业工作环境的安全性，并且增加人员在生产上的工作效率。除了省工省力，减少资源的消耗外，让生态环境能永续经营，也是农业智慧化发展的重点。

图 16-7 自动化农机

这里采用微气象站和土壤感测器来帮助我们决定是否需要灌溉，也就是说，不会过度使用肥料和水。利用管理系统测算相关的参数，控制土里的养分和水分达到农作物最适合的状态。同时，农作物检测系统可以精准地计算投入料量和选择精准的时间去采收。

相对在田间的节能设施而言，长期在海上作业的远洋渔船更需要节能。由于补给不易，因此，更应该有效率地提升和利用能源。LED 智能监控系统（图 16-8）最大的效益就是省油和操作方便。LED 集鱼灯具有瞬间起灭的功能，非常省电，这样就可以使渔船上少装备一台主机，或者节省下来的电力可以让冷冻仓 24 h 连续工作。

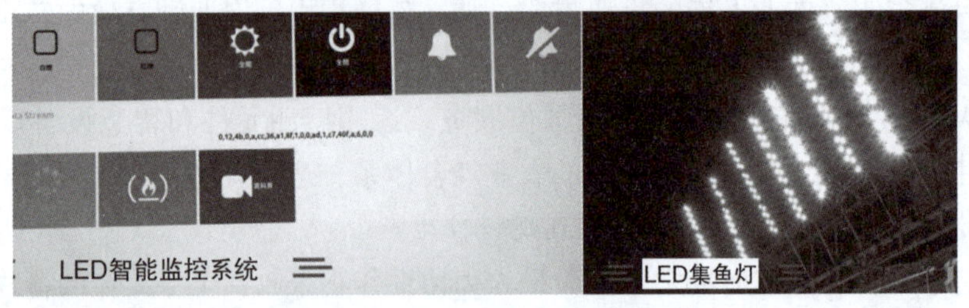

图 16-8 LED 船用智能监控系统

3. 科技辅助农业，进入智慧化发展

智慧农业必须是跨域的科技整合，尤其是跟产业的链接。现在农、林、渔、畜几乎都进入了设备的时代，安装了感应器，进行了物联网的连接。下一步更重要的是建立每一个领域的核心专家系统，把经验和设备结合在一起。目前农业环境控制系统逐渐完善，收集光照、温度、湿度、土壤的水分、pH 等，作为农场经营管理的重要依据。收集数据以后，经由大数据分析得到参数，通过数据及物联网等科学化管理，建立温室蔬果监测系统，如图 16-9 所示。

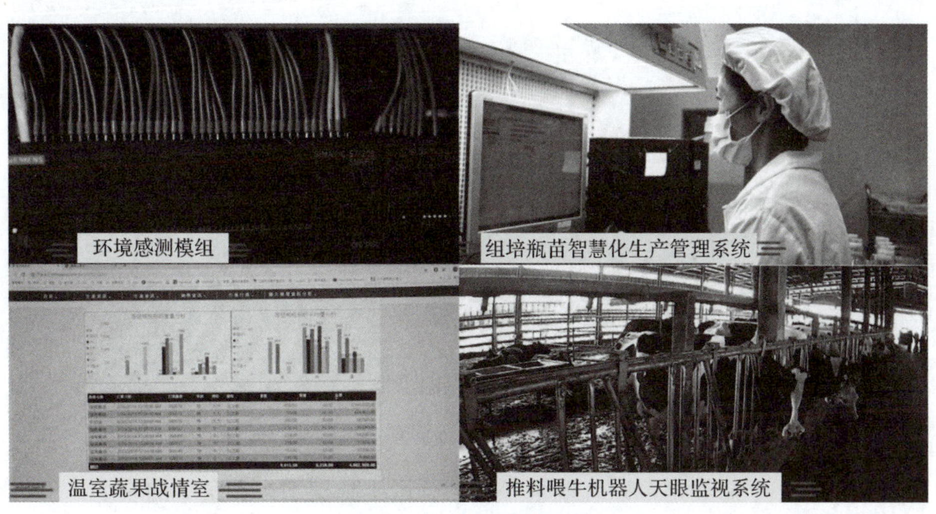

图 16－9　核心专家系统

16.3.2　垂直农场

如图 16－10 所示，这是位于美国旧金山的一家农业公司，公司创办者认为农场的未来是垂直和室内的，然后再借助人工智能和机器人来大量提高水果、蔬菜和其他农作物的生长质量。这样，食物就可以全年在全世界任何地方生长，节约 95% 的水分和 99% 的土地。

图 16－10　垂直农场

近年来，平地农场的农民一直积极开发新工具和新技术，比如他们正在使用无人机和机器人来改善农作物的种植，但是不管技术多先进，平地农业仍然摆脱不了物理空间的限制，仍然要使用大量的水和土地。但是如果改成垂直农业，占地 2 英亩①的水果和蔬菜的数量就可以达到 720 英亩平地农场的规模，如图 16－11 所示。

受气候控制的室内农场，有成排的垂直悬挂在天花板上的植物，上面有一个仿阳光的 LED 灯。可以移动机器人来管理水、温度和光等所有变量的人工智能系统不断学习和优化如何更快种植更大更好的农作物。这些功能确保每棵植物都能全年完美生长。条件如此之好，以至于农场每英亩的产量是室外平地农场的 400 倍。

① 1 英亩 =4 046.86 m^2。

图 16－11　平地农业对土地面积和气候要求较高

垂直农业的另一个好处是可以就地生产食物，用于种植水果和蔬菜的农场，不再距离城市 1 000 英里①以外，相反，水果和蔬菜就生长在附近的仓库里，这意味着消除了许多运输里程，对于减少每年数百万吨二氧化碳排放量以及降低食物价格都很有用。进口的水果和蔬菜价格更高，因此，社会最贫穷的人在营养上处于极端不利的地位，而垂直农业就可以很好地解决这个问题。

此外，该农场种植非转基因作物，不使用杀虫剂或除草剂。他们回收所有使用过的水，如图 16－12 所示，甚至将空气中的水蒸气收集起来。旧金山的旗舰农场也在使用 100% 可再生能源。此外，所有的包装也都是 100% 可回收的，由回收塑料制成，而且经过特殊设计，可以使食物保持更长的新鲜时间，从而减少食物浪费。当垂直农场可以更低的成本收获更多的食物时，相信对人类的意义会是划时代的。

图 16－12　水资源回收和塑料回收

① 1 英里 = 1. 609 344 km。

小　结

智慧农业是将现代科学技术与农业种植相结合，从而实现无人化、自动化、智能化管理。就是将物联网技术运用到传统农业中，运用传感器和软件通过移动平台或者电脑平台对农业生产进行控制，使传统农业更具有“智慧”。

本任务主要学习了智慧农业的概念、智慧农业发展趋势以及智慧农业管理体系架构。

习　题

1. 下列不属于智慧农业系统的关键技术的是（　　）。

A. 传感器技术　　B. 无线通信技术

C. 自动识别技术　　D. 人工经验

2. 下列属于智慧农业需要采集的数据是（　　）。（多选题）

A. 生长状态　　B. 视频图像　　C. 土壤水文　　D. 占地面积

3. 智慧农业与大数据技术结合，可以做（　　）。

A. 农产品监测项目　　B. 农产品溯源项目

C. 农业病虫害防治项目　　D. 以上均是

4. 以下（　　）是智慧农业的应用领域。（多选题）

A. 高能预警　　B. 农业生产环境监控

C. 农产品溯源　　D. 自动化控制

5. 智慧农业系统由（　　）组成。（多选题）

A. 传感器采集节点　　B. 中间的路由节点

C. 协调器节点　　D. PC 机或服务器

任务记录单

任务名称	
实验日期	
姓名	
实施过程：	

续表

任务收获：

第4篇

探索篇

“科技是第一生产力”二十大报告摘读：

“我们要坚持教育优先发展、科技自立自强、人才引领驱动，加快建设教育强国、科技强国、人才强国，坚持为党育人、为国育才，全面提高人才自主培养质量，着力造就拔尖创新人才，聚天下英才而用之。”

——习近平在中国共产党第二十次全国代表大会上的报告

走近科技领军人物：

张钹：中国人工智能奠基者

清华大学计算机系教授，中科院院士。在过去30多年中，他提出问题求解的商空间理论，在商空间数学模型的基础上，提出了多粒度空间之间相互转换、综合与推理的方法。提出问题分层求解的计算复杂性分析以及降低复杂性的方法。该理论与相应的新算法已经应用于不同领域，如统计启发式搜索、路径规划的拓扑降维法、基于关系矩阵的时间规划以及多粒度信息融合等，这些新算法均能显著降低计算复杂性。该理论现已成为粒计算的主要分支之一。在人工神经网络上，他提出基于规划和基于点集覆盖的学习算法。这些自顶向下的结构学习方法比传统的自底向上的搜索方法在许多方面具有显著优越性。

任务 17

“奇点”主题辩论赛

（学习主题：人工智能前景展望）

任务导入

任务目标

1. 知识目标

能够理解人工智能“奇点”的概念；
能够了解摩尔定律；
能够了解人工智能的发展趋势；
能够了解人工智能时代的就业格局变化。

2. 能力目标

能够科学地分析并看待人工智能“奇点”；
能够科学地分析并看待人工智能的发展前景；
能够结合专业特点为自己做人工智能时代的职业发展规划。

3. 素质目标

提升逻辑思维能力；
提升语言表达能力；
提升自我展示意识；
提升文字综合能力；
提升人际交往能力。

任务要求

请以“奇点到来”为主题在班级内开展辩论赛。正方观点：“奇点”一定会到来；反方观点：“奇点”一定不会到来。

请先查询辩论赛的基本流程与规则并组队。针对本方观点进行赛前资料的准备，并以卡片的形式进行主要观点的记录，包括形成论点、搜集论据、确定谋略。最后在班级内组织一场别开生面的辩论赛吧。

提交形式

辩论赛音频、视频或辩论赛准备阶段的卡片稿等。

图 17－1 所示是图书《奇点临近》（作者：雷·库兹韦尔）的封面。你听说过“奇点”吗？你畅想过人工智能未来会给我们的生活带来哪些改变吗？你认为“奇点”会到来吗？你对“奇点”的到来期待吗？

图 17－1　图书《奇点临近》

17.1　颇有争议的人工智能“奇点”论

颇有争议的人工智能“奇点”论

提到人工智能“奇点”，你会想到什么？

17.1.1　人工智能“奇点”论的提出

对于人工智能的未来究竟如何，学术界百家争鸣，其中最著名的当属美国未来学家雷·库兹韦尔（Ray Kurzweil）提出的奇点理论（the Singularity）。该理论预言：在 2045 年，电脑智能与人脑智能可以完美地相互兼容，纯人类文明也将终止。届时强人工智能终会出现，并具有幼儿智力水平。在到达这个节点 1 h 后，AI 立刻推导出了爱因斯坦的相对论以及其他作为人类认知基础的各种理论；而在这之后 1.5 h，这个强人工智能变成了超级人工智能，智能瞬间达到了普通人类的 17 万倍。

17.1.2　人工智能“奇点”论的理论支柱——摩尔定律

奇点的大致含义是，技术进步的速度会呈指数式增长，并且持续加速，最终量变产生质变，从而技术的发展会脱离人类的控制。奇点理论的支柱之一是摩尔定律。摩尔定律是英特尔创始人之一戈登·摩尔的经验之谈，汉译名为“定律”，但并非自然科学定律，它一定程度揭示了信息技术进步的速度，但还需要在未来的实践中进一步验证。

摩尔定律的核心内容为：集成电路上可以容纳的晶体管数目每经过 18～24 个月便会增加一倍。换言之，处理器的性能大约每两年翻一倍，同时，价格下降为之前的一半。如果保持这样的趋势，在不久的将来，只需花很少的钱就可以拥有惊人的计算力。图 17－2 所示是 1970—2020 年期间摩尔定律的验证图形。

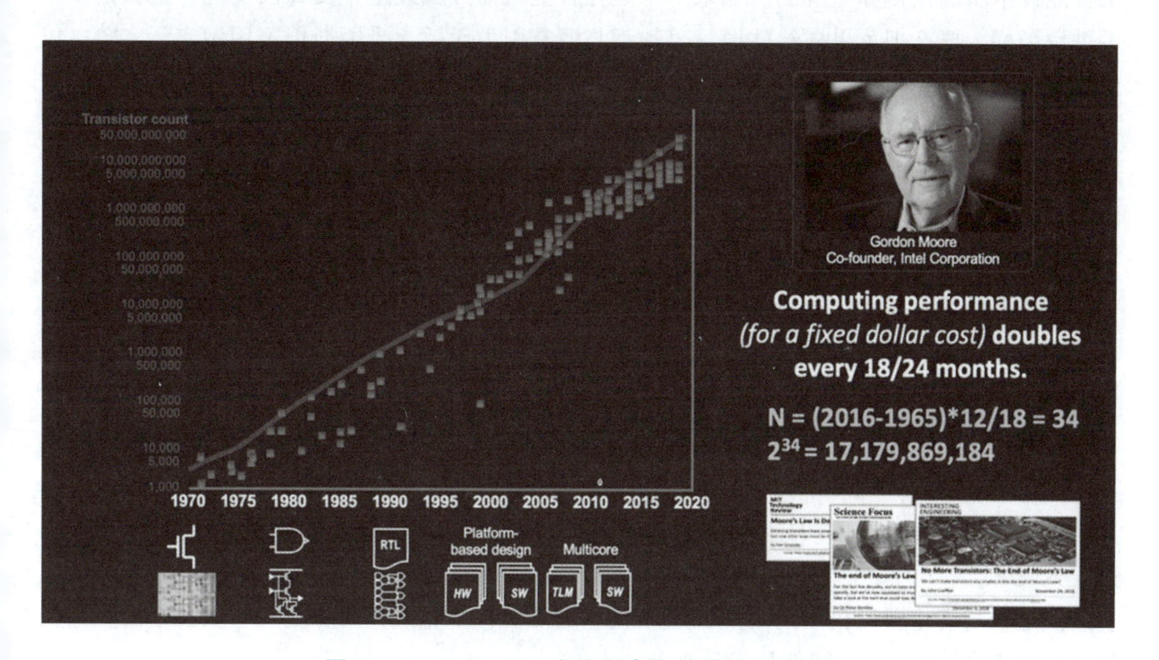

图 17－2　1970—2020 年期间摩尔定律的验证图形

17.1.3　人工智能“奇点”论的支持派与反对派之争

人工智能的支持派被称为奇点主义者（Singularitarians），他们认为：如果计算机足够智能，就能够理解自身的设计并对自己进行维护，甚至可以通过改进自身设计而变得越来越聪明。如此迭代更新，AI 机器将会依靠自身的智慧进化成超级人工智能并追求统治世界，人类最终会被超级人工智能消灭。奇点主义者宣称人工智能终将产生意识，并将追求和人类平等的权利。相比人类，人工智能没有了脆弱的身体以及体力、脑力的限制，进化、发展的速度将会远超人类。终有一天，人类会后悔亲手制造出了人工智能这样强大的敌人。从本质上讲，人工智能跟人类一样，是有意识和生命的。制造出自己的继任者，是人类的宿命。不管人类生存毁灭，人工智能将会接替人类继续改造自然、探索宇宙，也许他们会揭开“我是谁？我从哪里来？要到哪里去？”“宇宙的目的是什么？”等终极问题的答案。

当然，不是所有人都相信奇点的存在。奇点理论的反对派指出：因为技术发展有极限，指数式增长难以持续，到了一定程度就会停止或者减缓。摩尔定律左右了科技界很多年，但在最近几年也因为遇到物理极限，开始明显放缓。反对派认为，人工智能作为人创造的产物，其智力上限不会超过人类。人类的一些大科学家和大哲学家，不是靠大量数据和知识的累积而获得重大突破的，而是苦思冥想后获得灵感，从而顿悟的。

17.1.4 如何科学地看待“奇点”论

牛顿经常在苹果树下思考或休息，有一天忽然被苹果砸中脑袋，从而获得万有引力定律的灵感，从而解开天体运行的奥秘。从苹果落地到天体运行，风马牛不相及，这恐怕不是人工智能技术所能模拟和重现的。如果苹果砸在智能机器人脑袋上，要么没反应，要么把苹果丢进垃圾桶，要么把苹果树给砍掉，恐怕都与万有引力无关。爱因斯坦不用做实际实验，仅仅凭借大脑中的“追光实验”和理论推导，在1905年就得到了狭义相对论理论和质能方程，指导了20世纪40年代美国原子弹的设计和制造。更为神奇的是，在1916年，爱因斯坦还推导出广义相对论，预测了黑洞和引力波的存在。100多年后的2017年，三位物理学家因为检测到引力波而获得诺贝尔奖。爱因斯坦无与伦比的洞察力、想象力和理论推导能力是令人惊叹的，是依赖大量数据和知识进行拟合的AI技术无法模拟和重现的。诚然，在某个特定任务领域，弱人工智能通过大量的训练和学习，将会取得超过人类的能力。但是，单个弱人工智能的堆积的技术路线是不可能产生强人工智能的，因为人类可做的事情成千上万，难以穷尽。人类智能的多才多艺、触类旁通、无师自通、灵感顿悟等高级特征让我们自己都叹为观止，可能是AI技术无法模拟的。大量弱人工智能的堆积将极大地增加系统的复杂度、可靠性以及建造成本，是得不偿失的，或者说是不可能做到的。强人工智能都做不到，更不用说实现超级人工智能了。所以，现在开始担忧奇点的到来，就是杞人忧天了。

但是，我们也要以科学的观点面对新技术的发展，毕竟人类历史上每一次技术的重大发展都是“双刃剑”，人工智能技术也如此。

总之，人工智能是否会有奇点，现在还没有定论。但是，奇点理论提醒我们要对人工智能的发展持有谨慎乐观的态度，既要考虑它的好处，更要防止它的风险。真心希望人工智能的奇点相当于自然数的无穷大，而人工智能技术的进步像自然数的增长，是永远无法到达无穷大的。

17.2 人工智能的发展趋势

人工智能
的发展趋势

61岁的比尔·盖茨曾在一篇给大学生的毕业寄语中写道，“当今时代是一个非常好的时代”，如果在今天寻找一个能对世界造成巨大影响的机会，他会毫不犹豫地考虑人工智能。

17.2.1 十大最有前景的人工智能发展领域

人工智能技术在过去的几十年发展过程中，不断突破与创新，才有了今天的成就。未来人工智能技术也会逐渐发展，在以下领域中均值得期待。

脑机接口：脑机接口属于多学科交叉科技，涉及神经科学、计算机科学、认知科学、控制与信息科学技术、医学等多个学科。技术实现方式是通过信号采集设备从大脑皮层采集脑电信号，经过放大、滤波、A/D 转换等处理，转换为可以被计算机识别的信号，然后对信号进行预处理，提取特征信号，再利用这些特征进行模式识别，最后转化为控制外部设备的具体指令，实现对外部设备的控制。整个过程主要包括采集、处理、执行、反馈等环节。2023 年年初，我国工信部等十七部门发布的“机器人 +”应用行动实施方案中，针对医疗健康领域已明确提及，围绕神经系统损伤、损伤后脑认知功能障碍、瘫痪助行等康复治疗需求，突破脑机交互等技术，开发用于损伤康复的辅助机器人产品，推动人工智能辅助诊断系统、机器人 5G 远程手术、脑机接口辅助康复系统等新技术新产品加速应用。

自主学习：目前，机器都是按照程序来运行的，而程序都是由建造者或是程序员编写出来的处理逻辑，因此，机器预装了程序之后，其处理能力也就被确定了下来。人工智能通过深度学习之后，会逼近人类专家顾问的水平，这个学习的过程也是大数据的获取、积累和输入过程。其实，让 AI“大脑”变聪明是一个分阶段进行的过程，第一阶段是机器学习，第二阶段是深度学习，第三阶段是自主学习。只有达到自主学习的阶段，才会更加贴近人类智能的水平，企业的产品也才有核心竞争力。

数据孪生：数字孪生是充分利用物理模型、传感器更新、运行历史等数据，集成多学科、多物理量、多尺度、多概率的仿真过程，在虚拟空间中完成映射，从而反映相对应的实体装备的全生命周期过程。数字孪生是一种超越现实的概念，可以被视为一个或多个重要的、彼此依赖的装备系统的数字映射系统。

大数据和云计算：随着数据生成和存储能力的提高，大数据和云计算成为人工智能发展的基础设施。未来人工智能与大数据、云充分结合，必然会带来更多发展与变化。

跨学科深入交叉：人工智能的发展过程一直是在与各学科不断交叉，但因为发展时间短，其交叉性合作刚刚开始，未来人工智能与数学、物理学、心理学、神经科学、医学等各个领域都会有更深入的交叉合作。

人机协同：人工智能不再是替代人类，而是和人类协作，提高人类能力。

边缘计算：边缘计算是将计算和数据存储移动到网络的边缘，更近地为用户提供服务。未来，随着物联网和工业互联网的发展，边缘计算在人工智能领域中的需求越来越广泛，可以实现更低延迟和更高可靠性的自主学习服务。

可解释性：越来越多的研究已经开始关注如何让人工智能系统能够解释它们的决策过程，这是为了确保人工智能系统是透明和可信的。

多语言支持：人工智能系统对多种语言的支持已经有了长足的进展，这对于在全球范围内的应用是非常重要的。

多模态交互：人工智能当前已经在文本或语音交互方面取得一定成就，未来还将丰富视觉、触觉等多种交互方式。

17.2.2 未来人工智能的转变

1. 从人工智能向自主智能转变

从人工智能向自主智能转变以 AlphaGo 的后续版本 AlphaZero 为代表，体现为人的干预减少，机器的自我学习能力大大增强。从2016年起，腾讯的人工智能实验室连续多年打造了世界冠军围棋AI，随后和《王者荣耀》团队合作开发了AI“绝悟”。“绝悟”不依赖人类的经验完成了“从0到1”的学习，自学成才。目前“绝悟”已经达到了职业玩家水平，这是从人工智能迈向自主智能的重要一步。

虚拟世界是对真实世界的模拟和仿真，一直是检验和提升人工智能能力的“试金石”，而复杂的虚拟环境被业界认为是人工智能的难题。如果在模拟真实世界的虚拟游戏中，AI学会像人一样进行快速分析决策和行动，那么AI就能够执行更加困难、复杂的任务。《王者荣耀》中，决策的复杂度可以高达1 020 000，在如此复杂的虚拟环境中，如果AI都能表现得类似于人类或者超越人类，那么在真实世界里要实现通用人工智能，就非常值得期待了。

2. 从专用人工智能向通用人工智能转变

马化腾在2019世界人工智能大会上做了以“从专用人工智能迈向通用人工智能”为题的演讲，其中提到，通用人工智能发展趋势越来越清晰。如何实现从专用人工智能到通用人工智能的跨越式发展，是下一代人工智能研究与应用的挑战。

专用人工智能，是指只在某一方面有自动化专业能力的AI。例如，AlphaGo在围棋比赛中战胜人类冠军，某程序在大规模图像识别和人脸识别中达到了超越人类的水平，某系统帮助人类诊断皮肤癌，达到专业医生水平等。

通用人工智能，是指具有像人一样的思维水平及心理结构的全面智能化算法。比如，电影里的具有情感的机器人。到目前为止，通用人工智能还未实现，专用人工智能发展势头较好。

3. 从“人工智能+1”向“人工智能+N”转变

在人工智能应用方面，人工智能与各行各业的融合发展将会给我们带来以“人工智能+”为标志的普惠型智能社会。人工智能产业未来十年在我国将进入高速发展期，目前人工智能和各个行业结合之后形成的智能制造、智慧安防、智慧零售、智慧医疗、智慧交通等行业解决方案正在全国“落地生根”。人工智能与各个行业相结合，可能会发生一些奇妙的化学反应，迸发出不一样的火花。

4. 从机器智能向人机混合智能转变

人工智能和人类智能各有所长，因此，需要取长补短。融合多种智能模式的智能技术在未来将有广阔的应用前景。“人+机器”的组合（人机一体化）将是人工智能研究的主流方向，“人机共存”将是人类社会的新常态。

17.3 人工智能时代的就业

17.3.1 人工智能将改变就业格局

人工智能时代的就业

事实上，人工智能抢走劳动者“饭碗”的事件已经在全球上演，阿里的无人超市已经实现自动收银。随着此类智能收费的推广，消费者可以自己缴费，超市、商场、停车场、小区、高速公路收费站的收银员将逐渐被替代。

无人驾驶的网约车已经在部分城市运营，无人面馆里没有抻面师傅，也没有服务员。

人工智能技术在某些领域取得了显著的成就，例如语音识别和自然语言处理，但它也正在取代许多传统的白领工作。例如，在金融服务行业，人工智能系统正在取代人类普遍做的工作，如风险评估、投资组合管理和欺诈检测。在医疗保健领域，人工智能系统正在用于诊断和治疗，并逐渐取代了人类医生的工作。在法律领域，人工智能系统正在用于文件检索和合同分析，并逐渐取代了人类律师的工作。随着人工智能技术的普及，人们需要转向新的就业方向。

这样清醒的认知让每个人都感受到压力，但事实上，人工智能对就业的积极影响超过负面冲击，简易工作被取代之后，相继而来的是大量劳动力的释放，人类技能的升级才是重点，人才也会被分配到合理的岗位。

17.3.2 人工智能时代需要怎样的职业人

1. “机”无我有

人工智能再强大，也会有做不了、不擅长的工作。

首先是创新性工作。创新工作需要特别的思维能力，人类中也只有少数人具备这种能力，对机器来说，要进行创新，难度很高，需要异想天开的思维、多事物关联的能力、抽象思维能力等，对机器来说很难。还有优秀的艺术家、设计师，这类人需要很强的想象力，才能创作出优秀的作品，机器很难有强大的想象力。

其次是人工智能专业性工作。在未来，与人工智能相关的岗位将成为就业机会的重要来源，例如人工智能工程师、数据科学家和机器学习工程师等。这些掌握人工智能技术的职业将不断增加就业岗位。从这个角度来看，未来掌握人工智能技术将成为一个必然的趋势，相关技能的教育市场也会迎来巨大的发展机会。

最后是情感类工作。机器是不能理解感情的，没有同理心、同情心、爱心、亲情等。所有“有温度”的工作，还是需要人类来完成。因此，只要是与情感有关的工作，机器就很难做好，比如心理分析师、专业陪护护士、需要与病人频繁沟通的医生、心理医生等。

2. “机”有我优

未来很多工作，机器可以做，但却不一定会做好。例如我们在使用机器人客服时，就经常会抓狂。因此，未来需要的是比机器人工作效果更好的职业人。比如与人频繁打交道的服务人员。为人服务类的工作，都是需要理解人类的常识，理解人类的习惯与思维习惯，需要充满热情，等等，机器人很难做好，即使机器人“热情”起来了，顾客也只会认为它在执行程序。这就是为什么人们更愿意豢养宠物狗，而非电子狗。

3. 人“机”互助

不要只把人工智能产品当成我们职场的竞争对手，它们同样可以成为我们的助手。随着人工智能产品逐渐走进生产、生活环境，未来职场人在工作过程中将会频繁地与大量的人工智能产品进行交流和合作，人工智能与人类协作将在所有职业中飞速发展，这对职场人提出了新的要求。未来将会有更多使用人工智能产品辅助工作的职场人。

未来，人工智能可以完成目前由律师助理、撰稿人、数字内容制作人、行政助理、入门级计算机程序员以及一些记者完成的工作。这不代表着这些工作将被取代，而是意味着这样的工作会有所改变，在人“机”互助的前提下，向着更轻松的方向改变。在许多方面，人工智能将帮助人们更好地利用专业知识，这意味着我们将更加专业化。例如，会议纪要工作虽然可以由机器人帮助厘清，但最终还是需要职业秘书来辅助完善，才能更加准确；新闻稿件可以由机器人撰写后，再由撰稿人润色提升；案例处理方面可以由机器人检索资料，提出意见，最终仍需要人类律师与法官的参与完成；医疗方面机器人可以辅助检查、辅助治疗等，但是治疗方案最终仍需要职业医生把关才能实施。

小　　结

人工智能成为经济发展的新引擎。人工智能作为新一轮产业变革的核心驱动力，将进一步释放历次科技革命和产业变革积蓄的巨大能量，形成从宏观到微观各领域的智能化新需求，催生新技术、新产品、新产业、新业态、新模式，引发经济结构重大变革，实现社会生产力的整体跃升。

本任务主要了解了颇有争议的人工智能“奇点”论，学习了人工智能的发展趋势，并分析了人工智能时代的就业问题。

习　　题

1. （　　）是人工智能“奇点”论的理论支柱。

A. 开普勒三大定律　　B. 欧姆定律

C. 摩尔定律　　D. 牛顿第一定律

2. 摩尔定律的核心内容为：处理器的性能大约每（　　）翻一倍。

A. 18 ~ 24 个月　　B. 5 个月

C. 5 年　　D. 10 年

3. 未来（　　）职业从业人员不会减少。

A. 危险性工作　　B. 纯体力劳动者

C. 重复性劳动者　　D. 科研人员

4. 以下选项中，尚未实现的人工智能技术是（　　）。

A. 无人驾驶　　B. 人工智能下围棋

C. 智能导航　　D. 人脑芯片

5. 以下选项中，已实现的人工智能技术是（　　）。

A. 有情感的机器人　　B. 通过图灵测试的语音应答机器人

C. 自我进化的机器人　　D. 智能导航

任务记录单

任务名称	
实验日期	
姓名	
实施过程：	
任务收获：	

任务 18

为“AI”立法

（学习主题：人工智能发展中的伦理问题）

任务导入

任务目标

1. 知识目标

能够阐述何为人工智能伦理；

掌握人工智能伦理两大风险来源；

了解人工智能的治理路径。

2. 能力目标

能够判断人工智能产品的伦理风险来源；

能够思考并尝试针对人工智能产品进行伦理规范设计。

3. 素质目标

提升判断能力；

提升推理能力；

提升解决问题的能力。

任务要求

根据人工智能技术发展中的伦理问题，请针对某一领域的人工智能产品，制订具体法案，使该产品在满足需要的同时，可以规避伦理问题，并将你的法案以 PPT 的形式进行展示说明。

提交形式

为“AI”立法 PPT。

弗兰克年轻时是个大盗，晚年因患轻微阿尔茨海默病，他时常神智混乱，记忆力严重衰退，儿子购买了机器人来照料他的日常生活。在经历了初期的磨合后，弗兰克和机器人慢慢变成了好朋友。他教机器人如何踩点，如何开锁，如何避开监视器，自己则发挥人脑的作用：汇总情报，绘制地图，制订各种偷窃方案。电脑与人脑展开了亲密无间的合作。机器人充当弗兰克的助手，他们一起偷图书馆藏书，偷恶邻居家的珠宝，把书送给爱书的红颜知己，把珠宝送给女儿去做公益……这是电影《机器人与弗兰克》的剧情梗概。图 18－1 所示是电影剧照。是的，你没看错，机器人参与了盗窃！原因是这是一款照护型机器人，并没有下载法律模块。这个电影虽然是为了反映养老问题，但其中涉及的人工智能的伦理问题却值得我们深入研究。

探究人工智能伦理

图 18－1　电影《机器人与弗兰克》剧照

18.1　何为人工智能伦理

在 AI 技术大行其道的今天，我们不应该只专注于发展技术，更有必要就 AI 与伦理道德的问题进行一些探讨。

18.1.1　人工智能伦理的提出——阿西莫夫三定律

机器人三大法则

你听说过“阿西莫夫三定律”吗？你听说过“机器人学三定律”吗？在众多科幻电影中都曾有这一定律的影子。

艾萨克·阿西莫夫（Isaac Asimov，1920 年 1 月 2 日—1992 年 4 月 6 日），俄罗斯犹太裔美国科幻小说作家、科普作家、文学评论家，美国科幻小说黄金时代的代表人物之一。他的作品《我，机器人》在 1950 年年末由格诺姆出版社出版。虽然说这本书是“旧稿子”，但是这些短篇是在十年间零零散散发表的，这次集中出版，使读者第一次领略阿西莫夫机器人科幻小说的魅力。阿西莫夫为这本书新写了引言，而引言的小标题就是“机器人学的三大法则”。

小说中提出了著名的“阿西莫夫三定律”：

第一定律：机器人不能伤害人类，或者坐视人类受到伤害而袖手旁观。

第二定律：除非违背第一原则，机器人必须服从人类的命令。

第三定律：在不违背第一定律和第二定律的前提下，机器人必须保护自己。

这三大定律后来也被人们称为“机器人学三定律”。其具有启发性意义，是后续所有人工智能技术伦理准则的基础。

18.1.2 人工智能伦理的重要性

所谓人工智能伦理，是指“当前在人工智能技术开发和应用中，依照理想中的人伦关系、社会秩序所确立的，相关主体应予以遵循的标准或原则”。人工智能伦理作为科技伦理的一部分，是21世纪以来继纳米伦理和生命科学技术伦理之后的又一个科技伦理研究焦点。我国作为人工智能产业大国，近年来对人工智能伦理的重视也已上升到国家层面，加强相关政策的研究，逐步制定相关法律法规和伦理规范，并以算法推荐为开端启动了对人工智能技术及其应用的监管。与此同时，近年来学术界呼吁将人工智能伦理议题提上研究议程。既有研究从风险生成、应用领域、算法技术等多元视角阐述了人工智能带来的伦理挑战，并围绕核心目标、公共政策、技术优化、人机关系等方面提出了相应的治理思路。

18.1.3 人工智能技术与伦理的矛盾

21世纪的社会是人类历史上当之无愧的技术社会，然而有不少观点对前景表示深刻担忧。当前，人工智能伦理已成为伦理学研究的新兴领域。21世纪初，未来学家雷·库兹韦尔认为，到2045年计算机会超越人类。近年来，来自各个领域的专家学者仍然对人工智能“可能的心智”表达了担忧，认为人工智能有可能对人类生存造成威胁。无独有偶，乔纳森·诺兰执导的《西部世界》虚构了机器人意识觉醒、反抗人类以夺取控制权的故事。此外，不同领域的知名人士，譬如物理学家史蒂芬·霍金、哲学家尼克·波斯特洛姆、特斯拉CEO埃隆·马斯克，都曾对人工智能最终发展出自主意识、脱离人类控制提出过警示。

对于人工智能发展所导致的后果，人们担忧具有自我意识的强人工智能和超人工智能的潜在威胁，思考人类命运是否会被机器所控制。目前，我们仍处于所谓的机器无自主意识的弱人工智能阶段，但即便是在弱人工智能时代，因技术引发的伦理问题也层出不穷，譬如数据泄露和隐私侵犯、信息伪造和内容造假、算法歧视和算法独裁、产品事故问责困难等问题。更何况，当前智能技术几乎渗透到人类社会的各个方面，社交、家居、制造、零售、交通、医疗、城市管理等领域无不充斥着人工智能的身影，智能家居、智能支付、精准推送、自动驾驶、无人超市、智能客服、城市大脑等人工智能应用屡见不鲜。技术的普遍渗透更是引发了社会对人工智能取代人类劳动力、损害人类自主性的担忧。对于当前弱人工智能技术衍生的伦理问题，既有文献从多元视角对现有问题及其机制进行了分析。概言之，人工智能作为21世纪的代表性技术，虽然极大地促进了经济社会的发展，但其伴生的伦理问题已成为当下科技伦理研究的焦点与前沿议题。随着人工智能技术在社会各领域的逐步推广，人工智能的伦理问题将进一步凸显。在此背景下，如何界定人工智能的伦理原则，对于引领与规范人工智能发展具有战略性意义。

18.2　人工智能伦理的风险来源

18.2.1　技术伦理风险

技术是一把“双刃剑”，其在推动社会进步的同时，也在很大程度上带来了技术风险。人工智能技术也是如此。现阶段，人工智能的技术伦理风险主要体现在以下三个方面。

1. 人工智能的设计风险

设计是人工智能的逻辑起点，设计者的主体价值通过设计被嵌入人工智能的底层逻辑之中。倘若人工智能设计者在设计之初，秉持错误的价值观或将相互冲突的道德准则嵌入人工智能之中，那么在实际运行的过程中便很有可能对使用者生命、财产安全等带来威胁。人工智能风险与设计息息相关，并且可以把设计作为人工智能的风险的根源。人工智能的设计风险主要体现在以下三方面：人工智能产品本身设计目的与实际结果不相符所带来的风险；人工智能产品本身设计目的与使用者需求不相符所带来的风险；人工智能设计技术的不完备所带来的风险。

例如，近年来，“AI 换脸”走红网络，只要下载某款 APP 软件，上传一张照片，经过深度合成算法处理，就能轻易地把自己的五官投到原本的演员脸上，秒变视频主人公，享受“参演”电影、电视剧、短视频的快感。但是，在应用中却出现了侵犯肖像权问题，甚至有部分不法分子将其应用于诈骗等非法活动中，这使得“AI 换脸”这一设计饱受争议。

2. 人工智能的算法风险

2020 年 7 月 18 日，胡女士在携程 APP 预订了舟山希尔顿酒店一间豪华湖景大床房，支付价格 2 889 元，次日却发现酒店该房型的实际挂牌加上税金、服务费仅 1 377.63 元。胡女士认为作为携程钻石贵宾客户，她非但没有享受到会员的优惠价格，还支付了高于实际产品价格的费用，遭到了“杀熟”。之后，胡女士将上海携程商务有限公司告上了浙江绍兴柯桥区法院。法院审理后认为，携程 APP 作为中介平台，对标的实际价值有如实报告义务，其未如实报告。携程向原告承诺钻石贵宾享有优惠价，却无价格监管措施，还向原告展现了一个溢价 100% 的失实价格，未践行承诺。同时，胡女士以上海携程商务有限公司采集其个人非必要信息，进行“大数据杀熟”等为由，要求携程 APP 为其增加不同意“服务协议”和“隐私政策”时仍可继续使用的选项，以避免被告采集其个人信息，掌握原告数据。据此，法院当庭作出宣判，判决被告携程赔偿原告胡女士差价 243.37 元，以及订房差价 1 511.37 元的三倍金额，共计 4 777.48 元，且判定携程应在其运营的携程旅行 APP 中为原告增加不同意其现有“服务协议”和“隐私政策”仍可继续使用的选项，或者为原告修订携程旅行 APP 的“服务协议”和“隐私政策”，去除对用户非必要信息采集和使用的相关内容，修订版本需经法院审定同意。

算法是人工智能的核心要素，具备深度学习特性的人工智能算法能够在运行过程中自主调整操作参数和规则，形成“算法黑箱”，使决策过程不透明或难以解释，从而影响公民的知情权及监督权，造成传统监管的失效。人工智能算法可能在不易察觉或证明的情况下，利用算法歧视或算法合谋侵害消费者的正当权益，进而扰乱市场经济秩序和造成不公平竞争。近年来被广泛曝光的“大数据杀熟”，正是这一风险的具体体现。

3. 人工智能的数据安全风险

2022 年 10 月，哈尔滨南岗公安分局民警在哈尔滨市平房区将涉嫌非法获取计算机信息系统数据的犯罪嫌疑人麻某抓获，并在其电脑中查获非法获取的公民个人信息 10 万余条。数据包括了公民姓名、联系电话、家庭住址等个人信息。2021 年“3·15 晚会”曝光宝马 4S 店安装人脸识别摄像头。

隐私权是人的一项基本权利，隐私的保护是现代文明的重要体现。但在众多的人工智能应用中，海量的个人数据被采集、挖掘、利用，尤其是涉及个人生物体征、健康、家庭、出行等的敏感信息。公民的隐私保护面临巨大挑战，人工智能所引发的隐私泄露风险已被推到风口浪尖。而不少隐私泄露事件的发生，也在一定程度上加深了公众对人工智能广泛应用的担忧。隐私保护与人工智能的协调发展，已成为当前亟待解决的问题。

18.2.2 社会伦理风险

人工智能不仅有着潜在的、不可忽视的技术伦理风险，伴随数字化的飞速发展，人工智能对现有社会结构及价值观念的冲击也越发明显。人类社会的基本价值，如尊严、公平、正义等，也正因此面临挑战。

1. 人工智能的发展对人类道德主体性的挑战

2017 年，智能机器人索菲亚被授予沙特阿拉伯王国公民身份，这引发了许多人对人工智能挑战人类主体性的担忧。通常人被认为是唯一的道德主体，人的道德主体性的依据在于人的某些精神特点（如意识、思维）。当前，人工智能虽然仍处于弱人工智能阶段，还无法形成自我意识，但是，智能机器人不仅在存储、传输、计算等多方面的能力超越了人脑，而且借助材料学等现代技术，智能机器人可能在外形上“比人更像人”，甚至拥有更丰富的情感（比如索菲亚能够模拟 62 种面部表情）。这样的智能机器人究竟是否是“人”？是否应确立为道德主体？如果赋予人工智能主体资格，那么其究竟是一种与人类对等的主体，还是一种被限制的主体？这些问题表明：人工智能对人类道德主体性的挑战，不只是电影小说中的浪漫想象，而是已日益成为一种现实风险。

2. 人工智能的发展对社会整体公平正义的挑战

首先，人工智能的发展可能加剧社会的贫富差距。由于年龄、所在地区、从事行业、教育水平等的差异，人们接触人工智能的机会并不均等，实际使用人工智能的能力并不相同，这就造成了“数字鸿沟”现象。“数字鸿沟”与既有的城乡差别、工农差别、脑体差别等叠加在一起，进一步扩大了贫富差距，影响了社会发展的公平性。其次，人工智能的发展可能引发结构性失业大潮。由于智能机器相较于人类工人有着稳定、高效等优势，越来越多的人类工人正在被智能机器所取代，成为赫拉利（Yuval Noah Harari）在《未来简史》中提到的所谓的无用阶级。麦肯锡全球研究所的研究数据显示，到 2030 年，全球将有 8 亿人因工作流程的智能化、自动化而失去工作。虽然人工智能的发展也会带来新的工作岗位，但是由于“数字鸿沟”的存在，不少人并不能找到新的工作，结构性失业大潮可能汹涌而至。这将成为挑战社会公平的又一重大潜在风险。

18.3　人工智能伦理的治理路径

对于人工智能风险、挑战的应对防范，事关未来社会的发展方向与人类整体的前途命运，需要我们运用哲学的反思、批判，做出审慎、恰当的抉择。

18.3.1　确立人工智能发展的基本价值原则

面对风险、挑战，我们应当避免马尔库塞（Herbert Marcuse）所说的“技术拜物教”倾向，要将伦理、道德等价值要素纳入人工智能发展的内在考量之中，尽快构建起具有广泛共识的人工智能伦理体系。应确立如下基本价值原则，以作为建构人工智能伦理体系的“阿基米德支点”。一是人本原则。人工智能始终是“属人”的造物，是为增进人类的福祉和利益而被创造出来的。无论人工智能有多么接近“图灵奇点”，也不应改变其属人性。人本原则是人工智能研发、应用的最高价值原则。二是公正原则。人工智能的发展要以绝大多数人的根本利益为归趋，不能片面地遵循“资本的逻辑”与“技术的逻辑”，坐视“数字鸿沟”的扩大，而应当让每一个人都拥有平等接触、使用人工智能的机会，从而使绝大多数人都能从人工智能的发展与应用中受益。三是责任原则。明晰道德责任，对于防范和治理人工智能伦理风险具有重要意义。要加强人工智能设计、研发、应用和维护等各个环节的责任伦理建设，尤其要注意设计者、开发者的道义责任感培养，明确各方主体的权利、义务和责任，建立健全完备、有效的人工智能事故追究问责机制。

18.3.2　建立人工智能发展的具体伦理规范

在确立人工智能伦理基本原则的同时，还需要制定人工智能产品设计者、开发者及使用者的具体伦理规范与行为守则，从源头到下游进行规范与引导。针对人工智能的重点领域，要研究具体细化的伦理准则，形成具有可操作性的规范和建议。应当加强教育宣传，推动人工智能伦理规范共识的形成。进一步地，可以将取得广泛共识的伦理规范嵌入于算法之中，避免人工智能运行过程中的“算法歧视”与“算法欺诈”问题。此外，要充分发挥伦理审查委员会及其相关组织的作用，持续修订完善《新一代人工智能伦理规范》，定期针对新业态、新应用评估伦理风险，促进人工智能伦理规范的与时俱进。

18.3.3　健全人工智能发展的制度保障体系

在社会层面，应加大对“数字弱势群体”的政策帮扶，如税收减免、财政补贴等，确保人工智能发展的共同富裕方向。面对可能到来的结构性失业问题，可以为劳动者提供持续的终身教育和职业培训。在法律层面，应积极推动《个人信息保护法》《数据安全法》的有效实施，建立对人工智能技术滥用与欺诈的处罚细则，逐步加快《人工智能法》的立法进程。在行业层面，应加强人工智能行业自律体系建设。建立并充分发挥伦理委员会的审议、监督作用，加强国际合作，推动人工智能行业发展朝着“安全、可靠、可控”的方向健康发展。

小　结

当前，人工智能被深度应用于社会的各个领域，推动了社会生产效率的整体提升。然而，作为一种具有开放性、颠覆性但又远未成熟的技术，人工智能在带来高效生产与便利生活的同时，不可避免地对现有伦理关系与社会结构造成冲击，并且已引发不少伦理冲突与法律问题。在技术快速更新的时代，如何准确把握时代变迁的特质，深刻反思人工智能引发的伦理风险，提出具有针对性、前瞻性的应对策略，是摆在我们面前的重大时代课题。

本任务主要学习了何为人工智能伦理，人工智能伦理的两大风险来源，即，技术伦理风险与社会伦理风险，以及人工智能伦理的治理路径：确立人工智能发展的基本价值原则、建立人工智能发展的具体伦理规范、健全人工智能发展的制度保障体系。

习　题

1. “机器人学三定律”的提出者是（　　）。

A. 诺贝尔　　B. 马斯克　　C. 图灵　　D. 阿西莫夫

2. （多项）人工智能伦理的两大风险来源是（　　）。

A. 技术伦理风险　　B. 社会伦理风险

C. 机器人伦理风险　　D. 非机器人伦理风险

3. 以下不属于技术伦理风险的是（　　）。

A. 人工智能的设计风险

B. 人工智能的算法风险

C. 人工智能的数据安全风险

D. 人工智能的发展对社会整体公平、正义的挑战

4. “大数据杀熟”属于（　　）。

A. 人工智能的设计风险

B. 人工智能的算法风险

C. 人工智能的数据安全风险

D. 人工智能的发展对社会整体公平正义的挑战

5. 未经客户同意使用人脸识别摄像头获取客户人脸信息会带来（　　）。

A. 人工智能的设计风险

B. 人工智能的算法风险

C. 人工智能的数据安全风险

D. 人工智能的发展对社会整体公平正义的挑战

任务记录单

任务名称	
实验日期	
姓名	
实施过程：	
任务收获：	

参 考 文 献

[1] 李德毅,于剑,中国人工智能学会. 人工智能导论[M]. 北京:中国科学技术出版社,2018.
[2] 许春艳,杨柏婷,张静,张卓. 人工智能导论(通识版)[M]. 北京:电子工业出版社,2022.
[3] 耿煜. 人工智能导论[M]. 北京:高等教育出版社,2022.
[4] 刘攀,黄务兰,魏忠. 人工智能导论[M]. 北京:北京大学出版社,2021.
[5] 马月坤,陈昊. 人工智能导论[M]. 北京:清华大学出版社,2021.
[6] 莫宏伟,陈昊. 人工智能导论[M]. 北京:人民邮电出版社,2020.
[7] 丁世飞. 人工智能导论(第三版)[M]. 北京:电子工业出版社,2020.
[8] 韦德泉,杨振. 大数据与人工智能导论[M]. 北京:北京师范大学出版社,2021.
[9] 鲍军鹏,张选平. 人工智能导论[M]. 北京:机械工业出版社,2020.
[10] 徐洁磐,徐梦溪. 人工智能导论(第二版)[M]. 北京:中国铁道出版社,2021.
[11] 许佳炜,胡众义,张笑钦. 人工智能导论[M]. 北京:清华大学出版社,2021.
[12] 郭军. 人工智能导论[M]. 北京:北京邮电大学出版社有限公司,2021.
[13] 李云红. 人工智能导论[M]. 北京:北京大学出版社,2021.
[14] 刘昊,张玉萍. 人工智能导论:机器视觉开发基础应用[M]. 北京:机械工业出版社,2021.
[13] 史忠植,王文杰,马慧芳. 人工智能导论[M]. 北京:机械工业出版社,2019.
[14] 张翼英,张茜,张传雷. 人工智能导论[M]. 北京:水利水电出版社,2021.
[15] [日]多田智史. 图解人工智能[M]. 北京:人民邮电出版社,2021.
[16] [美] 尼克. 人工智能简史[M]. 北京:人民邮电出版社,2021.
[17] [日]山本一成. 你一定爱读的人工智能简史[M]. 北京:北京日报出版社,2019.
[18] 刘韩. 人工智能简史[M]. 北京:人民邮电出版社,2018.
[19] 廉师友. 人工智能导论[M]. 北京:清华大学出版社,2020.
[20] 关景新,姜源. 人工智能导论[M]. 北京:机械工业出版社,2021.
[21] 吴飞. 人工智能导论:模型与算法[M]. 北京:高等教育出版社,2020.

习 题 答 案

任务序号	题目 1	题目 2	题目 3	题目 4	题目 5
1	A	D	B	C	D
2	C	D	A	D	C
3	D	ABCD	ABCD	C	D
4	C	D	A	D	B
5	C	B	A	B	C
6	B	D	C	B	A
7	A	D	B	D	C
8	B	C	A	D	A
9	B	B	C	A	A
10	B	A	C	B	C
11	A	B	ABCD	A	B
12	B	ABC	A	A	C
13	D	C	C	C	A
14	A	B	C	ABCDEF	A
15	C	C	ABCD	B	D
16	D	ABC	D	BC	ABCD
17	C	A	D	D	D
18	D	AB	D	B	C